U0321365

养猪企业赚钱策略及细化管理技术

代广军　苗连叶　主编

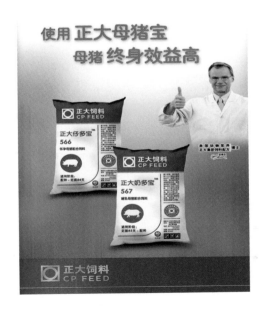

中国农业出版社

图书在版编目（CIP）数据

养猪企业赚钱策略及细化管理技术 / 代广军，苗连叶主编. —北京：中国农业出版社，2013.9
ISBN 978-7-109-18350-6

Ⅰ. ①养… Ⅱ. ①代…②苗… Ⅲ. ①养猪学 Ⅳ. ①S828

中国版本图书馆 CIP 数据核字（2013）第 217858 号

中国农业出版社出版
（北京市朝阳区农展馆北路 2 号）
（邮政编码 100125）
责任编辑 赵 刚

中国农业出版社印刷厂印刷 新华书店北京发行所发行
2013 年 10 月第 1 版 2013 年 10 月北京第 1 次印刷

开本：700mm×1000mm 1/16 印张：19
字数：400 千字
定价：80.00 元
（凡本版图书出现印刷、装订错误，请向出版社发行部调换）

本书特别感谢下列单位提供相关资料：

正大集团农牧食品企业（中国）河南区

正大集团农牧食品企业（中国）安徽区

正大集团河南区猪产业化运作管理团队

河南省动物疫病预防控制中心

南阳正大有限公司

开封正大有限公司

平顶山正大有限公司

驻马店正大有限公司

河南东方正大有限公司

河南正大畜禽有限公司

合肥正大有限公司

滁州正大有限公司

芜湖正大有限公司

序

　　近年来，猪蓝耳病、伪狂犬等重大疫病的不断发生，给我国养猪业造成了重大损失，直接导致了许多猪场效益不高甚至呈现亏损。究其原因，一方面是在我国的猪群中，蓝耳病和圆环病毒等免疫抑制性病毒的感染率很高，不但导致猪群发生严重的呼吸道疾病，而且继发感染普遍，大大增加了疫病防控工作的难度；另一方面是许多养猪老板养殖理念落后，忽视猪群的营养管理，一味地为降低饲养成本而使用质量较差甚至霉变的饲料喂猪，直接导致猪群对疾病的抵抗力下降，诱发了猪病。这就是我国目前猪病不断发生、疫病越来越复杂、猪越来越难养的重要原因。

　　生产中常常看到，不少猪场虽然将大量药物用于对猪病的预防和治疗，并使之成为猪场头等工作，花费了大量的人力、物力和财力，但疾病问题不但未得到有效解决，反而越来越严重。实践证明，过去以"治"为主的控病理念已不适应现代养猪新形势的需要，以"养"为主的养殖新理念才是猪场在目前猪病异常复杂情况下的挣钱之道。这里所说的"养"是指为猪群提供全价的营养，良好的生存环境、到位的细化管理以及增强猪群免疫力的综合措施。

　　我国绝大部分猪场饲养的都是外来猪种。这些外来的优良品种生长速度快，瘦肉率高，同时对营养水平的要求很高，如果不能满足营养要求，就会使生产性能下降，甚至导致猪病发生。因此，国外养猪者都很重视对饲料的选择和使用。在他们看来，在现代养猪的"设备、管理、营养、遗传及健康"五个技术要素中，"营养"通常是排在第一位的。而在我国养猪企业则恰恰相反，忽视猪的营养水平可以说是普遍存在的。许多猪场老板为省钱只愿意购买价格便宜的饲料，殊不知这些饲料除了价格便宜外，基本一无是处。近年来的生产实践表明，使用质量较差的便宜饲料是导致猪体自身抵抗力下降、猪病不断发生的重要元凶之一。特别是对于病毒性疾病，在目前少有药物可以控制的情况下，使用高质量的全价饲料可提高猪群的抗病力，将疾病引起的损失降到最低程度。在此方面，如正大猪三宝优质小猪饲料"70日龄长60斤，使仔猪安全度过断奶后蓝耳病活跃期，进而达到健康生长发育"的良好效果就是很好例证。所以建议猪场在选择饲料时要多考虑投入产出比，而不是仅仅只考虑价格，以免占小便宜吃大亏。

对许多传染病来说，如果没有饲养管理恶劣因素存在，就不会加重病情。腹泻、肺炎和仔猪断奶后生长不良等问题可以是传染病的结果，但更是经常性拥挤、饮水不足、猪舍内温度不合适及通风管理不当（在全封闭式猪舍及冬季更为严重）等因素作用的结果。在许多情况下，解决这些问题是不能依赖抗生素和其他药物的。

新的养猪理念之所以不再提"治"，是因为在规模化、集约化高密度饲养的条件下，如果发生传染病，根本是"治"不了的，有时反而会越"治"越严重。2006年许多猪场在发生猪高热病后就是采取了以"治"为主的控制措施，结果带来了毁灭性打击。

目前，散养户退出、规模猪场进入的我国养猪业新格局已开始形成。养猪业呈现高风险、高投入、高成本、高科技的特征也日趋明显。面对养猪业形势的新变化，规模养猪企业的路该怎么走？今后靠什么来求生存、求发展？这些都是养猪老板需要认真思考和回答的问题。

本书作者结合自己长期从事规模化养猪的生产管理和疫病防控工作实践，用300多幅摄于规模猪场生产一线的照片，分别从养猪理念更新、环境控制、各类猪群细化管理及疫病防控等方面，图解了目前规模养猪在生产管理和疫病防控工作中存在的问题，并有针对性地提出了改进措施，使读者一目了然。

本书内容丰富，语言朴实，通俗易懂，实用性强，对加强规模化、集约化养猪的生产管理和防疫灭病工作，进一步提高规模养猪效益，具有现实指导意义，值得参考和借鉴。

正大集团农牧食品企业中国区副董事长：

（郑宝振）

2013 年 9 月

前 言

　　近年来，由于受到疫病等因素影响，散养户退出、规模猪场进入的我国养猪业新格局已开始形成，养猪业呈现高风险、高投入、高成本、高科技的特征日趋明显。面对新变化的养猪业形势，猪场今后该怎么求生存、求发展？是养猪老板们需要认真思考的问题。

　　本书对我国养猪企业目前面临的新课题进行了总结、分析，对严重制约猪场效益提高的猪病复杂因素进行了分析、探讨，对相关问题提出了改进的意见和建议。

　　本书采用300多幅摄自养猪生产一线的照片，图说了目前养猪生产中存在的问题及改进措施。内容通俗易懂，实用性强，期望能对加强生产管理、防疫灭病，提高猪场效益，有所参考和借鉴。

　　本书参阅了大量文献，并引入了其中的新观念和技术内容，以指导猪场提高经济效益。在此，我们对上述文献的作者和刊物表示衷心感谢！

　　承蒙正大集团农牧食品企业中国区郑宝振副董事长为本书作序；正大集团安徽区赵清钦总裁、正大集团中东部七省（区）翟季敏资深副总裁、河南正大畜禽有限公司总经理张培武助理副总裁对书中有关内容提出了很好的修改意见和建议，在此深表感谢！

　　由于编者水平有限，书中难免有不足和错误之处，恳请广大读者批评指正。

作　者

2013 年 9 月

目　录

第 1 篇　我国养猪企业面临的新课题及对策

近几年来，由于受到疫病、技术、资金及环保等诸多因素的影响，散养户退出、规模猪场进入的我国养猪业新格局已经形成，养猪业呈现高风险、高投入、高成本、高科技的特征也日趋明显。面对新变化的养猪业形势，规模养猪企业的路该怎么走？今后靠什么来求生存、求发展？这些都是养猪老板需要认真思考和回答的问题。

第 1 章　我国养猪企业面临的新课题

中国目前正处于经济转型的重要时期，生猪业也在遭遇重大变革。主要表现在以下几个方面：

一、产业格局发生了重大变化

2010 年，全国年出栏 500 头以上的规模猪场比重达到了 35%，比 2005 年提高了 19 个百分点，标准化规模养殖快速发展。从养殖主体来看，不仅饲料、食品加工等生猪上下游产业纷纷斥巨资养猪（如正大集团农牧食品企业（中国）河南区今后十年内，计划在河南省养猪 500 万头，与之相配套的先期项目——泰国正大集团投巨资兴建的、年屠宰 150 万头生猪的洛阳正大食品有限公司，已于 2012 年 11 月 18 日正式开业投产），高盛、武钢、网易、广东德美化工、山西焦煤集团等业外大佬也雄心勃勃地跨界养猪，对我国传统养猪业带来了巨大冲击。

二、养猪场实用技术人才严重缺乏，制约了养猪业的发展

目前，我国养猪场的生产成绩普遍不高、养猪效益低下，是不争的事实。其中一个不容忽视的重要因素就是猪场人员流动频繁，确实给养猪生产带来了很大损失。很多养猪老板不得不采取招聘农村年龄偏大人员、中小学毕业生甚至没有文化的农民来从事养猪工作。试想，在目前猪病异常复杂的严峻形势下，这些素质低下的人员能做好现代规模养猪的生产管理工作吗？

一个不争的现实是，目前我国高等农业院校的毕业生，除少部分进入各级畜牧兽医管理部门及教学、科研单位外，大部分到饲料厂、疫苗厂、兽药厂等养猪相关行业从事产品销售工作，能在猪场连续工作三年以上的很少，能固定在一个猪场工作三年以上的人更少。据了解，下列问题是导致大学毕业生不愿意到猪场工作的主要原因。

（1）养猪场所处的地点几乎都在落后地区或者是发达地区的远郊地区，交通不便、

环境艰苦、生活条件差等都不利于人才聚集。

（2）几乎所有猪场员工文化水平偏低，对养猪新技术的理解、接受、应用能力差，导致猪场无法实施科学化、规范化管理流程。

（3）猪场实行封闭管理，对外接触较少，容易导致信息闭塞，情绪不稳，加之管理手段简单、粗暴、野蛮，使员工情绪化工作状态比较常见。

（4）猪场工资不高、生活待遇低是普遍存在的事实。很多猪场技术员的工资远远低于同行业水准，与养猪相关行业（如从事产品销售工作）的同班同学收入差别太大；有些技术员虽喜爱养猪工作，但养猪老板不知道提高其生活待遇，在猪场整天吃青菜，甚至几个月不杀猪供员工吃肉。因此，很难留下有能力的养猪人才。

很多养猪老板整天在外边围着酒桌转，却不知道把员工的生活条件给改善一下？养猪老板不善待员工，或者说在员工身上不想投入，还想多产出，这根本就不可能。欲取之，必先予之。希望员工努力为猪场创效益，把工作做好，就必须把员工当成自己的孩子来对待，给予足够的关爱，并给他们相对平等的待遇，尽量减少敌对心理，才能形成一股发展合力。

（5）衡量养猪场员工的工作绩效制度不完善，也是导致人才工作积极性不能发挥的重要原因，对于工作成绩的好坏没有一个正确的界定方法，所以就存在大锅饭或者混日子的现象。

（6）很多养猪场老板根本就没有接触过先进的管理理念，不论是从文化素质还是从工作技能上看，客观地说不具备管理者所必需的基本素质。因此，这些养猪老板很难理解如何向管理要效益，更不懂得如何为取得更多的经济效益而去尊重、关心、爱护、留住人才。

近年来，常听养猪老板说的一个共同问题就是"养猪人才太少了"。猪场老板在思考人才奇缺的同时，也要想到另一个话题：怎样才能留住人才？如何确保有一支高素质的养猪队伍，来解决制约养猪场经济效益提高的瓶颈？

三、养猪成本大幅上升

在原料价格及劳动力成本不断上升等多种因素的综合影响下，近年来，养猪的成本明显上升，但生猪价格并未相应上涨，致使养猪企业的利润空间受到了挤压。

四、食品安全的压力加大

随着社会的发展和人们生活水平的不断提高，消费者对猪肉安全问题的要求越来越高。2011年中央电视台3.15特别节目，报道了食品加工企业收购"瘦肉精"猪事件；2012年部分媒体再次报道了"速成鸡"、"速成猪"事件，均在社会各界引起了巨大反响。严重的食品安全事件引起了政府部门的高度重视，加大了对猪肉样品的抽检力度，对违规企业的处罚力度及媒体曝光度前所未有，养猪业今后将面临更大的食品安全压力。

五、生猪市场价格波动加剧

受疫病肆虐、养猪业格局及生产周期的变化和国内外经济大环境等因素的影响，近年来猪价波动加剧。2011年猪价快速上升，虽到年底有所回落，养猪者全年盈利丰厚，头均盈利在 300～500 元。但到了 2012 年春节一过，猪价则快速下滑，很长一段时间在盈亏平衡点附近，头均盈利远远低于上年同期。随着国内外多重因素影响的传导联动日益加深，以前生猪市场 3～4 年一个周期性行情变化规律将会被打破，令人更加难以琢磨。

六、资源紧缺问题日渐突出

随着生猪产业化的快速发展，饲料粮需求增量将高于国内粮食预期增量。2010 年我国进口大豆 5 480 万 t，进口依存度达 75%，鱼粉进口依存度也在 70% 以上；2010 年饲用玉米用量超过 1.1 亿 t，饲用玉米已从供求平衡转向供应偏紧。预计生猪业将长期面临饲料原料供应紧张的挑战。同时，规模养猪用地难、用工难、融资难等问题也形成严重制约。

七、疫病防控面临的挑战加大

以猪高致病性蓝耳病毒为主要病原的猪高热病，已成为严重危害规模化猪场的主要疫病之一，给养猪生产造成了巨大的经济损失。至今养猪人仍心有余悸！因为很多猪场至今不知道如何有效地对付它！

猪病的继发感染、混合感染等越来越复杂的特点，令养猪人非常头疼。引用一位专家的话，"蓝耳兴风作浪，猪瘟推波助澜，口蹄虎视眈眈，乙脑害猪害人，副猪趁火打劫，支原体又常捣乱，伪狂吠声不断，腹泻肆虐冬春，圆环萌动出击！"现如今，很多猪场老板不得已只好追着猪病走，追着猪病专家走，但总感觉到所采取的措施滞后，头疼医头，脚疼医脚，好像永远撵不上猪病的步伐！所有这些均使得生猪疫病的防控难度加大。再加上现有兽医技术队伍素质不高，使得生猪疫病防控面临更大的挑战。

八、环境压力变大

随着我国生猪业的不断发展和经济条件的不断提高，养猪产生的严重污染问题已被政府部门提上了议事日程，污染问题已成为制约现代养猪业发展的瓶颈，一些地方政府因此出台了限养和禁养的政策。如果说疫病问题影响的是养猪场效益，那么环保问题则已关系到猪场能否在一些地区继续生存。

要解决养猪产生的污染问题，就必须投资兴建污物处理设施和设备。这是一项很大的投入，虽然目前国家有一定的专项资金予以扶持，但同时要求猪场自己也必须有相应的配套资金。养猪企业必须想方设法解决环保问题，否则，若干年之后，猪场就可能因此而被关闭。

九、政府强制的拆迁政策将迫使许多养猪老板放弃养猪业

以前，作为城市"菜篮子"工程重要组成部分而享受政府补贴等优惠政策的城镇郊区养殖场，目前已遇到了被迫关闭的现实。随着城镇化进程的不断加快，土地短缺及环保问题已使城镇附近的养殖场被迫拆迁、转移，虽然政府有拆迁补贴，但杯水车薪，新猪场的巨额投资及合适场地的难寻，使许多被拆迁企业的养猪老板畏难止步成为不争的事实。再加上水库、河流、南水北调工程等水源附近数千米不能有养殖场等政策规定，全国将有很多猪场面临拆迁！所有这些，都将会导致中国养猪业格局发生大的变化。

第2章 新形势下养猪老板要思考的若干问题

在我国养猪业格局发生重大变化、技术力量薄弱、疫病日益复杂、资金不足、食品安全及环保压力不断加大的今天，高风险、高投入、低利润使养猪产业并非想象中那么好做。在不少养猪老板的心目中，其猪场已成为了"鸡肋"——食之无味，弃之可惜！为了更好地生存和发展，养猪老板就需要对下列涉及猪场生存及养猪效益提高的若干关键问题进行认真思考。

第1节 树立"以养为主、养防结合"的养猪新理念

目前，我国不少猪场虽然将大量药物和疫苗用于对猪病的预防和治疗，花费了大量的人力、物力和财力，但疾病问题不但未得到有效解决，反而使猪病越来越严重。为此，我国有关猪病专家根据近年来疫病防控工作中的经验教训，将"防重于治"提升到了"养防并重"。这里所说的"养"是指为猪群提供全价的营养、良好的生存环境、到位的细化管理以及增强猪群免疫力的综合措施。

新的养猪理念之所以不再提"治"，是因为在规模化、集约化高密度饲养的条件下，如果发生传染病，根本是"治"不了的，有时反而会越"治"越严重。2006年不少猪场在发生猪高热病后就是采取了以"治"为主的控制措施，结果带来了毁灭性打击。

2008年8月31日上午，安徽某两万头猪场老板亲口告诉笔者，2007年该场治疗用药180万元，疫苗及保健用药70万元，结果还是死了7 000头猪！难怪有很多专家认为，在高热病导致的大量死亡的猪中，很多是因为用药不当而被"药"死的！

2011年6月，笔者有幸到泰国正大集团猪场学习一个月，亲身感受到了现代养猪的新理念给猪场带来了很好的生产成绩：

1. 按要求使用正大高质量的全价颗粒饲料，确保了各类猪群的营养水平。

2. 所有猪舍都采用了先进的自动通风、温控设备，为猪群提供了适宜的生存环境。

3. 各项细化管理措施非常到位，加强了对猪的照顾，如为防止小猪感染球虫病，特别给小猪的前膝关节贴上胶布等。

4. 在增强猪群免疫力方面，也很到位。

（1）对后备猪开展严格的隔离驯化，净化了蓝耳病等重大疫病。

（2）对猪瘟、伪狂犬、口蹄疫等采取免疫措施，提高了免疫力。

（3）对病、残、弱猪采取不治疗、立即淘汰措施，消灭传染源。

（4）严格进场消毒程序，切断传播途径，确保了猪群健康等。

生产中看到，产房内对初生重低于800g小猪及掉队猪立即处死；保育舍对疝气发炎、瘸腿、关节肿大、严重喘气及生长掉队猪，都做了淘汰处理。多年来，拥有1700头母猪的泰国西球猪场没有设专职兽医职位，仅有一个技术员管理种猪区，一个技术员管理保育及育肥区，就保证了该场每头母猪年提供26头出栏猪的好成绩。

第 2 节　选择好的合作伙伴

目前，在我国猪病变得异常复杂的形势下，规模养猪已成为了专业性极强和高风险的产业，同时也是资金密集型产业。一般的小型养猪场客观地讲是不具备进入门槛的，也缺少相应的抗风险能力。因此，选择好的合作伙伴的重要性，对猪场不言而喻。尤其是对那些小型养猪场，就更加重要了。

猪场选择合作伙伴时最重要的依据是其能否提供更多的价值，而不是产品价格的高低，猪场老板购买的产品是价值，是要创造利润的。产品价格再低，如果不能帮你赚钱，带来利润，这样的产品即使价格再低，也不能要。然而遗憾的是，不少猪场更看重的是产品价格，价格低就代表成本低吗？价格高了盈利就一定少吗？在这个问题上，猪场要树立动态成本的概念，抓住事物的本质——成本的高低不是最重要的，关键是盈利的多少。

可能有些猪场老板会说，我怎么知道哪个厂家提供的价值和利润更多？可以看其口碑，可以看其品牌，可以看其服务的项目。一般来说，如果厂家口碑、品牌皆佳，而且其提供的服务范围广，甚至干脆就是"保姆"式的，倒不如将猪场生产交给其管理，充分利用该合作伙伴的资源优势帮你赚钱，岂不更好！在此方面，正大集团河南区就做得非常好，其所属的南阳、开封、驻马店、平顶山、洛阳东方正大等五家饲料公司的产品质量好、品质稳定、口碑、品牌皆佳，而且组建了河南省唯一的、由驻场技术员、片区巡回专家、专家团队、专家顾问团、动保中心及由资金担保公司、毛猪回收公司等服务体系为猪场排忧解难。很多猪场老板正是在正大河南区的帮助下，实现了养猪发财梦想。

2011 年 1 月，受河南省长葛市乐源养殖有限公司邀请，正大河南区所属的东方正大公司技术团队接管了乐源公司 800 头母猪场的生产管理权。本着对客户高度负责的态度，东方正大直接派出技术人员常年吃住在场，将乐源公司当作自己的猪场来抓。经过不懈努力，与 2010 年相比，乐源公司 2011 年多出栏商品猪 4 543 头，年末多存栏生猪 2 067 头，取得了盈利 800 多万元的养猪效益。

2012 年 1—10 月，在猪价低迷的严峻形势下，乐源公司在河南正大团队的帮助下，通过提高生产成绩，仍然取得了较好的养猪效益：

（1）母猪平均产初生体重 1.55kg 以上的活健仔 11.5 头。

（2）28d 平均断奶体重 8kg。

（3）每头出栏猪平均药费 70 元。

（4）育肥猪全程料肉比 2.4∶1，育肥猪平均出栏天数 160d 左右。

（5）每头出栏猪平均销售成本每千克 12.4 元，实现盈利 150 元。

正大河南区就是通过"高质量的产品＋系统的技术服务体系"这个组合拳，给合作伙伴带来了很好的养猪效益。很多全程与正大河南区五家饲料公司合作的猪场老板，在以下方面受益：

（1）成功实现了养猪赚钱的梦想——践行了正大倡导的"高投入、高产出、高效益、低成本"的投入产出比。

（2）学到了先进的环境控制技术——利用正大先进的"标准化猪舍设计及标准化改造技术"，为猪群提供了适宜的生活环境。

（3）学到了先进养殖理念——正大成功实施了"以养为主、养防结合"。

（4）学到了先进养猪技术——正大独创的"标准化饲养与管理技术"。

（5）享受到了完善、系统的技术服务体系。

2011 年长葛乐源公司每头母猪能赚 10 000 元的结果表明，能否正确选择一个好的合作伙伴，对提高猪场的经济效益至关重要。2012 年 5 月，长葛乐源公司赵建平老板在谈到与正大合作的体会时说：

（1）合作伙伴的产品质量高且长期稳定。使用这样的饲料产品猪群健康，生长速度快。饲料价格高不用担心：料肉比下降 0.1、成活率上升 1％、每头出栏猪药费下降 20 元、母猪每窝多产一头初生重 1.5kg 以上的仔猪、育肥猪出栏时间提前 5d，就赚回来了！

（2）合作伙伴要有系统的技术服务体系。猪是张口的东西，不出现猪病是不可能的！关键是猪发病后需要合作伙伴能在最短的时间内及时帮助解决，减少损失。

总结起来就是：不论与谁合作，一切让猪说话！

第3节 养猪老板要关爱员工，提高企业的凝聚力

养猪老板只有真心关爱自己的员工，员工才能真正将猪场的工作当作自己家的事情来做。否则，员工就会与老板离心离德，不按操作规程办事，致使猪场受到不应有的损失！

下列均是养猪老板不善待员工造成的后果：

（1）某场员工把整瓶的猪瘟疫苗扔掉，导致了猪瘟发生；

（2）某场员工喝酒后，把怀孕母猪踢流产了；

（3）某场员工把母猪料倒在下水道中，用水冲走；

（4）某场员工 2010 年春节，因猪场老板未按往年规定发放 200 元过年费而产生怨恨情绪，在猪场老板不知情的情况下擅自停止了猪瘟、口蹄疫等重大疫病的免疫，导致猪场暴发疫病，损失过百万元；

这样的例子屡见不鲜。

一、人是猪场生产中的重点，但许多老板却忽视了这个问题

老板总是想方设法克扣员工的工资，总以为这样可以减少成本，其不知这样会大大削弱员工的积极性，员工的心情不好怎能养好猪呢！猪场老板要知道，员工到猪场从事养猪工作，目的是为了挣钱！绩效考核方案公布之后，员工对自己的月收入非常清楚，如果你扣减他的收入，他就会对你产生怨恨，就会拿你的猪出气！遭受损失最大的还是老板！因此，聪明的养猪老板会在员工收入不理想时，与其谈心，帮助其查找收入低的

原因，甚至采取不扣工资的措施，让员工自己在下阶段的工作中予以弥补。如果这样，员工就会十分感谢老板，他们就会以十倍的努力来回报你！

有些养猪老板为省钱，对员工采取降低伙食标准的措施非常错误，极不可取。在农村生活条件日益提高的今天，猪场老板采取降低伙食标准的办法来省钱，能留住人才吗！试想，一个看见冬瓜、南瓜菜就不想吃饭、甚至想吐的员工，一个为上街能吃点肉而不怕处分、偷偷翻院墙外出的员工，能有心思把猪喂好吗？为何一些猪场留不住人，员工走了一拨又一拨？收入少只是一方面，生活条件太差确实使很多人受不了，尤其是对"80后"、"90后"的独生子女，他们更受不了！

安居，才能乐业！目前，很多养猪老板已经懂得了善待员工对提高猪场效益的重要性。他们想方设法改善员工生活，专门为员工制定了每日的菜谱，每周7d都不重样儿，以使员工能"吃饱不想家"，专心干好工作。

一个好的管理者都会制定一套合理的薪资制度，猪场的职工可以拿到比其他猪场高的工资，那么他就会安心地工作，而不是每天想着我该如何换份好工作。

有些猪场的场长反映留不住人才，但又不从自己身上找原因，总是怨天尤人。

出于防疫灭病工作的需要，猪场一般都建在位置偏远、远离城镇和闹市区的地方，而且不允许员工随便外出，生活枯燥无味。如果猪场老板不善待他们，要想留住人才非常困难。1997—1998年笔者在河南省郾城县新星畜牧有限公司万头猪场担任场长的两年间，采取了诸多关爱员工的措施，极大地调动了员工干好工作的责任心，增强了企业的向心力和凝聚力，两年内实现利润240万元！虽然人员工资增加了20多万元，但由于员工责任心强，通过细化管理提高了猪群健康水平：两年内饲料成本降低了35万元，药费降低了14万元；到1998年8月，设计存栏600头母猪的猪场存栏各类商品猪达7 300头！超过了现有猪圈的承受能力，不得不临时修建一些简易猪舍来饲养猪只；供港活猪质量也由原来全省64个出口猪场质量排名第25名，上升到第4名。

笔者切身感受到，所在猪场之所以能有这样好的成绩，就是通过关爱员工，激发了他们干好工作的内在潜力！如到任后修改了绩效考核方案，让员工自己通过提高生产成绩来增加收入800~1 000元；每月固定宰杀两头健康肥猪供员工吃肉，豆腐粉条不断，新鲜蔬菜随意吃；员工参加场里组织的义务劳动，场里都要设宴感谢；猪场晚上卖猪需要员工加夜班装车，除给装车费外，晚上还要免费供应夜餐；每年的年三十、大年初一两天，鸡、鸭、鱼、肉让员工吃个够，年三十晚上场里设宴招待员工及家属，免费发放过年礼品，另给每人发过年费500元，年前允许员工回家一次把过年礼物送回家；平时员工的婚丧嫁娶场里都要派人参加，给员工捧场；员工有急事回家，场里要派小车去送，员工因急病住院场里要派专人护理，并按规定报销医药及住院费；员工的养老统筹、医疗保险等三项费用场里均按时交纳；场里还帮助两位优秀员工解决了婚姻问题；给双职工家庭每户新盖了一间厨房，解决了他们住房面积狭小的问题；投资5万多元为生活区建了苗圃花园，美化了环境；场里成立了工会、党支部，重大问题都要提交职工大会讨论通过，等等。

笔者在上述猪场工作两年，员工新增摩托车9辆，电视机8台，还有几位员工在郾城县城和漯河市买了住房……随着猪场效益的大幅上升，员工的收入及福利待遇和生活条件也得到了很大的改善，没有一个员工主动辞职。

试想，一个老板如果不善待员工，他会努力为你工作吗？尤其是对养猪场这个特殊的企业，稍有不慎，就会造成大的损失！猪场老板一定要懂得，你不让员工吃好，员工就不让你的猪吃好！这对猪场来说是非常可怕的！

二、员工队伍不稳定和人员的频繁流动，对猪场来说是一件很头疼的事，造成的损失也很大

每一个新员工的成长都要以猪的死亡为代价，而这是要老板埋单的。

一个人员稳定的猪场才有精力考虑下一步的工作，一个整天为找职工犯愁的猪场只能盲目应付。

老职工的离去往往带来无可估量的影响，可能是一套成熟的技术，也可能是生产中坚的流失，更有职工丧失对老板的信心。

上述不论哪一种情况发生，对猪场造成的实际损失都是很大的。

三、技术员是猪场骨干，是主角

有经验的老板应该花高薪雇一些有经验的人，而不要图一时之利犯大错误！

平时还要多邀请一些专家给技术人员培训，多让员工接触一些新知识，还可以订购一些专业的杂志、书籍等供其学习，这样可以提高他们的工作积极性和技术水平。

第4节 为猪群提供适宜的生存环境，提高生产成绩

对规模养猪企业来说，猪群生存条件的优劣，直接关系到生产成绩的高低。正大集团提出了"人养设备、设备养猪、猪养人"的新观念，就表明了先进的技术设备对提高生产成绩的重要性。

对于许多传染病来说，如果没有恶劣的因素存在，就不会加重病情。腹泻、地方性肺炎、生长参差不齐和仔猪断奶后生长不良等问题可以是传染病的结果，但更是拥挤、饮水不足、气温和通风管理不当（在全封闭式管理的猪舍及冬季更为严重）等因素的结果。在许多情况下，解决这些问题是不能依赖抗生素和其他药物的。

中国农业大学陈清明教授（2008）认为，许多猪场疾病之所以严重的重要原因之一，是猪场的生产工艺落后。他认为：①目前很多猪场采用的流水线作业方式使猪只受到了很大应激，直接导致了猪群对猪病抵抗力的下降。②很多猪场落后、陈旧的设施及设备，无法做到全进全出管理和完全的消毒，导致了消毒灭源不彻底，留下了疫病隐患。③猪场生产工艺设计不合理，每到冬春季节，北方猪场舍内潮湿，产生的氨气等有害气体排不出去，就会引起猪病发生。

第5节 加强细化管理，实现盈利

凡是当父母的都明白这样的道理，孩子的健康除了要具备好的物质条件外，还在于

是否用心和科学照料。同理，影响猪场盈利的关键，除了要使用高质量的种猪、饲料、疫苗和兽药外，还在于是否搞好饲养过程中的细化管理。所以，当不能盈利时，猪场老板要多检讨自己是否使用了高质量的上述产品，要检讨自己的细化管理工作是否到位。只有这样，养猪人才能快速提升自己的养殖技术水平，才能把猪养好，才能让自己在激烈的市场竞争中得以生存和发展，立于不败之地！

第6节　开展对养猪污染的治理

许多猪场老板都会说，对养猪污染处理的费用太高，猪场根本投资不起！养猪老板说的都是事实，心情可以理解。但在社会对环保问题关注程度日益提高的形势下，不是猪场愿意不愿意投资环保的问题。如果你想在今后更好地从事养猪业，你就必须解决养猪环保问题，否则，猪场将会被勒令关闭。目前，国家为帮助猪场做好环保治理，出台了一系列的扶持政策。养猪老板一定要积极申请环保资金为己所用，要有前瞻性地解决养猪对环境的污染问题。

第3章　在猪价低迷的形势下，猪场的生产经营策略

在猪价下跌的形势下，常常会引起养猪生产者的焦虑和不安。如何在猪价低迷的形势下求得生存和发展，也是养猪老板们需要思考的问题。

市场行情的变化对任何人都是公平的，不以猪场老板们的意志为转移，但怎样根据市场行情的变化练好内功，做到"有同行、无同利"，则是养场老板自己的事情。这就需要学习、运用现代科学养猪技术和经营方式，认真做好疫病防控，控制养猪生产成本，堵塞各种漏洞，创造发挥生产潜力的各种因素，以便最大限度地提高养猪经济效益。

第1节　猪场的经营指导思想

一、选好、用好优良种猪

使用优良种猪，确定理想的杂交组合模式是控制养猪生产成本的有效措施之一。好的品种和杂交组合与地方猪相比，具有生长快、耗料少、瘦肉率高、适应性强的特点，在相同饲养条件下即使生产成本相同，所产生的经济效果也明显不同。

在种猪管理方面，继续进行配种工作；淘汰生产成绩差的母猪；对后备母猪推迟配种时间；引进优良种猪，提高生产成绩。生产性能差的母猪包括：胎次在8胎以上、经常发生繁殖障碍病、产仔数每胎在8头以下、母乳不足、有肢蹄病、连续3个情期配不上种、习惯性流产等。

使用高营养水平饲料，养好母猪和小猪。常常看到，在猪价低迷形势下，许多猪场为降低饲养成本，使用低价位、低营养水平的饲料喂母猪和小猪，有些只用麦麸和玉米

甚至用草来喂猪，这种做法实不可取。母猪是猪场的生产机器，如果饲养不好，就会导致生产性能严重下降，出现发情延迟、屡配不孕、长期不发情，甚至发生疾病。这样，在猪价高潮到来时，这些母猪的生产性能低下，就会给生产带来很大损失。从表观上看，饲料成本是下降了，但因繁殖性能下降导致的损失更大，实乃得不偿失；而小猪就如小孩一样，由于免疫系统发育尚未完全，很容易生病，如果使用质量较差的饲料饲喂，就会使之体质下降，降低对猪病的抵抗力，导致猪病发生。目前，很多猪场大量的用药成本都在小猪身上，如果在猪市低迷情况下因使用低营养水平饲料而导致猪病发生，对猪场来说，无疑是雪上加霜！因此，低价位下应加强对母猪和小猪的营养水平，使用正大"566"、"567"母猪料和正大猪三宝把母猪和小猪养好，达到"留着青山在，不怕没柴烧"的目的。

抓住时机，淘汰生产性能较差的种猪。借机更新猪群，提高种猪质量，一箭双雕。除了正常淘汰外，将那些生产成绩不太理想而在平时又没达到淘汰标准的母猪尽快淘汰，压缩存栏，不养"白吃猪"，不养"无能猪"，同时补充优秀后备母猪，正好在价格上升期或高峰期产仔，能获得较高的经济效益。

后备母猪从50kg左右引进或选留，到其第1胎的商品猪体重达95kg上市出售，需一年左右的时间。在市场行情好的情况下，延迟生产性能较差母猪的淘汰时间是可以理解的，但在行情差的情况下仍然采取上述做法就不合时宜了。因此，市场行情差时是淘汰劣质种猪、引进优良种猪的大好时机（且此时引种价格会相对便宜）。

采用人工授精技术，降低公猪的饲养成本。猪场开展人工授精技术的好处有：充分发挥优良公猪的遗传性能，迅速提高后代的质量，降低疫病风险，减少公猪饲养头数等，进而降低饲养成本。如在本交情况下，一个万头猪场需养23头公猪，但采用人工授精时，6～8头种公猪就够了，这将节省5万～6万元的饲料成本。

提高母猪繁殖性能和仔猪成活率、延长母猪繁殖年限，就提高母猪年供商品猪数，这也是控制种猪生产成本的主要手段之一。

二、提高猪群健康水平

提高猪群的健康水平能够显著降低疫病防控成本。种猪群、仔猪、保育猪是整个猪群的保健核心。根据猪场自身情况制定相应的保健方案，必须严格执行。另外，使用良好的设备和精细的饲养管理措施，也是提高猪群健康、降低发病率、减少损失的重要条件。

三、增强员工的责任心是猪场降低成本的重要保证

猪场员工是养猪效益的创造者。再好的技术路线及猪场老板的良好愿望，都是通过猪场员工的努力来实现的。适宜的工资标准、工作环境、技术培训、生活条件、工资方案和人事制度等，都会影响员工的稳定性和积极性的发挥，进而影响工作质量。生产实践证明，员工队伍不稳定，走马灯式的人员流动，猪场就不能取得好效益。在猪价低迷的形势下，一些猪场会采取降低员工收入的办法来降低成本，这种做法也不可取。要知道猪场培养一个技术好的员工是以相当部分猪群的损失为代价的，待遇低，他们就会离场另谋高就。因此，聪明的猪场老板越要在效益不好的情况下，越要对员工更加关爱。

四、认真抓好猪场的成本核算工作

搞好成本核算对改善猪场管理、降低成本、促进增收节支有重要意义。通过成本核算可以发现成绩在哪里、问题在哪里等，从而及时采取有效措施，巩固和发展取得的成绩，改正工作中的缺点。贯彻勤俭节约的原则，以提高企业生产经营管理水平，不断降低生产成本。

五、抓好内部挖潜，促进增收节支

（一）要使用货真价实的兽药产品

现在药品市场很混乱，同一产品因生产厂家不同，价位相差很多，有的甚至相差几倍。同一药店中土霉素粉价格在 40～80 元不等，使用不同价位的药品效果是不同的。如使用劣质药品不仅会拖延治疗时间，而且治疗效果也不好。如果老板进药时，片面追求低价，将得不偿失。

（二）正确使用保健药物和疫苗

疫苗预防和药物预防都是控制传染病的有效措施，但两者同时使用并不一定有好的效果。因弱毒菌苗仍是活的细菌，如不慎同时使用了对该菌有杀灭或抑制作用的抗生素，这些菌苗就会被杀死或受到抑制，不能激发猪体产生免疫力，不仅会造成疫苗的浪费，还会误导人们产生麻痹思想。因为大家想不到已注射过疫苗的猪仍会发生该种疾病。

（三）开展药敏试验工作

多数猪场均采取饲料或饮水加药方式来防治疾病，而许多药物常被长期或多次重复使用，使猪只产生了耐药性。然而，许多单位在未做药敏试验的情况下仍然使用这些药物，效果肯定不好，进而造成了浪费。

（四）对健康状况不佳的猪只及无价值猪（主要是一些病弱僵猪），**即使养大出售也是亏损，实在没有饲养和治疗的必要，应立刻淘汰**

因为这些猪只生长缓慢、料重比高，而且易发病成为传染源。南京农业大学吴增坚教授曾提出的"五不治"病猪都属无价值猪，即无法治愈的猪，治愈后经济价值不大的猪，治疗费工费时的猪，传染性强、危害性大的猪，治疗费用过高的猪等。试想，在猪价低迷的情况下，正常生长的健康猪尚不能赚钱甚至出现亏损，而上述"五不治"猪只还有必要花费人力、物力再继续饲养和治疗下去吗？

（五）杜绝其他浪费现象发生

1. 人为造成的饲料浪费。这在猪场中也是很严重的。一些猪场老板不按实际和季节的变化灵活执行饲养管理规章制度，仅凭饲料出库单的数字要求饲养员喂料，否则将予以处罚。一些饲养员为避免受罚而将猪吃不完的料用水冲入下水道，人为造成饲料浪费。

2. 计划不周的浪费。资金计划不周导致缺料少药；配种计划不周，配种过于集中导致哺乳仔猪被迫提前断奶，保育仔猪体重不足就转入生长舍，肥育猪不得不提前出栏，降低盈利水平；饲料计划不周出现精料积压或不足，造成了全价饲料的营养损失或缺乏，饲料配方经常改动，影响使用效果等。上述情况造成的损失是每一位养猪者都能体会到的。

3. 长期不灭鼠，或灭鼠不力，导致鼠害发生。在损坏粮食方面，有人统计，1 只老鼠在粮仓停 1 年，可吃掉 12kg 粮食，排泄 2.5 万粒鼠粪，污损粮食 40kg，再加上污染水源及环境等，往往给猪场造成了很大损失。然而，这种损失并未引起应有重视。

六、降低商品猪的饲养密度

在养猪行情好时，多养猪就会多赚钱。但行情差时就不一定能赚钱，甚至还会出现亏损。而饲养密度过大，常使猪的群体位次被打乱，争斗次数增加，猪不仅过多消耗饲料，而且易发生应激，对疫病的抵抗力下降，因此，过量密饲并没有好处。

七、开展旧设备的更新、改造工作

猪价低迷的形势下，一些猪场的生猪存栏量会因淘汰母猪、处理不健康猪或卖掉小猪而减少，将会空出不少猪圈。此时，正是改造猪舍的大好时机。因为不合理的猪舍设计，不利于猪只生产潜能的发挥，降低了生长速度，导致料肉比增高，易使猪只发生疫病，不利于降低生产成本，应加以改进。同时对一些不利于提高生产水平的旧设备，如损坏的上床、上网设备，不利于实施全进全出的大通间结构、各栋舍内通用的下水道、损坏的场房等，均需要维修、改造。为提高生产水平，应购买先进的通风、降温、保暖及喷雾消毒设备等，以提高生产水平，降低饲养成本。

八、低谷期建场或扩大生产规模，为迎接猪价高潮做准备

改革开放以来，中国养猪市场呈波浪式、周期性、有规律的发展，每个周期大约为 3 年，低潮期平均持续 1 年左右。根据这一规律，考虑到养猪的生产繁殖周期，聪明的规模化猪场的决策者就会在养猪市场低谷期建场或扩大生产规模，此时种猪和仔猪价格低，还能赶在养猪市场的高潮期达到满负荷生产、增加出栏量。

九、科学制订资金使用计划，避免资金链断裂

猪价长期低迷，养猪不赚钱甚至亏损。此时必须科学规划资金的使用，否则，一旦资金链断裂，猪场就生存不下去，这是养猪老板必须考虑的大问题。即对全场的资金状况做一个全面的分析，预测价格低迷的行情持续时间，计算出在这个时间段所需要的周转资金额度，对现有资金和预期可调动资金做出一个详尽的规划，本着量入为出的原则，设定基础母猪群的存养量，制定淘汰和引种计划。

现有种猪群配种继续进行，可以考虑新母猪跳过 1～2 次发情期；及时淘汰老龄种猪及各类不健康猪；适当降低育肥猪出栏体重；对非生产人员实行减员增效，严格按生产计划调整原料库存等，均可减轻资金压力。

十、与有实力的大型产业集团联合，走产业化发展道路

搞强强联合，实施双赢战略，增强抵御市场风险的能力；走产业化发展的道路，生产安全肉猪，提高销售价格。

生产实践证明，在猪价大幅下跌的情况下，若这种局势持续下去，有三类猪场会被淘汰出局：一是发生重大疫病、损失惨重者；二是饲养成绩差，成本居高不下者；三是资金运作不良而无法维持者。真正成功的猪场都有一个共同的特点：高利润的时期赚大钱，微利润的时期多赚钱，无利润的时期不亏钱。

第 2 节　低价位时降低饲养成本的措施

在猪价低迷的形势下，常常可以听到一些养猪老板说"我养的猪越多，赔的越多"，这个观点是不对的。

对一个猪场来说，有几项费用基本上是固定的：一是固定资产投资（含土地租赁费）是定值，其年折旧额（及土地租赁费）是固定的（如果是贷款投资，则利息是固定的）；二是在对非生产人员没有实行减员增效或降低工资的情况下，这部分人的工资及福利保险是固定的；三是种猪的折旧额是固定的。这三项固定费用不会因猪市行情的低迷而下降。而且，随着猪场生产成绩的提高，出栏的健康猪就越多，每头合格出栏猪分摊的固定费用就越少，盈利或减少亏损的空间就越大。因此，在猪价低迷的情况下，猪场出栏猪越多，分摊的相关费用就越少，赔钱的金额就越少。例如，如果每头母猪的固定费用为 6 000 元，使用 3 年，年折旧额为 2 000 元，如果每头母猪年提供合格上市猪 20 头，则每头出栏猪仅分摊 100 元；如果每头母猪年提供合格上市猪 10 头，则每头出栏猪就要分摊 200 元！在同样猪价行情下，每头母猪年提供 10 头合格猪的场与年提供 20 头合格猪的场相比，每头出栏猪就要多分摊 100 元！对一个万头猪场而言，如果猪价跌至成本线以下，仅此一项该场就要多赔 100 万元！面临的生存压力可想而知。

对养猪老板来说，在猪价低迷的严峻形势下，在猪场管理方面更应该做到"多快好省"：

（1）多——母猪产活健仔多，母猪年均出栏上市猪多；

（2）快——猪生长快；

（3）好——健康状况好、效益好；

（4）省——省钱：料肉比低、药费低、养猪成本低！

在任何时候采用饲养管理新技术都会提高生产性能，降低生产成本，尤其在猪价低迷的情况下，更应如此。

一、认真做好消毒灭源工作，是确保猪场安全生产的前提条件

猪场的传染源主要有：病猪、亚健康猪、猪的排泄物及其污染物、人员、车辆、来访者、引入的种猪、野生动物、生产工具等，应做好消毒工作。对健康不佳的猪只，因其生长缓慢，料肉比降低，而且易发病而成为传染源，应加紧淘汰。

二、重视驱虫工作，确保猪只健康

根据本场实际，在抗体监测的基础上制定免疫计划，定期对各阶段猪只进行驱虫和对有关疾病进行药物预防，是确保猪只健康生产的有效措施。

三、提高生产性能，降低饲养成本

（一）实行全进全出管理模式，切断传播途径，消灭传染源，防止疫病发生

（二）对公母猪实行分开饲养，降低饲养成本

性别对养猪生产成绩的影响见表 1-1。

表 1-1　性别对养猪生产成绩的影响

项目	母猪	阉公猪
日增重（g）	773	850
采食量（kg）	2.56	2.9
料肉比	3.3	3.4
背膘厚（cm）	2.54	2.97
眼肌面积（cm）	5.4	5.0
瘦肉率（%）	55.1	52.8

注：依 Cromwell 等 1993 报告。

1. 公猪容易长肥的原因。公猪长瘦肉的能力比母猪强，但阉割之后将饲料转化成瘦肉的能力比母猪差，如果采食量或营养供应超出需要量，则养分就会转化为脂肪储存在体内。所以，为了避免阉公猪过肥，应在 25kg 以后将公母分开饲养。对阉公猪采用限食方式，采食量比母猪减少 10%。

2. 公母猪分饲的优点。出售体重一致，整齐度好，提高了卖价；阉公猪与母猪的营养需求不同，分饲可降低饲料成本；增重较快，避免了攻击性行为。

（三）做好仔猪的保暖和教槽管理工作

1. 做好断奶仔猪的保暖工作。体感温度是指猪只在特定的风速和湿度时实际感觉到的温度，秋季最重要的是控制好"温差"。实践证明，断奶后一周内将环境温度控制在 28～30℃，有利于仔猪安全度过断奶关。

2. 做好乳猪的教槽管理，提高高档教槽料的利用率，确保仔猪健康生长。猪日龄只是一个参考，关键在于乳猪的健康状况，对非正常的小猪应加强管理工作，确保乳猪及时得到照顾；使用圆形的教槽器具要比使用条形的好得多；槽内的饲料要在 20～30min 内吃完，对剩料要及时清除，然后要对料槽进行清洗、消毒。

（四）加强哺乳母猪的饲养管理

要提高配种分娩率、产仔数及仔猪的哺乳成活率，就要做好产房母猪的色牌管理（即用不同颜色的牌子标识不同膘情的母猪需要添加的饲料量），使母猪有较高的产奶量，确保仔猪快速生长，进而提高断奶窝重，为日后肥育猪快速健康生长打好基础。

（五）对哺乳期与保育期的小猪（出生至 20kg）：体弱多病的立即淘汰；饲养方式不做变化；做好护理工作，提高健康水平和对疾病的抵抗力

做好断奶仔猪的保暖工作。仔猪断奶后第 1 周由于发生断奶应激易导致寒冷现象。实践证明，断奶第 1 周将环境温度控制在 28～30℃，有利于仔猪安全度过断奶关。之后，每周降低 2℃，直到降到适宜温度（20～22℃）为止。值得注意的是，秋季最重要的是要控制好"温差"。

做好仔猪的教槽管理，提高高档教槽料的利用率，确保仔猪健康生长。技术员在巡查时根据仔猪生长发育的情况，挂上不同的色牌，并根据仔猪的健康状况随时调整；饲养员根据色牌的颜色进行补料，确保仔猪及时得到照顾。实施该措施时要求技术员和饲

养员具有强烈的责任心。生产实践中，笔者常常见到，价格昂贵的仔猪教槽料在一些猪场浪费得严重，令人痛心！

四、对下列不良的环境因素应予以克服

饲养密度过高；空气品质差；温湿度不当；猪舍结构不合理；消毒卫生差；管理不完善；猪只饮水量不足（即饮水器的流速不足、安装高度不合适或数量不够等）。

五、选择营养均衡的好饲料，确保猪只健康生长

经常见到一些养猪户或经营不太理想的猪场只愿意买价格便宜的饲料，其实便宜的饲料除了价格便宜外，基本一无是处。可以说便宜的饲料是导致猪体自身抵抗力下降、疾病久治不愈，猪死亡率高的元凶之一。特别对于病毒性疾病，在少有药物可以控制的情况下，具有针对性的、营养均衡的好饲料却可以让猪群安然度过危险期，也可以使疾病引起的损失降到最低程度。建议猪场在选择饲料时考虑投入产出比，而不要仅仅考虑价格，以防占小便宜吃大亏。

精打细算，用综合指标来考察饲料产品的最佳投入产出比。任何猪场都有一套算饲料成本的办法，但相对合理的算法是应把所有阶段猪只的饲料消耗都折算到每头上市肥猪上，即一头上市肥猪（或种猪）的饲料消耗成本除包括从出生到上市的本身饲料消耗外，还应分摊上怀孕母猪、泌乳母猪、空怀母猪和公猪的饲料消耗，这样才可以反映出一个猪场的整体管理水平。同时还应比较每上市一头肥猪所需的饲料成本与疫苗、兽药成本的比例。这样可以建立一套提高猪群健康水平的最佳饲料选择方案，切忌东拼西凑地选择多家饲料。

要高度重视饲料的杀手——霉菌毒素。①应经常观察猪群，查看生产记录。霉菌毒素可使母猪阴户和乳头红肿、发情延迟甚至不发情、屡配不孕、流产等；初生仔猪瘦弱、多病和八字腿数量增加，仔猪断奶重下降；生长肥育猪拉灰色稀便，但用抗生素治疗效果一直不佳等。②检查饲料及原料质量。看饲料有无发热现象和霉味；是否全场猪只采食量都减少或不吃，还是只有部分猪只有此问题等。如果有上述现象，则说明饲料已经霉变。

六、搞好疾病预防，作好自我防卫

在这方面重点在于改善防疫管理流程，配合种猪引种计划对场内的疾病作相关的流行病学调查，有针对性进行个别疾病的净化工作，加强自我防卫意识，制定猪舍环境监控数据及疾病记录数据的有关制度、标准作业流程。

七、灵活机动经营销售，调整育肥仔猪与育肥猪出栏比例

养猪市场低潮期，育肥猪不赚钱或可能亏损，此时规模化猪场可考虑出售仔猪。虽然仔猪价格也很低甚至于低于成本价，但比较一下，可能还是出售仔猪合算，或亏损会减少。显而易见，规模化猪场育肥猪的成本要大大高于散养户的成本，多数散养户除了购猪苗、饲料、药品外几乎不计其他成本。所以，即使在低谷期，多数散养户养肥猪仍有微利，仔猪市场仍有潜力可挖。但这时要注意提高出售仔猪的质量，增大淘汰弱仔猪的力度，以质量求胜，赢得市场。

八、低价位下适当降低肥育猪的出栏体重

日增重是影响养猪经济的主要经济性状之一。猪的日增重不是随时间的推移而呈直线上升的。随着体重的增加,猪体对自身生命活动所需的基本维持营养需要也相应增加。因此,为了取得养猪效益的最大化,猪场的经营者应以肥育猪的料重比为参考(在肥育后期投入的成本,主要是饲料成本),与市场售价作比较,确定适宜的出栏体重。如若育肥后期猪的料重比按 3.8∶1,出栏猪卖价 13 元/kg、全价饲料 3.0 元/kg 计算,肥育猪每增重 1kg 需投入的饲料成本为 11.4 元,与 13 元/kg 的卖价相比,仍有 1.6 元/kg 的盈利空间。这样,将体重 95kg 的肥育猪延长至 100kg 出栏,就能多增加收益 8 元,一个万头猪场一年就能多收益 8 万元。相反,若出栏猪卖价降至 10.5 元/kg,育肥猪每增重 1kg 就会亏损 0.9 元,如果将体重 95kg 的肥育猪延长至 100kg 出栏,就多亏损 4.5 元,一个万头猪场一年就会增加亏损 4.5 万元。因此,在低价位下养大猪不合算时,就要适当降低肥育猪的出栏体重,这也是降低饲养成本的有效途径。

一个猪场少则投资数十万、上百万,多则投资上千万、甚至上亿元。它是一个长期从事养猪生产经营、以盈利为目的的企业,不是临时性的投机机构。在市场经济下,猪价升降属于市场调节的正常现象,不要大惊小怪。养猪经营者应该对 3~4 年的市场价位变化有充分的心理准备。

第 2 篇　猪场猪病异常复杂的因素分析

目前的养猪业真是多灾多难！旧病未除，新病又出。现如今，猪场老是追着猪病走，跟着猪病专家的屁股转，措施总是滞后，头疼医头，脚疼医脚，好像永远也撵不上猪病的步伐！

然而，一个奇怪的现象是，国内行业（甚至有些大专院校）的猪病研讨会年年举办，业内的兽药厂、疫苗厂等相关厂家的猪病研讨几乎月月都有，参加的猪场众多，但中国的猪病为何一直未得到有效控制？这个问题值得业内人士反思。

第 1 章　免疫抑制性疾病是导致猪难养的重要因素

二十多年前，规模猪场的猪病以细菌病为主，主要是通过药物治疗和疫苗预防来处理的，效果一般比较显著，除猪瘟和口蹄疫外，其他病毒性疫病只是极个别发生。但之后病毒很快成为传染病的主体，特别是免疫抑制性病毒病（蓝耳病、猪圆环病毒病 2 型等）的出现，意味着猪病模式的显著改变，直接导致了现在的猪越来越难养。

国内外研究证实，免疫抑制性疾病蓝耳病（PRRS）发生后，可以引起猪体免疫功能下降，特别是在感染早期对免疫功能的抑制十分明显，如经 PRRSV 感染的 SPF 猪，其对猪瘟弱毒疫苗的免疫效果受到影响，猪瘟抗体水平明显低于对照猪，能导致其他疾病如附红细胞体病、链球菌病、巴氏杆菌病、副猪嗜血杆菌病等发生继发感染，还能造成机体对抗菌素敏感性的降低，造成细菌抗药性的增强或是广谱抗药性的形成，同时还能造成疫苗效果的下降甚至无效等，所有这些最终造成了严重的损失。2006 年夏季至今仍在发生和流行的"猪高热病"，虽然许多猪场也采取了种种措施予以防范，但仍未幸免，就是一个显著例子。

猪感染圆环病毒 2 型（PCV2）后，可导致淋巴器官中的 T、B 淋巴细胞数量减少，造成免疫功能下降，引起继发性免疫缺陷，发病或感染猪至少存在短暂的不能激发有效的免疫应答现象，使猪群对其他病原体的抵抗力大大降低。PCV2 感染可导致多种疾病，包括断奶后多系统衰竭综合征、母猪繁殖障碍、断奶猪和育肥猪的呼吸道疾病、猪皮炎、肾病综合征以及猪的先天性震颤。迄今，PCV2 已成为全球性疾病。

目前，我国多数猪场仍采用的是 20 年前西方发明的工厂化养猪方式。实践表明，这种高密度的集中饲养让猪生活在"集中营"的猪监牢中（图 2-1），远离了猪的生物学需要，远远超过了猪的适应性极限，导致病毒、细菌等以超出人类控制能力的速度急剧应变着，同时也带来了环境污染、猪病猖獗等严重问题。西方人早已采用多点式等现代养猪新技术纠正了他们自己所犯的错误（图2-2），而我国绝大部分养猪企业还未正视这个问题。

图2-1　高密度饲养，降低猪对疾病的抵抗力

图2-2　国外猪场对母猪改禁闭栏饲养为群养

在猪病模式已发生显著改变的情况下，目前我国许多猪场仍在使用的连续生产的、流水线作业的生产管理模式，因存在无法做到彻底消毒、对病猪有效隔离、杜绝频繁的转群应激及人员交叉感染等缺陷，不能适应新形势下防疫灭病工作的需要，也是导致现在的猪越来越难养的重要因素。

第2章　忽视猪群营养管理，降低了猪对疾病的抵抗力

国外养猪者认为，在现代养猪的五个技术要素中，营养因素是排在第一位的（图2-3）。高的营养水平可确保猪群健康，增强对猪病的抵抗力，进而减少猪病发生的机会，是猪场提高养猪效益的首要条件。遗憾的是，目前我国许多猪场的老板对现代养猪五个技术要素的重视程度的顺序为：猪病、种猪、管理、设备、营养。排在最后一位的是营养！

李金钧（2013）对市场上137户浓缩料用户和104户正大全价料用户的生产成绩进行统计，结果表明（表2-1），全价料用户生产成绩远远高于浓缩料用户。他认为，之所以生产成绩

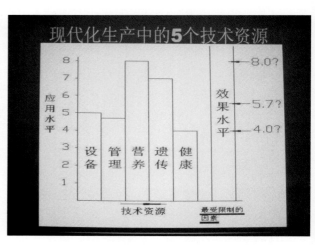
图2-3　现代养猪的五个技术要素
（侯大卫，2006）

出现差异，是因为玉米等猪场自己原料质量不可控。

表 2-1　正大全价料与浓缩料生产成绩对比

生产指标	全价料	浓缩料	差异（%）
配种分娩率	85	63	35
产活仔数	9.2	8.7	6
断奶日龄	25	25	0
断奶成活率	93	74	25.6
7d 断奶发情率	87	69	26
年产窝数	2.2	2.1	5

把现代养猪五个技术资源中的营养排在最后一位，在许多养猪老板的心目中是客观存在的。他们认为，散养时代的农民养猪采用的是"稀汤灌大肚"的做法，不照样把猪养成了嘛！在他们看来，猪只要能吃饱就行了，不需要在营养方面予以特别照顾。这就是他们为何愿意采用自配料，并期望通过采取自配料的办法来降低饲料成本，进而达到养猪赚钱之目的。事实上，当今规模养猪的客观生产环境与散养猪年代有着天壤之别，国外养猪生产者之所以拆除限位栏、采取大群养猪的办法，无非是想克服高密度的集约化生产给养猪生产带来的危害。

一、20 多年前我国散养猪年代的特点

（1）猪病较少，也不复杂，没有蓝耳病、圆环病毒病等重大传染病及其混合感染。

（2）农民采取散养的办法降低了猪的饲养密度，大大减少了因饲养密度过大而导致猪只间通过接触传播猪病的机会。

（3）散养年代的猪只大多是放养的（图 2-4），猪群通过不停的运动，增强了体质。常常可以看到，一头母猪带着一群仔猪一天到晚在外边来回转悠（图 2-5），不到天黑是不回家的。

图 2-4　散养猪模式（1）

图 2-5　散养猪模式（2）

（4）散养时代的猪只甚至可以跑到农田里见啥吃啥，吃足了五谷杂粮，然后可以跑到沟、河、水坑旁边喝没有受到污染的水，无意中就起到了当今全价料的应有效果。

（5）散养猪可以呼吸室外新鲜空气。

（6）饲养的品质多为土种猪和良杂猪，对饲料营养水平要求不高。

二、当今规模养猪的特点与缺陷

（1）猪群采取高密度圈养（图2-6），缺乏运动（尤其是采用禁闭栏养猪的办法对母猪伤害更为严重）。

（2）猪舍通风不良（图2-7），导致了舍内有害气体含量严重超标。

（3）目前蓝耳病、圆环病毒病等重大传染病横行。

（4）猪场饲养的都是外来品种，不耐粗饲，对营养要求高。

（5）猪生长速度加快等。

图2-6　规模猪场的母猪生活在监牢中　　　图2-7　通风不良，猪呼吸到污浊空气

上述特点表明，当今高密度养猪的方式，完全没有了散养猪年代养猪的相关优势！在目前蓝耳病、圆环病毒病等重大传染病横行的严峻形势下，如果猪群的营养不足，猪就不会有强壮的体质来抵御猪病的侵袭！这就是近年来我国猪病为何接连不断，给猪场带来重大损失的一个重要因素！

三、很多养猪人不关注集约化猪场"猪"的需求特点

（一）关注外来品种

体型好、背膘薄、臀部发达、生长速度快、瘦肉率高是外来品种的优点，但发情不理想、难产率高、断奶后发情难，特别是初产母猪断奶后不发情的现象特别明显，直接导致了相同数量的母猪能够提供的活产仔数低得多，是很多养猪老板非常头痛的问题。

1. 生长速度快，可以节省饲养时间，节省人力设备，但高速生长是最大的应激，生长快带来的是猪抗病能力的下降。生长快，胃肠负担加重，易患消化道病；生长快，血液循环量加大，心脏负担加重；生长快，代谢加强，呼吸系统负担加重，易患呼吸道疾病。

2. 饲料报酬高，需要全价的营养，需要优越的环境条件，需要周到的管理等与之配合，否则不但不能发挥其特点，还容易出现营养缺乏症。

3. 同品种的猪也有不同的要求，不同猪场因设施条件不同也需要不同的管理特色，这就给猪场提出了更高的要求。

（二）关注营养是免疫的基础

营养与免疫是密切相关的，营养不足或过剩，都会降低猪的免疫应答能力，易受各

种因素侵害而发病。

1. 蛋白质是构成免疫器官的主要成分，蛋白质缺乏将会出现以下问题：降低机体抗感染能力和淋巴器官发育；降低细胞免疫功能；降低体液免疫功能；降低巨噬细胞的数量与活性。

2. 维生素 A 是维持正常免疫功能的重要物质，严重缺乏或亚临床缺乏将导致免疫功能紊乱。

3. 维生素 E 是一种生物抗氧化剂，可增强动物机体的免疫功能，具有免疫佐剂的作用等。

（三）关注猪在不同阶段最敏感的营养元素

1. 在正常生长阶段，猪的第一限制性营养是赖氨酸。

2. 在断奶阶段，由于母乳与固体饲料差异很大，断奶仔猪有诸多的不适应，此时的第一限制性营养不是赖氨酸，而是乳糖。

3. 母猪断奶时，其目的是及早发情配种，此时的第一限制性营养是维生素 E 和淀粉（图 2-8、图 2-9）。

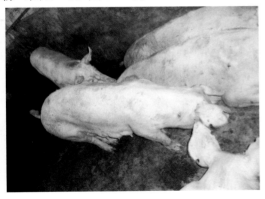

图 2-8　断奶母猪膘情差，猪发情困难

4. 在哺乳期，母猪对缬氨酸的需要量，要远大于其他生理阶段，因为缬氨酸可以促进乳汁的分泌。

5. 在寒冷的冬季，如果使用水分高、杂质多的当年秋产玉米，猪的限制性营养可能是能量而不是蛋白。

（四）关注猪在不同生理阶段出现的营养落差

1. 营养落差是指一种饲料换为另一种饲料时，部分营养的差异。

2. 从断奶料换成仔猪料时，赖氨酸从 1.5% 换成 0.9%，而总的蛋白浓度不变，就会形成明显的落差，容易出现蛋白吸收代谢不良导致的水肿。

3. 在妊娠阶段，由营养浓度低的妊娠母猪料换成营养浓度高的哺乳母猪料，容易出现便秘。

4. 仔猪断奶时食物由母乳变为固体饲料，则是最大的营养落差，腹泻和掉膘是最常见的事情。

表 2－2　猪场使用 "156＋157" 自配母猪料样品化验结果

(李金钧，2013)

原料/饲料名称	检测日期	水分(%) 正大标准	水分(%) 检测值	蛋白质(%) 正大标准	蛋白质(%) 检测值	脂肪(%) 正大标准	脂肪(%) 检测值	纤维(%) 正大标准	纤维(%) 检测值	灰分(%) 正大标准	灰分(%) 检测值	钙(%) 正大标准	钙(%) 检测值	磷(%) 正大标准	磷(%) 检测值
母猪料	2012.4	≤14	12.4	13.0或15.0	14.75	2.0	3.05	8.0	4.75	9.0	5.13	0.50~1.00	0.76	0.5	0.56
	送检样品值波动范围	9.7~15.0		12.8~17.29		0.73~6.13		2.5~11.29		3.85~5.78		0.53~0.92		0.41~0.73	
母猪料	2012.11	≤14	15.43	13.0或15.0	15.67	2.0	2.98	8.0	3.79	9.0	4.94	0.50~1.00	0.74	0.5	0.54
	送检样品值波动范围	12.61~17.71		13.2~18.01		2.11~4.8		2.85~6.79		3.92~6.46		0.65~0.81		0.48~0.59	

然而，目前许多养猪老板根本就没有把解决猪营养问题放在最重要的位置上（表2-2）。他们只知道一味地省钱而大量使用质量较差的、便宜的饲料原料，随意改变饲料配方，对不同厂家的饲料产品说换就换，有些甚至使用多家饲料产品来喂猪，等等。猪场老板这样对待猪营养的态度，他们的猪场不出大问题才怪呢！

标记详细的样品共计 19 个，妊娠母猪料 7 个，哺乳母猪料 12 个，送检样品检测的常规营养指标变化很大，有些存在严重的营养不足和营养失衡，有些存在严重的营养过剩，导致大量的浪费或对生产性能产生影响。

谢怡群（2006）调查发现，在 2006 年发生的高热病猪场中，霉玉米的因素占了33%——这恰恰是未引起多数猪场重视的！

《养猪》杂志 2011 第 3 期，刊登卫秀余研究员的文章《哺乳仔猪腹泻的鉴别诊断和防治措施》，指出，哺乳母猪饲料中霉菌毒素超标，是导致产房哺乳仔猪腹泻的重要因素之一！

2012 年春节前后，河南省之所以大规模发生产房仔猪腹泻的重要原因可能是母猪料中的霉菌毒素含量严重超标。因为河南省 2011 年的秋产玉米在收获期间阴雨连绵 20多天，直接导致了玉米发霉！卢惟本教授（2012）在《高死亡率的奶猪腹泻诊断体会》中也认为，霉菌毒素严重损害了仔猪肝脏，是导致仔猪腹泻的重要原因！

第 3 章　大量使用霉变饲料，导致近年来猪病不断

猪霉饲料中毒症已成为当前一些猪场的常见病。在临床诊疗过程中，发现不少猪场存在不同程度的霉饲料中毒症，有的猪场由于诊断错误，未能及时采取有效措施，导致持续饲喂霉变饲料达数月之久，造成重大损失（图 2-9、图 2-10）。

图 2-9　猪场使用的劣质玉米

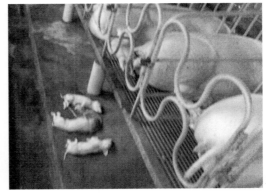

图 2-10　使用霉变饲料导致母猪流产

一、霉菌毒素在饲料中的含量

2011 年玉米上市后，为及时了解其品质及霉菌毒素含量情况，正大集团河南区品管中心对不同地区生产的玉米，进行了取样检测，结果见表 2-3：

表 2-3　河南省新玉米霉菌毒素检测情况

区域	项目	F2 毒素		呕吐毒素		合计	
开封	总数	26		19		46	
	合格次数	20	76.90%	13	68.40%	34	73.90%
	超标次数	6	23.10%	6	31.60%	12	26.10%
洛阳	总数	10				10	
	合格次数	5	50.00%	5		5	50.00%
	超标次数	5	50.00%	5		5	50.00%
平顶山	总数	8		9		17	
	合格次数	3	37.50%	5	55.60%	8	47.10%
	超标次数	5	62.50%	4	44.40%	9	52.90%
南阳	总数	19		10		29	
	合格次数	9	47.40%	6	60.00%	15	51.70%
	超标次数	10	52.60%	4	40.00%	14	48.30%
驻马店	总数	1		1		2	
	合格次数	1	100.00%	0	0.00%	1	50.00%
	超标次数	0	0.00%	1	100.00%	1	50.00%
合计	总数	64		39		103	
	合格次数	38	59.40%	24	61.50%	62	60.20%
	超标次数	26	40.60%	15	38.50%	41	39.80%

　　2011 年 11 月，正大集团河南区品管中心对河南省 2011 年的秋产玉米检测结果是：玉米赤霉烯酮 40.6% 超标；呕吐毒素 38.5% 严重超标。笔者 2011 年 11 月在河南省各类技术研讨会上曾预言：2012 年度河南省的规模猪场如果不把好玉米质量关，将会导致发生大的疫病！2012 年春节前后许多规模猪场产房仔猪发生大量腹泻、导致仔猪大批死亡，不少猪场接连发生重大疫病，均证明了笔者的预言是正确的！霉玉米的危害性表现为：①可使猪发生慢性中毒。②导致猪只发生免疫抑制。③对猪的胃、肝、肾、生殖器官等实质性器官造成严重损害（表 2-4），从而导致猪病发生。

表 2-4　饲料中霉菌毒素对猪的危害

单位：μg/g

毒　素	中毒浓度	临床症状	无临床症状浓度
黄曲霉毒素	0.3~2	肝损伤，生长和免疫抑制，黄疸，仔猪腹泻，死亡	<0.1
玉米赤烯酮	1~30	假妊娠，不育，不发情，直肠脱出	<0.05
	>30	早期胚胎死亡，再次配种延迟	
T2，呕吐毒素	4~20	采食量、体增重降低，免疫抑制，呕吐	<2
串珠镰孢菌毒素	20~175	采食量减少，肺水肿，流产	<10

二、霉菌毒素中毒的诊断要点

本病常见于春末和夏季，由于玉米（图 2 - 11）等谷物饲料中含水分较高，若存放条件不良，当气温升高、环境潮湿的条件下，饲料极易发霉，猪连续饲喂 1 周后，即可出现症状。

（一）临床症状

1. 急性中毒。较少见，表现神经症状为主，病猪沉郁、垂头弓背、不吃不喝、体温正常、大便干燥，有的呆立不动，有的兴奋不安，流涎，异嗜，病死率较高。

2. 慢性中毒。由于饲料中毒素含量不很高，但长期连续饲喂，毒素蓄积致病，有些病猪身上起紫红的斑点，食欲下降，精神委顿（图 2 - 12），有时呕吐，行走无力，消瘦、生长发育缓慢，易诱发多种疾病。

图 2 - 11　质量较差的玉米，千万不能喂猪

图 2 - 12　病猪精神差，无食欲

3. 妊娠母猪中毒。表现流产、产死胎、弱仔（图 2 - 13），空怀母猪可引起不孕，小母猪若受赤霉病毒素的影响，可使阴户、阴道肿胀，呈发情的状态（图 2 - 14），公猪包皮水肿。

图 2 - 13　妊娠母猪中毒后产下的弱仔

图 2 - 14　小母猪阴户红肿呈发情状

4. 哺乳母猪长期吃霉变饲料后，食欲减少，泌乳量下降或无奶（图 2 - 15），更严重的是霉菌毒素可经乳汁排出，导致哺乳仔猪慢性中毒，表现顽固腹泻、衰竭死亡，致

死率较高。

5. 生长和育成期猪脱肛（直肠脱垂）增多（图2-16）。

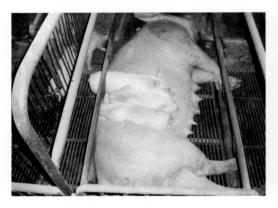

图2-15 哺乳母猪长期吃霉变饲料后无乳　　　　图2-16 生长和育成期猪脱肛

6. 猪大量饲喂霉变饲料后，小猪诱发疫病（图2-17），大猪出现灰色稀粪便（图2-18）。

图2-17 小猪抵抗力下降，发病　　　　图2-18 生长育肥猪排灰色稀粪便

（二）剖检变化

急性中毒的主要病变是贫血、黄疸和肌肉及内脏器官出血，血液凝固不良；慢性中毒的主要病变是肝肿大，硬变，大量腹水，淋巴结水肿等。

三、霉菌毒素中毒后应采取的措施

霉菌毒素对猪场的危害越来越严重，霉菌毒素中毒临床上表现不尽相同，无论哪种毒素中毒，在治疗时要保持三项原则：先停料、促排毒，保肝利肾，提高猪群免疫力、控制继发感染。

（1）疑似霉菌毒素中毒，立即停喂含霉菌毒素超标的饲料，供给充足饮水。

（2）提高饲料中蛋白质、维生素、硒的含量。特别是提高维生素C的添加量。建议使用正大集团等大型饲料公司生产的高质量的全价饲料，确保猪的营养质量。

（3）补液解毒，保肝。25％葡萄糖注射液 100ml＋维生素 C 10ml 静脉注射，以及使用盐类泻剂、强心利尿、乌洛托品、25％樟脑注射液、生理盐水等。

（4）甘草粉 20g，蛋氨酸 0.5g，复合维生素 B 液 6ml，维生素 C 粉 500mg 加水 2 000ml，口服或拌入饲料中喂服每天 2 次，连用 2d。

（5）对症状严重者，在使用以上方法的同时，配合三磷酸腺苷钠 75mg、10％安钠咖注射液 5ml，1 次肌内注射（适用于 75kg 以上体重）。

四、近年来霉玉米给规模猪场造成了重大损失

猪吃了霉玉米后，会造成中毒，导致免疫抑制，继而发生其他疫病的感染，将会表现临床症状或潜伏性的非临床症状。由于霉菌毒素会导致猪只对传染病病原如 PRRSV、HCV、PCV2 等的易感性增加，甚至一些对健康猪只不具有感染力的病原如仔猪黄痢、白痢等也会因霉菌毒素中毒而引起发病。该病曾于 2004 年春节前后、2005 年第四季度、2010 年春节前后及 2012 年春节前后给许多规模猪场造成了不同程度的损失。尤其是 2012 年春节前后，很多猪场使用了 2011 年的质量较差的玉米，直接导致产房仔猪发生严重腹泻，仔猪死亡率高达 90％，造成了重大损失！

猪场应充分认识到变质的霉玉米等饲料对猪只造成的严重危害，决不能为了省钱而继续饲喂变质的玉米，否则，将会造成重大损失！

目前，多数大型规模猪场为降低饲料成本，自己加工配制饲料喂猪，这种做法无可厚非，可以理解。但由于猪场缺乏对玉米、麦麸、豆粕、鱼粉等饲料原料的质量检测手段，往往带来了意想不到的巨大损失，教训非常深刻！下面是近年来一些大型规模猪场使用变质饲料带来的巨大损失：

2004 年春节过后，河南省中牟县某 900 头母猪场使用了 2003 年的秋产玉米，造成 200 多万元损失，三年未翻身！

2009 年春节过后，河南省信阳市某 1 100 头母猪猪场使用了发霉的玉米，导致高热病发生，造成 1 000 多头猪死亡！

2009 年 10 月，河南省郑州市某 600 头母猪场用发霉玉米喂猪 8d，导致 80 头孕猪流产！

2010 年 8 月，河南省许昌市某 1 100 头母猪场使用了 250 袋结块的麦麸喂猪，导致保育猪发病，造成了 10 万元损失！

2011 年 7 月 26 日，河南省平顶山市某 1 600 头母猪场老板痛心对笔者说，2011 年春节过后他从东北一次性进了 9 个车皮的玉米，但保存不力出现霉变，自 3 月下旬猪开始发病，导致 3 000 头猪死亡，损失 200 多万元！

2012 年河南省某 7 000 头母猪群的大型养猪企业集团，因对母猪使用了霉变玉米，导致了 5 000 多头乳猪因发生腹泻而大批死亡！

为确保猪场安全生产，建议猪场老板千万不可图便宜，使用霉菌毒素超标的玉米、小麦等原料喂猪！

第4章　无节制盲目用药，损害了猪群健康

近年来，往饲料中广泛加药已成为众多猪场防范疫病的主要手段。在和一些猪场老板交流时，他们无可奈何地说："如果不加药，猪群就不得安宁，我也知道让猪经常吃'药'不是好事，但却没有什么好的办法"。办法是有的，只是许多养猪老板没有从根本上改变观念，没有从本质上认识到猪群的健康源自良好的栏舍环境、均衡的营养、科学管理与主动免疫功能的提高，从而难以走出把"加药"当成"心理安慰剂"的泥潭。

一、为什么"加药"

目前，多数猪场习惯于产前产后、断奶前后、转栏前后等在饲料中"加药"，预防疾病的发生。其药效本质是通过添加抗生素类药物，起到杀灭或控制肠道、呼吸道病原微生物繁殖的作用，如往仔猪、生长猪饲料中"加药"。

通过添加药物，减少排泄分泌物的病原微生物，从而减少母源性疫病的发生，如在母猪料中"加药"。

周边有疫情时作为"心里保险"性预防措施。

二、"加药"的副作用

药物不总是杀灭或抑制病原菌，对有益菌（如乳酸菌等）也会"下手"，从而对维系肠道正常的微生态菌群产生不利影响。

几乎所有的药物都会使机体产生更多的过氧化物，如"自由基"，这等于加剧了对机体组织与器官的损伤，进而损害免疫功能。

药物的代谢需要消耗机体的营养。部分药物经肝代谢时会加重肝负担和排泄时的肾脏负担。

"是药三分毒"，药物不是营养素，一切药物对于猪体来说，都是"异物"。"异物"在机体运转代谢都会产生一定的负面影响，并成为新的应激源。

许多药物具有苦味等异味，会影响猪的采食量，进而影响正常生产性能的发挥。猪的味蕾是人的3倍多，对饲料中气味的微小改变都很敏感。

目前，很多猪场老板对猪病担心几乎到了草木皆兵的程度。只要听到某栋舍的几头猪干咳几声或打几个喷嚏，就如临大敌，立马对全群猪采取往饲料中加药的预防做法，实不可取！这样会使健康猪因药物的异味而导致采食量下降，若用药时间过长，就会导致猪群抵抗力下降，如果此时遇到天气突变等因素，就会引起猪病发生。

长期或阶段性、预防性加药均会产生不同程度耐药性，从而增加生猪染病时的治疗难度。环境恶劣会促使微生物进化与变异加快，因而抗生素的抗药性常会以超出人们想象的速度产生。

长期"加药"会降低免疫应答反应，反而使猪只抗病力下降，致使生长性能的潜力发挥受到限制，许多猪场中大猪阶段日均增重不高，这种现象与药物的毒副作用有关。

母猪怀孕期间若大量使用抗菌药物，可导致这些药物排出时吸收大量体内水分，致使母猪在产前2～3d及产后3d采食量下降，进而发生药源性便秘，导致母猪产后无奶，

哺乳仔猪死亡率增加，从而给猪场带来不必要的损失。

大量无节制盲目"加药"（预防和治疗），也给猪场带来了沉重的成本负担。据了解，目前许多猪场每头出栏猪的平均加药成本在 70 元左右，有些甚至高达 100 元以上，如此高的药物成本支出是不会带来相应收入的。

三、不了解"保健"的本质

"保健"的本质是保障或保护健康。一切有损于机体健康的措施均不能称之为"保健"。对生猪而言，一切为改善生猪生活环境（主要指有效温度、湿度、空气质量、卫生状况）的努力和给予良好的福利性管理、提供均衡营养的安全饲粮、在饲料或饮水中添加有益于机体健康（或免疫力提高）且无副作用的产品等行为，才可称之为"保健"。

养猪者要改变对药物的依赖，首先要从彻底改变陈旧的观念入手。观念不变，一切不变。一个重要的观念是养猪者如何看待"生猪"，是把生猪看成赚钱的"机器"，还是赚钱的"伙伴"。如果是"伙伴"，那么就应该给予"猪"福利性的关怀。从改善环境和创造舒适感作为切入点，采取积极有效的配套管理措施，不要让你的"伙伴"长期或阶段性地吃"药"。

我们完全可以用非药物手段来达到预防疾病的目的。俗话说"药补不如食补"，现代营养新技术的研究成果可以对猪病的发生做到有效预防和控制。目前，许多猪场认为保育阶段的猪群最难以饲养，并为此通过往饲料或饮水中加药的方式，这不仅提高了用药成本，而且影响猪群的生长速度！这些猪场的保育猪 70 日龄体重仅能达到 20kg 左右！而那些全程使用正大"猪三宝"饲料的猪场，无需加药，保育猪群非常健康，猪生长速度快、料肉比低、70 日龄的保育猪体重高达 30kg 左右！

四、猪场在用药方面的误区分析

（一）盲目投药

有的猪场和养殖户在猪发病时方寸大乱，"病急乱投药"，不论药物是否对症，有效无效，拿来就用，使用一次发现疾病没有好转就主观认为此药疗效不好，紧接着赶快换另一种药物。如此反复，换来换去，药物买了一大堆，运气好时，疾病有所好转，但实质上却造成了用药成本过大，而且有可能给以后的治疗带来麻烦。另外有可能疾病非但未得到控制，反而有所恶化，使发病率和死亡率增加。因此，一定要对症用药，猪群发生疾病时，及时请专业人员确诊，制订正确的治疗方案，购买所需的药品，进行对症治疗。

（二）随意配合用药

在实践中，同时使用两种以上的药物治疗疾病，称联合用药。这种用药方式往往引起药物之间相互影响，产生药物作用的变化。

在联合用药中，各种药的作用相似，用药后药效增加，称为协同作用。如喹诺酮类药物和氟哌酸及恩诺沙星同时使用时，会增大其药效。由于药物具有不同理化性质和药理性质，当配合不当时可能出现沉淀、结块、变色，甚至失效或产生毒性，这种变化称药物的配伍禁忌。如青霉素与庆大霉素混合使用，后者会失效；青霉素或四环素与氢化可的松合用可使青霉素失效、四环素药效降低。有些养殖户片面地认为，几种药物配合在一起使用就会加大其作用，因此常随意地将几种药物混合在一起使用，当配伍合理时能取得良好的治疗效果，而当药物使用相互拮抗使药物作用减弱或消失时则达不到治疗目的而增加用药成本。

（三）长期用药和重复用药

有些猪场在饲料中长期加入添加剂和预防性使用抗菌素等，从而发生体内蓄积中毒或细菌产生耐药性。喹乙醇长期使用多表现为慢性中毒，损害畜禽的实质器官，造成增重缓慢等。另外，由于目前的一些疾病如大肠杆菌病和呼吸道病常常发生，所以一些没有经验的场不注重预防用药的用量及疗程，认为只是预防而不是治疗，想用几天就用几天，用药也时断时续，结果却造成防不胜防，当疾病真正来临时，原来应当有效的药物却失去了效果，只需要3～5d的药也不得不延长到一周甚至更长时间，即细菌产生了耐药性，用药成本加大。因此在预防疾病的过程中，一定要用足疗程。

（四）给药途径错误

投药途径分饮水、拌料和注射三种。饮水和拌料因较为方便且适合于大群投药，因而使用较多。当某些疾病发生时，猪只减食或停止饮食，此时若采用拌料投药法在饲料中加入药物，那些急需药物治疗的猪却得不到或只得到不足有效剂量的药物，因此只有采取饮水投药效果才较好，因为大多数猪在无食欲时也会饮水，尽管饮水量可能下降。但有些药物必须拌料投药，如某些抗球虫药物等。当然有些养殖户习惯于饮水投药和拌料投药同时使用，这样可以适当增加药效，缩短疗程，取得较好的治疗效果。

在临床治疗上，有很多药物给药途径不同，疗效也大不相同。如氨基糖苷类（链霉素、新霉素、卡那霉素、庆大霉素等），胃肠道很难吸收，只有采用肌内注射或静脉滴注才能取得好的效果。

肌内注射是猪病临床最常用的给药途径。进行肌内注射，必须保证药物不能注入脂肪。因为注入到脂肪中药物很难吸收，且易导致无菌性脓肿。肌内注射的最佳部位是颈外侧紧靠耳根的后部，而哺乳仔猪肌内注射的最佳部位是腹壁的肋腹内侧。在用药时，要根据药物的性质合理选择给药方法。

2008年8月30日，安徽省某两万头猪场老板告诉笔者，2007年该场治疗用药180万元，疫苗及保健用药70万元，结果还是死了7 000头猪！难怪有很多猪病专家认为，在2006年高热病导致的大量死亡猪中，很多是因为用药不当而被"药"死的！

第5章 猪群生活环境差，导致健康状况下降

关注猪群的生存条件，就是关注猪的福利。在猪福利没有保障的猪场不仅其生产性能下降，生产成本增加，而且不科学的饲养方式可造成猪只恐惧和应激，使其分泌大量肾上腺素，在引起肉质下降的同时，对猪只的健康造成伤害。

一、限位栏内饲养不符合猪的福利要求

目前，不少规模化猪场的妊娠母猪采用了限位栏，平均待栏时间约105d。结构上几乎是清一色水泥地坪加固定钢管制作，虽然限位栏具有减少建筑投资，便于观

察与管理等优势，但大多数猪场多数妊娠母猪在长达3个多月的时间里，因限位栏设计缺陷导致其后躯（腰部后）长期与粪、尿、水为伴（图2-19），违背了让猪享有正常表达行为自由的原则，造成种母猪体质下降，使用年限缩短，肢蹄病严重，以致有的猪场种母猪在生产3~4胎后就因站不起来、配不上种、难产、死胎增多而不得不提前淘汰。

图2-19　母猪与粪尿为伴危害健康　　　　图2-20　饲养密度过大不利于猪生长

二、饲养密度过大不利于猪的生长

有的猪场在建万头商品猪场时，猪舍间隔不足10m，一间不足20m² 的猪栏内养20多头育肥猪（图2-20），这种高度密集饲养，不仅造成大量粪尿、臭气、噪声污染，也使猪只产生了打斗、咬尾、咬耳等行为，最终导致生长速度缓慢，肉质下降。

三、过早断奶引起的应激造成的损失

母猪哺育仔猪，仔猪在母猪身边自由自在地生活，这是猪的天性，是一种康乐。然而，现在有些集约化猪场为了片面追求高产，将仔猪断奶日龄从28d提早到14d，需知这种不顾条件的盲目追求，不仅显著增加了生产成本，而且因断奶引起的心理应激、环境应激、营养应激造成的损失也非小数。

四、种公猪运动量不足导致精液品质低下

种公猪运动量不足在多数集约化猪场是常见的，导致公猪过肥司空见惯（图2-21），畸形精子增多，活力低下，品质不良，使母猪受胎率不高，造成了大的损失。

五、对环境污染的治理滞后

养猪业的环境污染主要是粪便、污水和有害气体。目前，许多规模猪场因建场较早，设计不合理，导致场内杂草丛生，粪便成堆，污水横流的现象随处可见（图2-22），致使粪便中的大量病

图2-21　多数猪场存在种公猪运动量不足的现象

原菌对猪场环境造成了极大的污染，有利于疾病的发生和扩散（图2-23）。有害气体对猪舍内空气的污染未引起重视，尤其在冬季保暖的情况下，许多猪舍内臭气扑鼻，氨味刺眼，导致了呼吸道病的不断发生，严重影响了猪只的健康生产。

图2-22　猪场污水横流污染了环境

图2-23　大量的苍蝇叮猪传播疾病

六、饲养管理不力，导致猪只生病

对许多传染病来说，如无饲养管理恶劣的因素存在，就不会加重病情（图2-24）。腹泻、地方性肺炎、生长参差不齐和仔猪断奶后生长不良等问题可以是传染病的结果，但更是经常的拥挤、槽位不足或饮水不足、饲料选用不当以及气温和通风管理不当（在全封闭式管理的猪舍及冬季更为严重）等因素的结果。在许多情况下，解决这些问题是不能依赖抗生素和其他药物的。从长远来说，房舍设计和管理措施对于疾病防制的作用远比单纯依靠药物重要得多。

图2-24　断奶母猪在粪场运动会导致
不发情或猪病发生

人在心情愉快时才能发挥最佳性能，猪也需在优良的生存条件下，才会生产出质优量多的产品。猪不会说话，但也有感情，猪生活条件差，它就会生气，心情不舒服。如果注意观察，猪是会反抗的：初产母猪产仔时，如果有人大声喧哗，惊动了它，它会以咬仔及拒哺反抗；如果售猪时你粗暴地对待它，它就是死了也要把肉味变差，让你吃着不顺口；公猪反应更强烈，甚至会对人攻击。充分尊重"猪权"，为其提供适宜的生存条件，是在目前猪病复杂情况下取得良好经济效益的重要条件。

在规模养猪的条件下，各类猪群均处于高强度的生产状态下，环境条件对其生产力和健康状况影响极大。甚至可以说直接决定着猪场的成与败。从2006年发生的"猪高热病"临床实践来看，应激较大的环境条件，成为诱发"猪高热病"发生主要因素之一。南方夏季高温、高湿、猪舍通风不良，猪的应激反应大，所以南方多在炎热的夏季发生；而北方多发生在秋末冬初，原因是北方在这个季节气温变化大，尤其是昼夜温差的大幅度增加，导致了猪群产生强烈的应激反应。

猪舍内对猪的健康有不良影响的气体统称为有害气体。通常包括 NH_3、H_2S、CO_2、CH_4、CO_2 等，主要是由猪只呼吸、粪尿、饲料、垫草腐败分解而产生。

在高密度饲养条件下，猪舍内的空气卫生状况直接或间接地影响猪的健康和生产力的提高，当猪舍通风不足时，有毒有害气体，灰尘及微生物就会在舍内过多积存，可导致猪的慢性中毒，生产力下降，发病率和死亡率升高等，常常给养猪生产带来很大的危害，而人们在查找病因时却往往未顾及这些危害。

呼吸道疾病本来是由病原微生物引起。在严寒的冬季，因保暖而造成空气交换和流通不够，导致舍内空气质量不佳、致使病原微生物含量严重超标时，就会导致本病的发生（图 2-25）。其中，萎缩性鼻炎和肺炎是非常普遍的呼吸道疾病，对猪的健康和生产性能有极其深刻的影响，生长育肥猪舍内常因饲养密度较高，从而使呼吸道疾病在冬季的发生率最高，所引起的损失最大。

图 2-25　冬季用煤火取暖，易导致舍内空气污浊，诱发呼吸道病

当空气质量不良时，会损害呼吸道黏液纤毛清除病原的作用。研究表明：

（1）尘埃和氨气能损害黏液——纤毛系统对病原体的清除作用。

（2）呼吸道损伤的显微病变主要在鼻甲骨和气管黏膜——包括上皮细胞变性和纤毛减少。

（3）哺乳仔猪在 $100mg/L$ NH_3 的环境中饲养 $5\sim6$ 周，可见到肺间质发生变化，表明高水平的氨气和尘埃对仔猪是很有害的，其临床症状常为咳嗽和日增重下降。

（4）高浓度氨气可使刚断奶仔猪对大肠杆菌的清除受阻，暴露于 $50\sim70mg/L$ NH_3 环境中 24h 内，在与低浓度下相比清除率可下降 50% 以上。

（5）空气质量不佳时，加大了病原微生物的感染剂量，即使少量的病原体也可引起临床发病。

表 2-5 表示在空气交换率较低时，对日增重影响不大，但呼吸系统疾病的发生率显著升高。

表2-5　不同空气交换率对猪生长性能和疾病流行的影响

空气流通率（m³/h·头）	19	52	9
猪头数	150	147	
平均日增重（g/d）	787	821	△
料肉比	2.7	2.74	△
治疗			
呼吸道病发生率	1.36	0.19	<0.001
跛行发生率	0.13	0.55	△
其他症状发生率	0.14	0.43	△
心包炎（%）	4.10	4.00	△
肺炎（%）	34.80	35.40	△
萎缩性鼻炎（%）	55.50	32.40	<0.001

注：△表示差异不显著，在空气交换率较低时，呼吸道病和萎鼻的发生率显著升高。

现已证明大多数病毒和细菌以及其他微生物的传播是在空气中传播的。如口蹄疫病毒、伪狂犬病毒、嗜血杆菌毒等许多病原微生物的吸入均能引起猪只中毒或过敏反应。而集约化的饲养减少了猪只的生活空间，提高了环境中的微生物、有害气体以及带有病原体尘埃的浓度，这就使猪只有更多的机会感染某种疾病（图2-26）。

虽然人们早已认识到控制环境的价值，但往往得不到足够重视，而企图用药物（抗生素）控

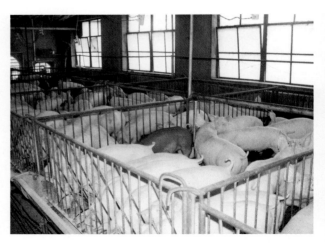

图2-26　冬季饲养密度过大，可诱发呼吸道疾病等

制疾病。有些猪场从猪只一出生就使用含抗生素的饲料或饮水，且用量越来越大，不仅提高了用药成本且往往从根本上解决不了问题，最终仍造成猪只死亡和疾病流行。同时猪舍空气中的 NH_3、H_2S、CH_4、CO_2 等有害气体还会造成猪只和人员的伤害。所以有人认为环境控制的关键是"除了通风还是通风"（图2-27：如果没有气阀调节，外面冷空气较重，便会马上垂直降到猪床面上，猪一定觉得冷，很不舒服；图2-28：入气阀要依换气量调节大小。安装进出气阀调节，使舍内暖空气与外面进入的冷空气均匀混合后，才到猪身上）。通风就是要保证新鲜空气的进入，排出猪只呼出的水汽，稀释猪只排出的病原体。通风换气的原则是尽可能地使猪舍空气新鲜、舒适、柔和。而保温更是保育舍管理的重要环节。

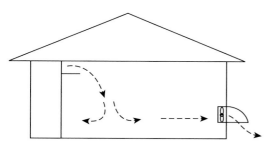

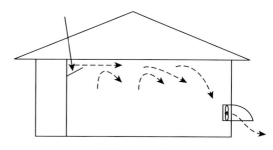

图2-27　安装进气阀，调节入舍的外界冷气　　　　图2-28　调节气阀，使外界冷气均匀进入

第6章　生产管理失误，导致猪病不断发生

一个木桶盛水的多少，取决于组成木桶的最短的那一块木板，否则，水就会从这块短木板的上方流出。同样，猪场在下列生产管理中出现的任何失误，都可能导致猪病发生，从而造成损失。

一、引种时忽略了健康状况

这个问题是在引种时首先考虑的重要问题，有些引种者在引种时只考虑价格、体形，而忽略了健康这个关键要素，导致引进种猪时同时把疾病引了回来。因此在引种前应首先对供种单位的蓝耳病、伪狂犬病、布鲁氏菌病、猪瘟等猪病进行抽血化验。

二、从多家种猪场引种

认为种源多、血源远有利于本场猪群生产性能的改善，殊不知这样做引进疾病的风险也就加大。因各个种猪场细菌、病毒、环境差异很大，且现在疾病多数都呈隐性感染，一旦不同猪场的猪混群后暴发疾病的可能性非常大。所以引种时尽量从一家种猪场引进。

三、未重视初产母猪发生的疾病持续感染

近年来，一些猪场的繁殖障碍性疾病虽无大的暴发，但每月有数窝甚至十几窝发生繁殖障碍的现象不断。究其原因，主要是这些猪场近年来或近期内发生的暴发性流行疾病（如蓝耳病和伪狂犬病等）结束后，转入亚临床的持续感染所致。对后备种猪而言，则是进入生产群前未采取有效的隔离观察措施所致。而这些新引入的高度敏感猪，在发生持续感染后即向外排毒，再次感染其他种猪，致使该猪场猪病无法得到根除。

初产母猪感染PRRSV后其流产率可达50%～70%和产死胎。但目前不少猪场母猪发生流产、产死胎、木乃伊胎的少了，而多数母猪表现为滞后产、产后不发情、屡配不孕等，受胎率下降10%～15%。多数种猪和成年猪表现为隐性感染，管理水平与生物安全好的猪群一般不表现出临床症状，只有在混合感染或继发感染其他病原时，猪群才会出现呼吸道病症状。由于隐性感染的种猪长期带毒，既可发生垂直传播，又能进行水平传播，其危害性更大，这样的猪群随时都有可能发生种猪繁殖障碍和呼吸道病。

四、工作不细心，导致疫苗漏打

据笔者调查发现，种猪漏注苗主要有以下原因：一是种猪免疫多由产仔舍和配种怀孕舍的饲养人员操作，当饲养员更换频繁，在工作交换上不认真细致时，很容易疏忽和遗忘。二是种公猪性情粗暴，饲养员很难接近，采精人员担心注射疫苗会影响采精和配种，因而对公猪疫苗的注射总是一拖再拖，最后不了了之。三是购入的后备种猪无疫苗注射记录。四是基础母猪的猪瘟疫苗注射时间，大多数猪场都选择在断奶前的哺乳期间，而有的母猪在配种舍返情两三次或转到怀孕舍后流产又转入配种舍，根本未进入产仔舍，更谈不上有断奶过程，这种情况下母猪的猪瘟疫苗很可能就没打。

五、不重视消毒工作

认真做好规模猪场的消毒工作，是消灭传染源，防止疫病发生的关键措施之一。然而，一些猪场在生产实践中常存在有效消毒的误区，不利于消毒灭源工作的开展。

(一) 空栏消毒前不进行彻底有效的清洁

许多场只是空栏清扫后用大量的清水简单冲洗，就开始消毒，这种方法不可取。因为消毒药物作用的发挥，必须使药物接触到病原微生物。经过简单冲洗的消毒现场或多或少存在不易被火碱清除的有机物，如血液、胎衣、羊水、体表脱落物、分泌物和排泄物中的油脂等，藏匿着大量病原微生物，而消毒药是难以渗透其中发挥作用的。这样，上批猪遗留下来的病原又给下一批猪带来安全隐患。因此，彻底的清洁是有效消毒的前提。

(二) 消毒池用火碱消毒，且一星期只换水加药一次

许多猪场门卫消毒池用火碱，浓度根本没有仔细称量换算，有效浓度达不到 3%，也不考虑空气、阳光这些因素对其消毒效果的影响，更没能做到 2d 更换药水 1 次。因为，火碱的水溶液只能维持 2d 的有效消毒效果，2d 以后药已失效，根本达不到消毒效果。所以说这种消毒池形同虚设。其原因是空气中的二氧化碳与火碱起反应，迅速降低了池中起消毒作用的氢氧根离子浓度。有人曾做过试验，从上水加药开始，每天用试纸测定 pH 值 2 次后得知，池中 3% 的火碱水已失效。

(三) 不注意对饮水消毒

疾病传播的很重要途径是饮水，较多猪场的饮水中大肠杆菌、霉菌、病毒往往超标。也有较多场在饮水中加入了维生素、抗菌素粉制剂，这些维生素和抗菌素会造成管道水线堵塞和生物膜大量形成，从而影响猪的饮水。所以消毒剂的选择很重要，有很多消毒药说明书上宣称能用于饮水消毒，但不能盲目使用。我们应选择对猪肠道有益且能杀灭生物膜内所有病原的消毒药作为饮水消毒药。

(四) 认为对猪舍喷雾消毒没必要

在寒冷的冬季，通风和保暖常常是有矛盾的。据调查，在空气不流通的室内，空气中的病毒、细菌飞沫可飘浮 30 多个小时。如果常开门窗换气，则污浊空气可随时飘走，而且室内也得到充足的光线，多种病毒、病菌也难以滋生繁殖。如果不常开门窗换气，则猪舍内的病毒、病菌飞沫会很快滋生繁殖，当其聚集到一定程度时就会诱发猪只发病。因此，在寒冷的冬季无法做到通风换气的情况下，要消灭猪舍内、空气中的病原微生物，喷雾消毒措施就显得非常重要。

（五）认为消毒药的用量越大越好

有些消毒剂对人畜有副作用，消毒药的用量过大，不但会造成不必要的浪费，而且长期使用会造成病原菌的耐受性，还会对环境造成二次污染。因此，在对猪舍消毒时要根据说明书定用量，不要擅自加大剂量。要注意消毒前一定要彻底清扫，消毒时要使地面像下了一层毛毛雨一样，不能太湿（猪容易腹泻），也不能太干（起不到消毒的作用），每个角落都要消毒到。消毒时要让喷头在猪的上方使药液慢慢落下，不要对着猪消毒。

在猪场的消毒工作中，常见到下列一些疏忽之处：重视了前门的消毒，忽视了后门的消毒；重视了脚的消毒，忽视了手的消毒；重视外来人的消毒，忽视了本场人的消毒；在猪舍的消毒工作中往往重视了全进全出的大消毒，发现病猪后忽视了临时开展的局部小消毒；重视猪舍地面的消毒，忽视了舍内空气和猪体的消毒等，应引起场长们的高度重视。

六、未开展疾病监测，无法对猪病发生做出预警

免疫是猪场一项重要的日常工作，所以免疫对养猪人来说都非常熟悉。国外养猪业之所以能够有效控制几种重大传染病的发生，正是采用了监测技术作为后盾，成本虽高，却物有所值。

不同猪场需要注射哪些疫苗应该根据自己情况而定，一般来说目前几种猪病必须使用疫苗免疫，如猪瘟、伪狂犬病、细小病毒病、口蹄疫等。一些细菌性疾病也可以使用疫苗，比如大肠杆菌病，但是一些传统的猪病在很多猪场不必使用疫苗免疫，比如猪丹毒、猪肺疫，因为很多广谱性药物都可以间接控制。

正确使用疫苗在很多猪场没有做到。因为猪场在使用疫苗时往往不知道猪场里到底有多少种疾病；不知道猪群在什么时候感染的这些疾病，这些疾病的严重程度有多大；不知道使用疫苗的时候猪群潜伏了哪些疾病，这些疾病对疫苗使用将产生什么影响。三个"不知道"使疫苗免疫效果下降，而且有时会增加猪群应激反应。

要解决如何正确使用疫苗的问题，只有发挥实验室的作用，对猪群进行动态监测。猪场应对不同阶段的猪进行定期采样，这样采样范围广，具有代表性。通过动态采样监测就可以解决三个"不知道"的问题。首先了解猪场中到底有哪些疾病，另外知道这些疾病的严重程度，什么时间感染哪个阶段的猪群，这样才能正确选择疫苗的种类，接种疫苗的时间，同时也能够知道疫苗免疫效果，即疫苗接种后抗体水平的高低、抗体均匀度、保护率和保护时间。

目前绝大多数猪场没有充分利用实验室手段，所以在疫苗使用方面存在很多问题，效果不理想，或者使用疫苗后情况更糟糕。

猪场当然希望什么疫苗也不需要，什么兽药都不用买，但在目前养猪业疫情如此复杂的情况下还做不到。疫苗免疫是预防疾病的重要手段，不用疫苗不太可能，但尽量通过综合手段提高猪群的健康水平，减少疫苗的使用种类，准确掌握疫苗使用时间。确定猪场需要打哪些苗根据猪场所在区域的大环境而定。因为在交通发达的今天，疫病的传播无孔不入，再偏远的猪场做到洁身自好也很难，所以猪群健康水平动态监测对猪场非

常重要。

规模化猪场疫情监测是一项十分重要的工作。通过疫情监测有利于猪场实时掌握疫病的流行和病原感染状况，有的放矢地制订和调整疫病控制计划，及时发现疫情，及早防治；对疫苗免疫效果进行监测可以了解和评价疫苗的免疫效果，同时可为免疫程序的制定和调整提供数据依据。然而，相当部分猪场对免疫工作非常重视，而对免疫效果到底怎样却没有考虑，或许是因为怕花钱而未开展对疫病的抗体检测工作，这不能不说是目前猪场的防疫体系中存在的一个非常重要的缺陷。

七、对霉菌毒素的严重危害缺乏清醒认识

几乎所有的霉菌毒素都对免疫系统有破坏作用，猪机体抵抗力下降和免疫抑制，猪只的免疫系统不足以抵抗病原体的侵害，为疾病的发生创造了有利条件。霉菌毒素能导致猪产生免疫抑制，引起猪群免疫失败，使之注射疫苗后抗体水平仍然很低，诱发多种疾病的发生，导致疫病传播。目前很多猪场疾病复杂、猪群发病严重与霉菌毒素的危害有很大关系。

饲料原粮霉变是目前养猪生产过程中的难题之一，也是导致很多料源性疾病的主要因素。为此，有些猪场使用小麦代替玉米，认为可以避免霉菌毒素的危害。其实小麦虽然不会感染玉米赤霉烯酮，但在生长过程中极易感染赤霉病而产生呕吐毒素，对猪的危害依然严重。这个问题应引起猪场老板的高度重视。

猪场自己采购饲料原料来加工配合饲料的目的是省钱，降低饲料成本，本无可厚非。如果猪场老板没有营养师来设计饲料配方，没有先进的饲料原料及产品料的检测仪器和设备，没有现代的饲料加工工艺来配制饲料，就不要自己加工饲料喂猪，要使用正大集团的全价饲料确保万无一失。否则将会贻害猪群，得不偿失！

八、养猪老板不关爱员工，导致猪病不断发生

目前，在远离闹市区、交通不便、工作环境较差、生活条件艰苦的猪场，因猪场老板不注意关爱员工，导致猪场留不住人，从而造成了不应有的损失。如员工的工资不能按时发放，总有被老板以各种理由克扣的情况，而员工在领完工资后由于感觉不平衡就拿猪出气，不认真喂料，防疫时打飞针，甚至还鞭打怀孕母猪，其后果可想而知！相当部分猪场发生的疾病可以说都与员工有关。

猪场每项技术措施都要靠具体人员操作，如果管理不严，饲养人员没按技术要求去操作，效果就会大打折扣。比如，给猪注射疫苗时，要求每猪注射 3mL，但如果防疫员在注射时没保定猪，猪在跑动过程中注射疫苗，也可能将疫苗全部打入肌肉内，也可能只打入一部分，还可能打在了脂肪内。如果打的剂量不足，不能产生足够的免疫力，如果将疫苗打在脂肪内，不能及时吸收，也达不到应有的效果；在消毒时，如果在满是粪便的猪栏消毒，消毒药品遇到有机物失效，是不会有好的消毒效果的，所以消毒前必须将场地清理干净。如果饲养员没按要求严格去做，消毒效果会大打折扣。

九、猪舍的大通间设计，不能进行彻底的卫生消毒

由于许多规模猪场采用流水式作业和大通间式猪舍，无法实行全进全出和彻底空栏（图 2 - 29），各类猪舍基本上只施行载猪条件下的日常消毒或局部的空栏清洗消毒，不

能进行必不可少的定期空栏大消毒。

除了有限的通风换气外，对猪舍内空气的消毒则基本未能施行；人员车辆的进场消毒也完全不能符合大型集约化猪场的卫生防疫要求；需转群移动的猪群在进入其他猪舍时基本不进行消毒，从而导致疫病的扩散。

在目前多数猪场采用高密度饲养模式，导致猪群处于亚健康状态的严峻形势下，如果生产管理出现任何失误，将会导致猪群健康状况不稳定，从而诱发猪病的发生。这样的例子不胜枚举。

图 2 - 29　产房的大通间应改为单元式猪舍，以利防病

第 7 章　细化管理不到位，导致蚁穴毁江堤

生产实践表明，在目前猪病异常复杂的严峻形势下，许多猪场养猪效益差，不能实现既定目标，有些问题不是出在技术上，而是出在管理细节上，一个细节的不注意会造成不可挽回的损失。如现在保育阶段呼吸道病严重，发生的起因不一定都是细菌感染，也可能是门窗没关严时冷风的吹入，也可能买淘汰猪的车走后没进行场地消毒，也可能外来参观者没履行消毒程序进场，也可能是一只老鼠，一只麻雀，一只苍蝇，都可能造成传染病的暴发（图 2 - 30），所以不能忽视任何一个细节。

图 2 - 30　苍蝇叮饲料，会导致猪病发生

细节是什么？对养猪场来说可以这样解释"细节"。

对于消毒来说"细节"是：长期使用的水塔没经过消毒，细菌已经感染；喷雾消毒后，地面仍是干燥的，消毒液无法浸透污物，没有消毒效果；门口消毒池中的火碱已没有了黏度，却仍在使用；职工请假后返场时，只是象征性地履行简单的消毒手续，而病原却可以从内衣或身体带入猪舍。

对饲料来说"细节"是：加工饲料时，物料投放的先后顺序、搅拌的时间、配料时的计量；采购原料时要把不合格的原料拒之场外。

对产房管理来说"细节"是：母猪上床前洗澡消毒；在产前已为仔猪准备好了舒适的房间——保温箱（图2-31）；剪牙钳消毒后使用；母猪所需温度与小猪不同，舍温过高会影响母猪采食量，导致产奶减少；不让母猪粪便留在产床上，以防仔猪腹泻；人工助产后的母猪进行子宫冲洗并注射长效抗生素，以防母猪感染。

图2-31　给产房哺乳仔猪和刚断奶的保育猪使用保温箱保温，可提高成活率

北方猪场冬季易发呼吸道疾病，原因是细化管理不到位：

因天气变冷，饲养员都会采用关闭门窗的办法保持舍内温度。但这样会让舍内空气质量产生很大的变化，如有害气体无法及时排出，氧气不能及时得到补充，从而猪舍内氧气含量低于正常，如不注意通风换气，猪只好通过增加呼吸次数来弥补氧气不足的问题，过度呼吸会对肺带来损伤；同时，有害气体中的氨气会损害呼吸道黏膜，使呼吸道黏膜对有害细菌的阻挡作用大大降低（图2-32）。

昼夜温差大，冷风时常出现，又由于猪舍各部位通风情况

图2-32　冬季北方猪场多用薄膜保持舍内温度，有害气体无法及时排出，导致了呼吸道疾病发生

和温度情况不同，如果注意不到，会使部分猪出现感冒，如没得到及时的治疗，同时由于环境条件恶劣，进而发展成为呼吸道感染，出现明显的呼吸道症状。这些猪如没有及时得到治疗，其他猪只没有得到必要的预防，会使病猪不断排放病原，引起大面积的传染。

生产上的细节还有许多许多。如果再细分，造成配种后返情的原因，可能是精液质量差没有检查；可能是母猪有生殖道炎症；可能是配种时没有严格消毒引起了产道炎症；可能是该配两次的只配了一次；可能是配种时机没有把握好；可能是配种时没人监

督，配种根本没有进行；可能是配后 3d 高剂量饲喂，引起受精卵死亡；可能是受精卵着床时遇到强烈应激引起着床失败等。所有的原因都可造成配种的失败。

细节重要，不仅要说在口头上，更要落实到行动上；细节更是责任心的具体体现，一个没有责任心的人是不会注重细节的。

做事要有目标，目标来自细节，细节决定成败！俗话说："千里江堤溃于蚁穴"。任何一个猪场，无论是生产规模大小，生产水平高低，不可能一个问题也没有。高水平的猪场存在的问题比较少，也比较小，低水平的猪场则存在的问题比较多，而且比较大。猪场提高养猪技术水平的过程就是不断发现问题、解决问题的过程。要想提高养猪水平，就要善于查漏补缺（或请专家帮助查找），全方位、深层次地分析猪场存在的不足与问题，充分利用现有资源将问题解决在萌芽状态。这样，猪场问题少了，利润也就多了。

常常看到，一些大的养猪企业生产水平低下，在很大程度上就是不善于去发现、解决切实存在的问题。有的搞自我封闭，不与业内同行开展交流；有的虽然发现了问题，但对危害长远利益的问题缺乏清醒认识，不去投资解决；有的则对存在的问题不是积极去解决，而是持消极态度，其结果是问题越积越严重，最终将一个很好的猪场毁掉了。

注重细节就是要把每一件简单的事做好。猪场无大事，都是些不起眼的小事，但这些小事处理不当，就会变成大事（大祸），造成大的损失。

第3篇 规模养猪赚钱策略及细化管理技术

据有关资料介绍，目前我国管理水平较高的猪场，母猪年均提供上市猪在 16～18 头，一般存栏的能繁母猪年均提供上市猪仅 13～15 头。为何与泰国正大集团猪场母猪年均供 26 头上市猪有那么大的差距？这个问题值得反思。

现代养猪的大量生产实践表明，在猪病异常复杂的严峻形势下，养猪要真正获得成功必须"以养为主，养防并重"。这里所说的"养"是指为猪群提供全价的营养、舒适的环境、到位的细化管理，是对猪无微不至的照顾。许多猪场之所以养猪效益差甚至连年亏损，也是因为没有把精力放在"养"上，而是把大量的人力、物力和财力投放在"治"上，最后落了个"猪财两空"的惨剧。

第1章 严把饲料原料采购关，防止"病从口入"

俗话说"病从口入"。不把好饲料的采购关，使用劣质的饲料喂猪无疑在贻害自己的猪群！玉米虽贵为能量之王，但其中的霉菌毒素含量超标就是毒品！强行用之就会对猪造成严重危害！养猪老板一定要记住：使用霉菌毒素含量超标的玉米喂猪，就是在给猪投毒，终将自食其果！

第1节 猪场在饲料采购方面存在的问题

许多养猪老板都知道，如果饲料原料采购关把不好，导致采购质量低下，将会对猪的生产性能带来非常严重的后果。然而，笔者发现，一些养猪老板对饲料原料的采购工作并未引起高度重视，总想图便宜购买饲料，结果因质量低下，给猪场生产带来了很大损失。这样的例子不胜枚举。

很多养猪老板并不知道，导致他们猪场猪病难以控制的重要原因之一就是其饲料配方中的玉米等饲料原料是由猪场自己购买的，而这些原料的质量养猪老板根本无法做到有效控制！

目前多数猪场常用的玉米检测办法——也只能了解水分情况，却不能了解这车玉米的霉菌毒素含量是否超标（图 3-1，图 3-2）。因为他们无法对玉米中霉菌毒素含量是否超标进行有效检测。

图3-1　猪场在检测入库玉米　　　　图3-2　猪场用眼观标准评价入库玉米

　　2011年8月16日，河南省畜牧局组织全省13家年销量在10万t以上的大型饲料公司老板在开封正大召开饲料质量安全研讨会（图3-3），专门研讨解决河南省饲料质量安全方面存在的问题。笔者有幸聆听了本次会议。通过参加会议和私下与一些饲料企业老板的交流（图3-4），笔者感受到在饲料的采购和使用方面，下列因素将会严重影响猪场生产成绩和养猪效益提高。

图3-3　河南省饲料质量安全会议　　　图3-4　与会人员讨论饲料安全方面存在问题

　　一、使用地沟油加工猪料
　　饭店吃剩下的饭菜中的油（火锅最严重），经处理后以非常便宜的价格被用来加工成品料（图3-5）。猪场为图便宜使用了这样所谓的全价料，怎能不发病！怎能提高生产成绩！
　　二、使用有毒玉米加工猪料
　　用毒药包被的玉米种子过期后（为防止虫害，种子公司用农药将玉米种子浸泡称为"包被"）卖给饲料厂加工猪料（图3-6）。猪场使用了饲料厂生产的这些所谓的全价料，怎能不发病！

图3-5 一些饲料厂用地沟油加工成品料卖给猪场

图3-6 用毒药包被的玉米种子

三、购买的麦麸存在严重质量问题

很多养猪老板认为自己购买的麦麸不会有假，其实不然。只不过猪场老板没有相应的检测条件，使掺假者有机可乘（图3-7）。

四、豆粕掺假手段非常高超，使养猪老板防不胜防

作为饲料中非常重要的蛋白质原料豆粕，由于价格高，掺假现象在业界已成为不争之实（图3-8）。然而许多猪场为图便宜也听之任之，结果出高价买的是假豆粕（图3-9），贻害了自己的猪群，带来了不应有的损失。

图3-7 加药剂可分辨出掺假的麦麸

图3-8 肉眼看不出的掺假豆粕

图3-9 镜检看到的假豆粕（花生粕）

五、进口鱼粉价高诱人，掺假的"进口鱼粉"以次充好更是问题

鱼粉中添加肉骨粉、羽毛粉（蛋白含量高，但猪不易消化吸收），喷洒鱼油增加鱼腥味，以做到鱼目混珠。

六、猪场使用质量较差的霉玉米

许多猪场近年来不断出现生产异常的关键因素之一，就是猪场所使用的饲料中有50％的玉米等饲料原料质量不合格，从而带来了很大损失！近年来的生产表明，使用变质饲料（特别是霉玉米）是导致全国性疫病不断发生的重要因素！

近年来的生产实践表明，饲料中玉米等饲料原料质量的好坏，将决定猪场养猪的成败！

第 2 节　使用霉变玉米喂母猪，导致乳猪腹泻严重

2012年春节前后，国内许多省份的猪场，产房为何会发生大规模的仔猪腹泻病（图 3 - 10），导致仔猪大批死亡（图 3 - 11），造成了非常大的经济损失？

图 3 - 10　严重的仔猪腹泻　　　　　　　　图 3 - 11　因严重腹泻而死亡的仔猪

一、产房仔猪腹泻的特点

（1）许多规模较大、管理正规、设备条件好的猪场，产房内仍然发生了仔猪腹泻病；

（2）乳猪从出生后第 2d 开始发生腹泻（图 3 - 12），2～10d 内腹泻仔猪的死亡率在80％以上（图 3 - 13），多批次发生，可持续半年左右。不少猪场的产房内甚至出现了

图 3 - 12　仔猪生后第 2d 即发生腹泻　　　　图 3 - 13　腹泻仔猪死亡率高

无仔猪现象；

（3）在产房仔猪发生腹泻期间，其他猪群基本正常；

（4）母猪使用预混料、浓缩料、自配料以及使用小型饲料厂生产的所谓"全价料"的猪场居多。

二、产房发生大规模仔猪腹泻病的原因何在

（一）由猪瘟、伪狂犬引起的腹泻？

这种情况存在，但不应该是主要原因。因为管理正规的大型猪场，都很注意疫苗的检测、选择、使用。

（二）传染性胃肠炎？

不是。因为猪场发生传染性胃肠炎时大小猪都会发生，而本次腹泻只发生在产房仔猪，其他猪几乎没有。

（三）流行性腹泻？

不是。因为猪场发生流行性腹泻时大小猪同样都会发生，而本次腹泻只发生在产房仔猪，其他猪几乎没有。

（四）大肠杆菌性、球虫病或轮状病毒性腹泻？

不是。因为从许多猪场使用抗病毒药物、抗菌素药物及抗球虫病药物无效的情况来看，不是上述疾病所致。

（五）猪场防寒保暖设备条件差或过早撤掉防寒保暖设备？

不是。因为管理正规的大型猪场都很注意做好冬春季节的防寒保暖工作。

那到底是什么原因导致的如此大规模发生产房仔猪腹泻呢？

从仔猪生后第二天就开始发生严重腹泻的情况分析，原因有两个：一是母猪体内带毒，直接把毒素通过胎盘传染给胎儿；二是毒素通过母乳传给仔猪。

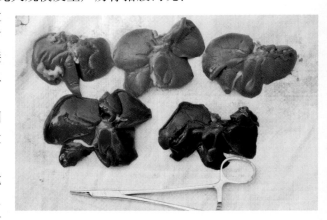

从芦惟本（2012）对病猪剖检发现的肝脏损伤严重、胆管发生萎缩的情况来看（图3-14），仔猪在未出生时肝脏和胆囊管就已受到了严重损害。这种情况只有在受到霉菌毒素严重危害时才能出现，从而表明产房仔猪严重

图3-14　正常猪与腹泻猪的肝脏与胆囊区别

腹泻的直接原因很可能与母猪饲料中的霉菌毒素严重超标有很大关系！然而，国内很多专家在寻找病因时只知道从疾病方面查找，而忽视了霉菌毒素带来的严重危害！

从图3-14可以看出，上排三个肝脏为发病猪的，肝脏呈黄色或浅黄色，其中左边的两个胆囊萎缩无胆汁，另一个虽有胆汁但呈白色（胆汁颜色呈绿色）；而下排的两个正常猪的肝脏、胆囊及胆汁呈正常颜色。

肝脏具有解毒、分泌胆汁的功能，胆汁的重要作用是消化母乳中的油脂即脂肪。当肝脏被霉菌毒素严重损伤后，无法分泌出大量的胆汁来消化母乳中含量很高的乳脂，这些被初生仔猪食入后的乳汁，因仔猪体内缺乏胆汁而无法消化，就直接进入了小肠。小肠为了保持肠道内渗透压的平衡和排出这些未被消化吸收的营养物质，就会把体内的水分吸收到肠道内，从而引发初生仔猪发生了严重腹泻！（芦惟本，2012）

综上所述，2012 年春节前后及以后数月，河南省猪场之所以会大规模发生产房仔猪腹泻的重要原因，很可能是母猪料中的霉菌毒素严重超标所致！一个重要的证据是，河南省 2011 年的秋产玉米在收获期间阴雨连绵 20 多天，直接导致了玉米发霉。据有关资料介绍，在 2011 年玉米收获期间，我国大部分玉米主产区均遇到了长时间的阴雨天气，致使全国性的玉米质量普遍较差。这就是 2012 年全国大部分省市产房仔猪发生严重仔猪腹泻、导致乳猪大批死亡的原因！

因此，在解决产房仔猪发生腹泻问题时，如果母猪料中霉菌毒素含量严重超标的问题不解决，其他防控措施不会取得应有的效果。因此，要解决母猪霉菌毒素中毒问题，就应该从严把饲料原料的质量关开始。

2012 年 4 月 23 日，在河南省漯河市畜牧局召开的规模猪场研讨会上（图 3-15），郾城区的赵群师老板说："从我对仔猪拉稀的控制效果来看，把对母猪正在使用的预混料换成正大生产的567 哺乳料，配合输液解毒等措

图 3-15　漯河市规模猪场研讨会现场

施，几天后小猪就不拉稀了！不信大家可以试试！目前很多猪场在猪发病后都急于找专家，这些专家也只是怀疑是这病或是那病造成的，然后就开了一大堆药物去治疗，他们根本想不到是饲料出事了。"

如果你没有饲料原料及成品料质量检测技术员及设备，就不要为图省钱而加工饲料！否则，一旦某环节发生质量问题将会贻害你的猪群！建议使用正大公司经过对饲料原料严格把关而生产的高质量的全价料，以助你养猪获得成功！

第 2 章　规模猪场的安全引种措施

具有一定规模的养猪场，要想达到长年均衡生产，而且母猪群体结构比较合理，一般每年种猪更新率在 25%～30%，否则，生产效益就不能达到最大化。如果本身不是育种场，每年都牵涉到引种的问题。那么如何引种呢？

一、引种前要充分了解本猪场的健康状况

了解自己本场种猪的健康状况，最好抽血化验。确定引种场家时，要求与本场种猪健康状况相近的种猪（提前采血化验对比）。如果引进的种猪健康水平好于本场猪，要在引种后隔离期间进行免疫，对于健康水平不如本场的种猪，不能引进。

二、如何选种

选种是一门学问。对公猪与母猪的选择，要求是不一样的。

（一）公猪的选择

1. 系谱记录。从系谱记录上要选择无隐睾、阴囊疝、脐疝等遗传缺陷的种猪后代，出生体重在同一窝中较大的、生长速度较快的优秀个体。

2. 外形选择。公猪应选择四肢粗壮、结实，睾丸对称饱满，体形健壮、腮肉少、臀部丰满、包皮较小的个体（图3-16）。如果是种猪场，挑选公猪时还应注意乳头排列，血统要尽量多。经验告诉我们，公猪一定要选择淘气的。一般眼光有神、活泼好动、口有白沫的公猪性欲都较旺盛。

图3-16 公猪要健康、生猛

图3-17 若是乳头不均匀，即使产仔也不成群

3. 遗传育种值。如果有种猪性能测定成绩的，要选择综合育种值大的，说明该猪综合性能较好；如果体重较大，一定要选择有性欲表现的，最好是花高价钱购买采过精液、检查过精液品质的公猪。这样，可以做到万无一失。

（二）母猪选择

选母猪的要求与公猪不同，要注重繁殖性能，故要选身体匀称，背腰平直，眼睛明亮而有神，腹宽大而不下垂的个体，同时，骨骼要结实，四肢有力（图3-18、图3-19），乳头排列整齐，有效乳头数在6对以上（图3-17），阴户发育正常。

（三）索要种猪档案和技术资料

购买种猪后，一定要索要种猪档案和相应的技术资料，可以知道这批猪的系谱、出生日期、防疫记录和种猪质量情况等，便于以后确定配种日期、制定配种计划和进行种猪选育等工作。

图 3-18　后肢间平阔，表明骨骼发育良好

图 3-19　前肢间平阔，表明胸阔宽深，肺活量大

三、种猪到场后的隔离与饲养管理

种猪到场后应立即对卸猪台、车辆、猪体及卸车周围地面进行消毒，然后将其赶入隔离舍，如有损伤、脱肛等情况应立即隔开单栏饲养，并及时治疗处理。

（一）隔离与勤观察

1. 观察猪群状况。种猪经过长途的运输往往会出现轻度腹泻、便秘、咳嗽、发热等症状，饲养员要勤观察，如发现以上症状，不要紧张，这些一般属于正常的应激反应，可在饲料中加入药物预防，例如加康和金霉素，连喂两周即可康复。

2. 引进种猪健康控制的七步法则。研究显示，至少 30％的病原（有时可达到70％）是由引种带入的。生产实践表明，下面的七个步骤是确保引种成功的关键：

从表 3-1 猪瘟检测结果，B 场、C 场抗体合格率 53.49％、52.86％，偏低。

表 3-1　A、B、C 三猪场引进的后备母猪的猪瘟检测情况统计

场　名	检测数量	猪　瘟					
		阳性	阴性	可疑	阳性率	合格数	合格率
A 场	296	251	31	14	84.79％	251	84.79％
B 场	344	184	113	47	53.49％	184	53.49％
C 场	70	37	26	7	52.86％	37	52.86％
合　计	710	472	170	68	66.48％	472	66.48％

第一步：在猪刚刚到达隔离场时进行血清学检测（表 3-1）。

第二步：鉴于新引进的猪不仅可能带入新的病原，而且可能带入猪场中已有病原的新亚型。因此，在短时间内给猪服用或注射大剂量的抗生素以杀灭其所带的病原非常必要。大剂量抗生素在清除副猪嗜血杆菌和猪链球菌上得到了很好的应用，在很大程度上能降低这两种病的发病率。

第三步：对新引进猪进行免疫或用在猪场中流行的病原对新引进的猪进行人为感染。种猪到场 1 周后，应该根据当地的疫病流行情况、本场内的疫苗接种情况和抽血检

疫情况进行必要的免疫注射（猪瘟、口蹄疫、猪伪狂犬病等），免疫要有一定的间隔，以免造成免疫压力，使免疫失败。7月龄的后备猪在此期间可做一些引起繁殖障碍疾病的防疫注射，如细小病毒病疫苗、乙型脑炎疫苗等。

第四步：将本场淘汰的健康生产母猪与引进的蓝耳病阴性后备母猪混养一段时间，或对新进种猪用健康老母猪血清注射，对于获得或保持一个群体的健康状态是十分重要的。一旦猪血清转阳了，他们应该被关在隔离舍中最少90d，直到停止排毒。

对于蓝耳病来说，其病毒血症可持续到感染后90d。虽然大部分的排毒发生在感染后60d以内，但也有例外，有资料显示，猪蓝耳病病毒的排毒期可长达157d。

第五步：在允许隔离猪进入猪场前再进行一次血清学检测。

还剩下第六步和第七步。这个时候必须对小母猪实行适宜的繁殖和饲养方面的管理（最好能单独饲养到第一胎断奶），以确保其能达到最好的生产性能。

总之，对于一个猪场来说，好的隔离检疫、驯化场所和良好的管理能保证猪群的生物安全。

（二）饲养管理

1. 饮水。 种猪到场后先稍休息，然后给猪提供饮水，在水中可加一些维生素或口服补液盐，休息6～12h后方可供给少量饲料，第二天开始可逐渐增加饲喂量，5d后才能恢复正常饲喂量。种猪到场后的前二周，由于疲劳加上环境变化，机体对疫病抵抗力会降低，饲养管理上应注意尽量减少应激，可在饲料中添加抗生素和多种维生素，使种猪尽快恢复正常状态。

2. 管理。 首先是合理分群，新引进母猪一般为群养，每栏4～6头。小群饲养有两种方式：一是小群合槽饲喂，这种方法的优点是操作方便，缺点是易造成以强压弱，特别是后期限饲养阶段；二是单槽饲喂，小群运动，这种方法的优点是采食均匀，生长发育整齐，但需一定的设备。公猪要单栏饲养。其次，为强健体质，促使猪体发育匀称，特别是增强四肢的灵活性和坚实性，应安排后备母猪在运动场内适当运动。

3. 驱虫。 猪在隔离期内，接种完各种疫苗后，进行一次全面驱虫。可使用多拉霉素或长效伊维菌素等广谱驱虫剂按皮下注射驱虫，使其能充分发挥生长潜能。

4. 训练。 猪生长到一定年龄后，要进行人畜亲合训练，使猪不惧怕人对它们的管理，为以后的采精、配种、接产打下良好基础。管理人员要经常接触猪只，抚摸猪只敏感的部位，如耳根、腹侧、乳房等处，促使人猪亲合。

5. 隔离期结束后，可以将原

图3-20　将淘汰母猪放在禁闭栏内与后备猪混养

有猪群断奶仔猪的粪便拌入饲料中给引进种猪饲喂 3～4 次，也可以按 1∶5～10 的比例与本场淘汰的经产母猪放入隔离舍内混养一段时间（图 3-20）。经过一段时间的观察无异常情况发生，在对后备种猪进行蓝耳病等猪病开展监测并经过彻底消毒后转入生产场区。

第 3 章　提高种公猪生产性能的细化管理技术

养好公猪是配种工作中最为关键的环节之一。它直接影响到母猪受胎率的高低，是提高猪场生产效益的基础。

成年种公猪担负全场配种的主要任务，其精子活力和密度越高，受胎率就越高。否则，就会严重影响受胎甚至造成空怀，给生产带来极大的损失。

一、公猪的饲养管理要点

（一）满足种公猪的营养需要

种公猪的营养水平是影响精液质量的重要因素之一，因此，为种公猪提供全价营养水平对提高母猪的情期受胎率非常重要。建议猪场使用正大集团等大型饲料公司提供的优质饲料，以保证公猪饲料的营养质量。

按正大集团标准化管理要求，对公猪饲喂正大"567"哺乳母猪料，饲养过程分为下列 4 个阶段来管理（表 3-2）：

表 3-2　对公猪饲喂正大"567"哺乳母猪料程序

项　目	阶　段			
	生长阶段	调教阶段	早期配种阶段	成熟阶段
体重/月龄	选种至 130kg/7 月龄	130～145kg/8 月龄	145～180kg/9～12 月龄	180～250kg/12～36 月龄
饲喂量 kg/d	2.5～3.0	2.5～3.0	2.5～3.0	2.5～3.0
膘情评分	2.5～3.0	2.5～3.0	2.5～3.0	2.5～3.0
采精频率	不用于生产	1 次/周	4～5 天/次	≤2 次/周

（二）要合理饲喂种公猪

在满足种公猪营养需要的前提下，要对其采取限制饲喂，定时定量，每顿不能吃得过饱，要求日粮容积不能太大。否则，易上膘造成腹围增大，同时还易养成挑食的习惯，造成饲料浪费。更重要的是会引起体质虚弱，可能产生肢蹄病，使之生殖机能衰退，严重时会完全丧失生殖能力（图 3-21）。若喂量过少，特别是冬季气温低，公猪采食的营养大部分转化成热能用于自身御寒，从而造成精液品质下降。关于成年种公猪的饲喂量，每头每天 2.5～3kg 即可，分两次喂完，全天 24h 供新鲜饮水。严寒的冬天，要适当增加饲喂量，同时饲喂时要根据个体的膘情予以增减。坚决反对用自由采食的方法来饲喂种公猪。

图 3-21　猪场需要雄性十足的种公猪　　　　图 3-22　运动可增强公猪的体质

（三）加强运动，增加公猪体质

无论对后备或是生产公猪，合理的运动可促进食欲，帮助消化，增强体质，防止过肥，提高其繁殖机能。一般每天上、下午各运动一次，每次约 30min。夏天应早、晚进行，冬季应在中午运动。如遇酷热或严寒、刮风下雨等恶劣天气时，应停止运动（图 3-22）。

（四）注意保护公猪肢蹄

肢蹄不良对公猪来说是致命伤，故日常应特别注意对肢蹄的保护（图 3-23）。除了上面所述的加强运动外，一定要注意公猪舍地面保持平坦、干燥、不光滑，但也不能过于粗糙，舍内地面若受损，高低不平，要及时予以修补，以免公猪滑倒或扭伤肢、蹄和肘。同时舍内地面上要放少许垫草或锯末，以便公猪卧在水泥地面时，保护肢、蹄或关节。

图 3-23　潮湿的猪舍，易导致猪发生关节炎　　　图 3-24　公猪在干燥、舒适的床上睡觉

（五）公猪舍和环境

公猪舍应该是清洁、干燥、舍内舒适，温度和空气质量能控制在合理的范围内。成年公猪需要的适宜温度变动在 13～18℃（图 3-24）。

在高温环境中公猪饲养管理的特殊问题是热应激会严重影响精子的产生，也会影响公猪的性行为和性欲。高温环境不但影响精子产出，也影响公猪的性兴奋和性欲，只能勉强配种或根本不配种。当环境温度高于 27~30℃ 时公猪通常会发生热应激。热应激的危害很大，如果公猪在受到热应激以后的 2~6 周配种，则配种成功率和与配母猪将来的产仔数都会降低。公猪舍的设计要便于公猪在高温季节纳凉散热（图 3-25），这一点对维持高温季节公猪的受精能力至关重要。在低等或中等湿度条件下采取喷水、喷雾、淋水，以及公猪在泥潭中打滚（图 3-26）等对公猪降温极为有效。

图 3-25　夏季公猪舍使用的防晒网

图 3-26　夏季公猪使用的洗澡池

公猪每天接受 12h 以上的光照不利于精子产生。在实际生产中，每天 10h 光照足以满足公猪生产精子的需要（在夏季要采取遮阳措施）。

成年公猪宜单圈饲养，以防相互打斗致伤。公猪舍可建成宽敞猪舍或便于自由运动的圈舍。每头公猪的占地面积为 4.5m²（全漏缝板地面或部分漏缝板地面）或 6.5m²（无漏缝板地面）。良好的设计有利于公猪和母猪的接触和配种圈的出入。此外地板的设计一定要防滑，以免种猪受伤。

饲喂空间。每头公猪要有 50~70cm 的饲槽。

饮水需要量每天为 10~20L，取决于公猪大小和天气。饮水器在任何时候都要保证提供新鲜饮水（图 3-27）。

图 3-27　饮水器安装的位置不正确，导致
　　　　　公猪无法喝到充足的饮水

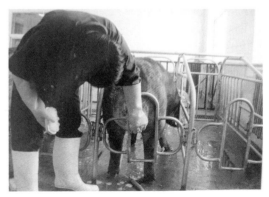

图 3-28　经常刷拭公猪体，有利健康

（六）切除犬齿

公猪的犬齿生长很快，因尖端税利，极易伤害人员和母猪，所以兽医人员要定期剪除。

（七）防止公猪咬架

公猪好斗，如偶尔相遇就会咬架。公猪咬架时应迅速放出发情母猪将公猪引走，或者用木板将公猪隔离开，也可用水猛冲公猪眼部将其撵走。最主要应预防咬架，如不能及时平息，会造成严重的伤亡事故。

（八）刷拭和修蹄

每天定时用刷子刷拭猪体（图 3-28），热天结合淋浴冲洗，可保持皮肤清洁卫生，促进血液循环，少患皮肤病和外寄生虫病。这也是饲养员调教公猪的机会，使种公猪温顺听从管教，便于采精和辅助配种。

二、种公猪的配种管理

影响公猪繁殖力的重要因素之一是公猪的配种（或人工采精）频率。配种频率过高和过低都会降低公猪的繁殖力。公猪生产精子的能力在其接近 10～12 月龄时，日产量迅速增多，并随年龄而增加，在 2 岁时达顶峰水平，因此，年轻公猪（10～12 月龄以下）的配种频率应低于 1 岁以上的公猪。配种过频会导致公猪精子减少和性欲减退。在生产中最好有一批额外超编的种公猪，以用来策应母猪扩群的需要，也可以填补原来的公猪因伤病退出种群后留下的空缺。

（一）初配年龄的掌握

后备公猪在 7～8 月龄、体重达 120kg 以上时，经调教后可参加配种。过早使用，既影响其生长发育，缩短了使用年限，同时造成其后代头数减少且身体瘦弱，生长缓慢，也不利于育肥。因此，掌握种公猪的初配年龄，对提高其利用率非常重要。

（二）配种

在气温高的夏季，配种应在早、晚凉爽时进行，寒冷季节宜在气温较高时进行，1岁以上的成年公猪建议配种频率为每周 3～5 次，12 月龄以下的公猪相应为 1～2 次。配种时应注意：

（1）必须有足够的公猪确保母猪的配种。同时断奶的一群母猪在正常情况下会于断奶后 7～10d 内发情，也有可能所有母猪会在同一天发情，公猪数量不足会影响配种。要根据每周需要的配种次数而不是每头公猪负担的平均母猪数来确定猪群需要的公猪数量。

（2）喂饱后不能立即配种。

（3）配种后不能立即赶公猪下水洗澡或卧在潮湿的地方。

（4）对性欲特别强的公猪，要防止自淫现象。

（三）合理确定公母猪比例和种公猪的年龄结构

确定公母猪的合理比例，可防止公猪过多或过少，从而保证配种的正常进行。正常情况下，实行本交的猪场，种猪群中公母比例应以 1：15～20 为宜（目前，多数实行人工授精的猪场公母比例在 1：80～100），种公猪的年淘汰率为 30%。有条件的专业户和规模化猪场，可对公猪做精液品质检查，对不育或繁殖力低的个体及时淘汰。

三、配种方式

配种方式有三种方式：单配、复配和双重配。单配是在母猪发情时只配一次；复配是在母猪的一个发情期内用一头公猪配两次；双重配是在母猪发情时，用同一品种的两头公猪或它的精液（人工授精）进行配种，方法为，第一次用一头公猪或其精液进行配种，间隔 12h 再用另一头公猪或其精液进行第二次配种，这种配种方法可提高母猪的受胎率和产仔数。

第 4 章　提高母猪生产性能的细化管理技术

作为养猪生产者的机器，提高母猪的年产胎次和胎产健仔数，进而增加年出栏商品猪头数，是提高养猪经济效益的基础。

后备猪管理不好，会使利用率低于 70%，大批淘汰（图 3-29）。

哺乳母猪管理不好，严重掉膘，会使母猪断奶后长时间不发情，母猪年产胎次低于两胎（图 3-30）。并且，哺乳仔猪会因母猪奶水不足或质量差无法成活，无法提供断奶仔猪。

空怀及配后阶段管理不好，配种分娩率可能低于 70%，胎产活仔数低于 10 头。

疫苗防疫不到位，会使出生的仔猪有 20% 以上是木乃伊、死胎、弱仔。

公猪管理不好，配种效果无法把握，同样是产仔数减少。

图 3-29　后备母猪营养不足，会使利用率低

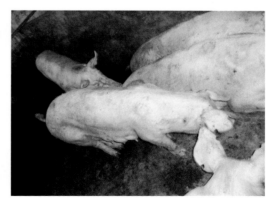

图 3-30　母猪断奶偏瘦，导致不发情

上面的一切都会造成母猪年出栏猪减少，导致每头出栏猪分摊的种猪生产成本增加。而母猪因管理不善造成的弱仔、病仔、僵猪等，还会带来饲养、治疗等费用的增加及饲料利用率降低，这些成本的增加是无形的。因此，种猪管理的重要性可想而知。

第1节 猪场老板要关注母猪的非生产天数

一、母猪的非生产天数

任何一个生产母猪和超过适配年龄（一般设定在 230 日龄）的后备猪，没有怀孕、没有哺乳的天数，被称作非生产天数（Non-productive Days，NPD）。其中有 3～6d 断奶至配种间隔是必需的，在此期间母猪要准备发情，可以叫作必需非生产天数。一些怀孕母猪发生流产或死淘也等于什么也没做，从配种到流产、死淘时的天数也被视为非生产天数。

二、造成母猪非生产天数的原因

超过 240 日龄的后备猪，无发情表现或发情时间短，发情不明显造成漏配，或因营养不适，缺乏必需的维生素、微量元素以及管理不当，缺少异性刺激和适量的运动等延误了初配时间；后备猪饲养过肥，造成后备猪不发情等都会使后备母猪非生产天数增加。

断奶母猪，因膘情不好，不能在断奶后 3～7d 内发情。

母猪在一个情期内配种不孕，而又延长了返情时间的母猪，非生产天数也会增加。

流产的母猪，长久不发情，或发情配种又不妊娠的母猪。

妊娠母猪在怀孕过程中死亡，或因病淘汰的母猪。原本应淘汰的母猪，未能及时处理，延长了饲养时间，增加了母猪的饲养天数。

妊娠误判。配种后 18～21d 妊娠检查时，本来没有妊娠的母猪，结果误判，而母猪又没有发情表现，长期按妊娠母猪饲养，增加了母猪的非生产天数。

三、控制母猪非生产天数的标准

后备猪入群——配种：　　　　　　20～24d

成年猪断奶——配种：　　　　　　<10d

配种——返情——再配种：　　　　<21d

全群平均非生产天数：　　　　　　<60d

母猪流产、怀孕期死亡、淘汰是造成母猪非生产天数增加的最大问题，必须严格控制，要求母猪流产率（包括全窝死胎）不大于 2%，淘汰率不大于 1%。

四、非生产天数（NPD）的计算方法

NPD＝365－每头母猪每年所产窝数×（母猪泌乳期天数＋妊娠天数 114）。例如一个猪场，可能希望每头母猪年产 2.3 窝，28d 断奶，怀孕期 114d，则 NPD＝365－2.3×（28＋114）＝39d。

五、非生产天数造成的损失

以一个饲养规模为 300 头基础母猪的猪场为例，假设每胎非必需非生产天数为 0，必需非生产天数（即发情间隔）为 5d（即断奶后 5d 发情），如果执行 28d 断奶，则每头母猪每年所产窝数为：365÷（114＋28＋5＋0）＝2.48，如果执行 21d 断奶，则每头母猪每年所产窝数为：365÷（114＋21＋5＋0）＝2.61。

但在实际生产中，每胎非必需非生产天数为 0 可能性较小，设定为 x。仍以 28d 断奶、必需非生产天数 5d 为例，则实际每头母猪每年所产窝数＝365÷（114＋28＋5＋x），其中 x 代表每胎非必需非生产天数，当 x＝10d 时，每头母猪每年所产窝数＝2.32，则每头母猪年非生产天数为 36d，是较高生产水平；当 x＝25d 时，每头母猪每年所产窝数＝2.12。则每头母猪年非生产天数为 64d，是一般生产水平。

两者的差别是 28d，假设每头造成非生产天数的母猪日采食量为 2.5kg，每千克饲料的价格是 3.4 元，假设饲料成本占总成本的 70%，则后者的母猪年饲养成本增加为：3.4 元×2.5kg×28d×300 头÷70%＝102 000 元。

假如每头母猪窝断奶 10 头仔猪，则较高生产水平猪场比一般猪场每年多出栏300×（2.32－2.12）×10＝600d。若每头出栏肥猪的利润是 100 元，每年可多赚 60 000 元。

换个角度讲，一般来说每头母猪每年耗费饲料在 1 000kg 左右，折合 3.4×1 000＝3 400 元。高水平猪场每头仔猪的摊销成本是 3 400÷23.2＝146.6 元，一般猪场为 3 400÷21.2＝160.4 元，也即较高生产水平猪场每头肥猪能节约 160.4－146.6＝13.8 元成本，总成本节约：300×23.2×13.8＝96 048 元。

以上三项利润差别的和是 102 000＋60 000＋96 048＝258 048 元！这就是 300 头母猪群的规模猪场，每头母猪增加 28d 非生产天数给这个猪场所造成的损失。这些钱可以被认为是猪场效益的损失，所以非生产天数是猪场管理的敌人！

六、减少母猪非生产天数的具体措施

减少母猪非生产天数，可以增加产仔窝数和产活仔数，降低仔猪生产成本，减少母猪的非生产天数等于多饲养母猪，比提高产仔窝数效果更好，也更经济。

（1）后备母猪适时配种。对于后备母猪，经过测定后一般在 170 日龄左右转入生产群。从转入生产群的当天就要认真记录发情情况，这样就可预知最佳配种时间。例如，一头母猪在转入的第 1d 即发情，那么 21、42、63d 后应第 2、3、4 次发情，第 4 次发情是在 233 日龄，最适合配种。若错过此次发情，将增加 21d 的非生产天数，这是应尽力避免的。

（2）加强哺乳母猪饲养，缩短断奶至配种间隔天数。研究表明，断奶母猪体况与断奶至配种间隔天数存在密切关系。加强哺乳期间母猪的管理，尽量减少母猪哺乳期间体重损失是缩短断奶至配种间隔天数的关键（表 3-3）。

表 3-3 哺乳期间母猪失重对断奶至配种间隔天数的影响

泌乳期体重损失（kg）	断奶后发情率（%）		
	7d	14d	21d
23	58	69	69
19	82	90	92
12	88	92	93
5	88	94	98

资料来源：比利时遗传技术公司。

对断奶后超过 20d 不发情的母猪，应用 PG600 等药物催情也是减少非生产天数的方法。

（3）返情母猪及时复配。每天引导公猪到怀孕舍刺激母猪（鼻对鼻接触），使那些未孕的母猪如期返情（配种后的第 21d 左右），并及时配种。对于一个正常返情的母猪，错过第 1 次返情，最少会造成 21d 的非生产天数，在管理上这是不能容许的。

（4）尽早发现空怀母猪，促其发情。对于那些未孕而又没如期返情的母猪可借助妊娠诊断仪，在第 25～30d 将其查出，赶回配种舍，促其发情。如果空怀是持久黄体所致，可考虑应用氯前列烯醇。

（5）控制怀孕母猪流产、死淘率。越到怀孕后期，流产、死淘造成非生产天数越多，损失越大。怀孕期间流产不应超过 2％，死淘也不应超过 1％。超过此值都属不正常，需认真查找原因。

（6）适时决定淘汰老的、生产性能差的母猪。在断奶当天淘汰是最经济的。

第 2 节　对后备母猪实行特殊的管理措施

为确保猪场母猪群具有正常的胎次结构，使整个母猪群具有较大的生产能力，正常情况下，我国多数猪场对基础母猪群的年更新淘汰率在 25％～30％（国外更高）。大量后备母猪的引进，会对生产和防疫灭病管理带来很大不便，否则就会发生大的问题。因此，对后备种猪的管理工作应成为猪场的重要工作。

一、与后备母猪有关的问题

（1）后备母猪大体重不发情。一般后备母猪多在 6 月龄、体重 80kg 左右出现首次发情，但生产上却常出现大体重尚未出现发情现象，甚至体重达到 150kg 仍未发情。每年因为不发情使后备母猪的利用率大大降低。据统计，现在规模化猪场，后备母猪的利用率只能达到 70％左右，这是一种相当大的浪费。有人统计过，淘汰一头后备母猪的损失多达 1 000 元，相当于购买一头后备母猪的费用；推迟配种一天的损失（饲料加上少产猪数）可达 10 元以上。这是相当大的损失，更重要的是打乱了正常的配种产仔计划。

（2）初产母猪难产。稍加注意会发现，难产的母猪里边，后备母猪占有相当大的比例。难产对母猪的伤害很大，子宫内膜炎、产后无奶、淘汰、死亡等，对猪场的损失是很大的。

（3）初产母猪死胎比例大。初产母猪产死胎的比例很大，特别是在每年的 10 月，使长时间的饲养变为无效。

（4）初产母猪断奶后不发情。一个世界性的问题是初产母猪断奶后不发情，而且所占比例很大，短者十天半月，长者一个月以上甚至更长时间。

（5）初产母猪所产仔猪黄痢发生比例大。仔猪出现黄痢时，伤亡非常大，在所有发生黄痢的猪群中，初产母猪所产仔猪所占比例远大于经产母猪。

（6）母猪三四胎时因肢蹄病淘汰。母猪在利用三四胎后，出现明显的肢蹄病，不得已淘汰。

后备或初产母猪的问题还有很多，如何处理好后备母猪，是养好猪的第一步。

二、后备母猪问题的原因分析

（1）营养不到位。营养不到位会带来以下损失：一是缺乏维生素 A 和维生素 E 时，母猪发情时间会出现明显推迟；二是由于后备母猪需要的钙磷相对较多，如果后备猪饲喂育肥猪料，会出现身体软弱，在配种时出现让公猪压倒的现象，而且三四胎母猪因肢蹄病淘汰也和这有关；三是后备猪对生物素的需要量很大，如果生物素缺乏易引起母猪的蹄裂以及脚垫裂缝和出血。

（2）身体发育不成熟。后备母猪与经产母猪不同之处还在于后备母猪的身体发育尚未成熟，体格小，身体贮备有限；胃肠容积小，无法采食足够的饲料，产仔后奶水不足；初产母猪容易发生难产，除体格小外，外界刺激也会引起应激性难产，多见于初产、胆小的母猪，由于受到突然惊吓或分娩环境不安静等外界强烈的刺激，起卧不安，子宫不能正常收缩，引起难产；如果配种日龄提前或体重未达到规定标准，上述问题会显得更加明显。

（3）后备母猪抗体水平低。这一问题除在仔猪黄痢方面外，猪瘟抗体水平低，在哺乳期间发生猪瘟的现象也时有发生。原因是后备母猪没有经历过大肠杆菌感染，体内没有相关抗体，而经产母猪经过大肠杆菌感染，体内有足够的抗体水平。另外，猪瘟抗体和其他抗体也有同样情况，即经产母猪抗体普遍高于初产母猪抗体，这在生产中应引起足够重视。

（4）后备猪运动不足。运动不足，尽管在青年猪表现不明显，但在产三四胎后，会出现体质变差的现象。

三、对后备母猪要实施特别的管理措施

首先要将它们隔离饲养，好让它们逐渐适应本猪场的条件，并要对它们采取一切必要的措施以促使它们发情。

（一）隔离驯化

见本篇第 2 章的有关内容。

（二）分群管理

为使后备母猪生长发育均匀整齐，可按体重大小分成小群饲养，每圈可养 4～6 头，饲养密度适当。饲养密度过高会影响生长发育，出现咬尾、咬耳等恶癖。小群饲养有两种饲喂方式：一是小群合槽饲喂，这种喂法优点是猪只争抢吃食快，缺点是强弱吃食不均，容易出现弱猪；二是单槽饲喂小群运动（图 3 - 31），优点是吃食均匀，生长发育整齐，但栏杆、食槽设备投资较大。

图 3 - 31　后备母猪单槽饲喂，小群运动效果好

（三）运动

为了促进后备母猪筋骨发达，体质健康，猪体发育匀称均衡，特别是四肢灵活坚实，就要有适度的运动，最好使用带运动场的半开放式猪舍，以使猪只能呼吸新鲜空气和接受日光浴（图3-32），这对促进生长发育和提高抗病力有良好的作用。

（四）调教

后备母猪从小要加强调教管理。首先建立人与猪的和睦关系，从幼猪阶段开始，利用称量

图3-32　后备母猪在干净的场地尽情玩耍

体重、喂食之便进行口令和触摸等亲和训练，严禁恶声恶气地打骂它们。这样猪愿意接近人，便于将来配种、接产、哺乳等繁殖时操作管理。怕人的母猪常出现流产和难产现象。其次是训练良好的生活规律，规律性的生活让猪感到自在舒服，有利于生长发育。第三是对耳根、腹侧和乳房等敏感部位触摸训练，促进乳房的发育。

（五）初配月龄和体重

后备母猪达到性成熟时虽然具有了繁殖能力，但身体各组织器官如生殖器官仍在生长发育时期，卵巢和子宫的重量仅有经产母猪的1/3左右，由于卵巢小没有发育完善，排卵数少，子宫小必然限制胚胎的着床和胎儿的生长发育。所以，过早配种会出现产仔头数少，初生重小。还有，刚达到性成熟的青年母猪，乳腺发育不完善，泌乳量少，造成仔猪成活率低，断奶体重小等缺陷，如果过早配种利用，不仅影响第一胎的繁殖成绩，还将影响身体的生长发育，常会降低成年体重和终身的繁殖力。

后备母猪配种过晚，体内会沉积大量脂肪，身躯肥胖，体内及生殖器官周围蓄积脂肪过多，会造成内分泌失调等一系列繁殖障碍，最终导致不育（图3-33、图3-34）。

图3-33　母猪过瘦

图3-34　部分母猪身躯肥胖

建议后备母猪的初配年龄为 7～8 月龄，体重在 120～130kg。对优良品种而言，初产母猪初情期平均月龄为 7 月龄左右，为尽快使之投入使用，常使用诱导发情可将其初情期降到 6 月龄（区间为 5～7 月龄），即通过对 70kg 以上的青年母猪进行诱导使之尽可能早发情来达到此目的，为此，应采取以下措施：

（1）将育成母猪高速运输后（图 3-35）用成年公猪轮番试情。

图 3-35　用车高速运输不发情的后备母猪，　　图 3-36　对不发情母猪采取断水断料措施
　　　　　可提高发情率

（2）对不发情的母猪转移到一个新的猪圈或猪舍，断水、断料 24～48h（图 3-36），并不断用成年公猪轮番试情。

（3）在陌生环境中与陌生的育成母猪混在一起，或与已发情母猪合群、爬跨（图 3-37、图 3-38）。

图 3-37　经产母猪与育成母猪开展交流　　　　图 3-38　母猪爬跨可引起发情

（4）将青年母猪放入成年公猪圈中，令其接触一头成年公猪（图 3-39）；允许每头育成母猪有 0.75m² 的空间以及每圈不超过 8～10 头育成母猪。

（5）让育成母猪观看其他公母猪配种的全过程（图 3-40），增强感性认识。

（6）不断按摩青年母猪的乳房，可促使乳房发育和发情排卵（图 3-41）。

图3-39 公母猪开展交流对引起
母猪发情非常重要

图3-40 青年母猪现场观看配种过程，
可引起发情

图3-41 按摩青年母猪乳房，促使发情排卵

图3-42 用有经验的公猪诱情效果好

（7）对膘情特别瘦弱的青年母猪进行短期优饲。

（8）激素催情。用PG600或乙烯雌酚按说明书的要求注射，可引起青年母猪发情，本方法只能在上述措施无效的情况下使用。

将育成母猪运输或转移至新猪圈并与来自其他猪圈或猪舍的育成母猪重新分组的应激，将引起很多育成母猪发情。这是由应激激素的排出造成的。

直接接触公猪最大限度地刺激育成母猪是必需的（图3-42）。让育成母猪进入成年公猪圈中每天两次与公猪直接接触，每次5～10min直至观察到有反应为止。为了防止育成母猪被配种，监督是需要的。准确记录青年母猪第一次的发情日期非常关键，以便推算出育成母猪的第二或第三个发情日期并进行配种。

用优秀的诱情公猪最大程度地去刺激育成母猪，是获得较高发情率和受胎率的先决条件。直接使用公猪暴露法去刺激育成母猪或使用试情公猪去刺激育成母猪成熟，是育成母猪初情期刺激的最有效的方法。

（9）对有病的后备母猪要抓紧治疗，尽快使其发情配种（图3-43）。

（10）有些后备母猪出现先天性发育不良，要予以淘汰（图3-44）。

图 3-43　母猪腿肿或有病，疼痛可抑制发情　　　图 3-44　对阴户发育不良者要及时淘汰

（11）对后备母猪使用激素促使其发情的办法，是不得已采取的措施，尽量少用。

对上述措施全部使用后，连续三个情期仍不发情者要及时淘汰。

按照正大集团标准化技术操作规程要求，后备母猪初配目标如表 3-4：

表 3-4　推荐后备母猪初配目标

项　　目	初配目标	
	最少	目标
混养适应期（周）	6	8
配种周龄（周）	32	36
体重（kg）	120	135～145
背膘厚（cm）	12	16～18
发情次数	1	3
催情补饲天数（日喂"567"哺乳母猪饲料3kg）	10	14

四、关于后备母猪的饲喂和营养

对后备母猪的营养原则是要尽量延长母猪的利用年限，不能让其达到育肥猪的生长率。在设计后备母猪的营养方案时，要考虑到给予尚在发育中的后备母猪多提供一些矿物质和维生素，使其骨骼得到增强并促进其发情。要特别注意日粮中能量和蛋白质的平衡，以促进其在体重 70kg 到首次配种这段期间内的体脂沉积而非瘦肉沉积。在体重 30～70kg 期间，饲喂优质生长肥育日粮，自由采食；体重 70kg 时开始饲喂母猪日粮，实行限制饲喂，日喂量应占其体重的 2.5%～3%（严寒的冬季应据其膘情适当增加饲喂量），直到第一次发情为止。

正大集团的营养专家利用现代营养新技术成果，为后备母猪制定了科学的营养方案（"566"、"567"分别为正大怀孕和哺乳母猪料，见表 3-5），效果很好。

表 3-5　正大集团母猪喂料程序

单位：kg/d

阶　　段	饲料种类	后备母猪
配前	567	2.5～3.5
配后 0～20d	566	2
配后 21～63d	566	2.2
配后 64～84d	566	2.5
配后 85d 至上床	567	2.8

催情补饲：在配种前 14d，增加饲喂量到 3.5～3.75kg/d

　　在泌乳期有必要达到最大养分摄食量，以便使母体的体重减轻和体脂丧失都保持在最低限度。窝仔生长的最大需要是在泌乳期最后 10d 内，所以必须对母猪喂以专门设计的日粮，还要促使母猪多喝水。注意季节因素会影响饮水量，所以要在管理上作出相应调整。

　　在泌乳期内要时刻牢记，产后 5d 内饲喂过量会抑制母猪的食欲，从而有害于生产。每天采取少量多餐的饲喂方式，使每次投喂的饲料都应被吃完，每次饲喂时都应该喂给新鲜饲料以便刺激母猪的采食。产房温度必须在 18～20℃ 范围内以有利于母猪的采食。同样，母猪也应该能够自由地饮水。推荐使用饲料卡片，要将卡片挂在每个圈的上方，这非常有利于将实际采食量和目标喂量进行对比。

第 3 节　采取分胎次饲养新技术，防控蓝耳病传播

　　头胎母猪的疾病情况及生产性能相对不稳定，无论营养要求，疾病状况，配种，分娩难易，产仔数，仔猪疾病及存活率等都与其他胎次母猪不同，要求的营养水平与饲养管理措施也不同。因此，在一些种猪场，选择一个条件比较好、设施比较先进的猪场作为头胎母猪场集中饲养，待母猪产下第一胎后再将其转到其他各个猪场用作生产。在管理和人员配置时，也应把最好的工作人员放到头胎猪场。

　　目前，很大猪场由于后备母猪健康状况不稳定，在与经产母猪混养后就出现了疾病问题，从而给生产带来了大的损失。2013 年 1 月，河南某 1 500 头母猪场产房仔猪发病，起因是天气寒冷、锅炉出现故障无法供暖，导致混养的后备怀孕母猪首先发病，导致全场爆发蓝耳病，造成了很大损失。

　　分胎次饲养基本上包括两个部分：

　　（1）对于母猪群，就是将第一胎断奶之前的母猪与第二胎以上的母猪群分开饲养（图 3-45），待第一胎母猪断奶之后再将其转入二胎以上的经产母猪舍（图 3-46）。

图 3-45　一胎母猪生产区

图 3-46　二胎以上母猪生产区

（2）对于一胎母猪的后代猪群来说，就是要将第一胎母猪的后代和其他老母猪的后代实行完全隔离饲养（图 3-47、图 3-48）。

图 3-47　一胎母猪后代生产区

图 3-48　二胎以上母猪后代生产区

分胎次饲养的好处主要表现在下面四个方面：

（1）便于对后备母猪饲养管理。分胎次饲养可以让猪场更好地饲养后备母猪——提供合理的饲养方案、猪舍以及栏位，以期使后备猪生长得更好。

分胎次饲养有助于后备母猪的背膘沉积更合理，提供更多的机会与公猪接触。这对后备母猪繁殖性能的最后培育非常关键。

将后备母猪置于同一舍内，便于饲喂专门的饲料。同时，第一胎母猪和经产母猪相比在断奶时的表现，很多方面都是不同的，将第一胎母猪聚集在一起进

图 3-49　中间的后备母猪健康状况不稳定，混养后一旦发病，将会迅速传播开来

65

行针对性的饲养，使专门的配种方案实施起来更加容易。

（2）提高后备母猪的健康水平。对绝大多数猪场来说，后备母猪的引入都是一个不稳定的因素。但如果第一胎母猪适应驯化的时间长一些，在转入经产母猪场后，可以有效地提高经产场的稳定度。即使经产母猪群中存在蓝耳病病毒，如果运用分胎次饲养，群体也能够获得一个很稳定的健康水平。

实践表明，后备母猪健康状况不稳定的情况下，采用分胎次饲养的方法可切断蓝耳病传播（图3-49），是控制本病发生和流行的有效措施。

（3）将仔猪分开饲养，让猪只生长得更好。生产实践表明，将头胎母猪的后代隔离饲养，有利于蓝耳病及支原体肺炎的控制，提高生产成绩（表3-6）。

表3-6　1胎与2胎母猪后代在保育期和育肥期的表现

指标　　　　　　　　　场别	P1（一胎场）	P2（二胎以上场）
断奶重（kg）	5.30	5.70
保育死亡率（%）	3.17	2.55
保育期日增重（g/d）	412	435
保育期药费（加元/头）	2.15	0.85
育肥期死亡率（%）	4.31	2.95
育肥期日增重（g/d）	735	765
育肥期药费（加元/头）	1.82	1.01
肺炎病变发生率（%）	31	11

资料来源：Camille moore，2001。

第4节　做好后备母猪疾病监测确保安全生产

鉴于后备母猪在与经产母猪混养的条件下，很容易发生 PRRS 感染，从而给猪场带来损失的状况，为确保安全生产，除对母猪实行分胎次饲养外，认真做好后备母猪蓝耳病的抗体监测，对防止后备母猪传播蓝耳病也非常关键（表3-7）。

表3-7　某场后备母猪蓝耳病的检测情况统计表

场　名	两批检测数量	蓝耳病					
		阳性	阴性	SP＞2.0	阳性率	合格数	合格率
A场	296	278	18	69	93.92%	227	76.68%
A场	233	207	26	32	88.84%	201	86.27%
合计	529	485	44	101	91.68%	428	80.91%

从表3-7蓝耳病的检测结果来看，A场疑似野毒感染（SP＞2.0）的占19%，建议推迟其配种时间，待稳定之后再使用。

对后备母猪体重 80kg 时（进后备猪舍与淘汰母猪混群饲养前）、与淘汰母猪混群饲养后一个月以及在进配种舍前，分别进行一次蓝耳病抗体（使用进口蓝耳病抗体检测试剂）检测：①要求这些后备母猪全部要做到感染，不能有阴性猪存在；②要求蓝耳病抗体水平逐步下降，趋于稳定（0.4＜S/P＜2，差值越小越好，表明群体抗体水平越稳定）；③当第三次检测 S/P＞2 时，表明该批后备母猪群的蓝耳病健康状况不稳定，不能进行配种。

三次监测结果可能是：①第一次有阴性也有阳性，抗体水平参差不齐，这是正常的；②第二次阳性多于阴性，表明蓝耳病抗体水平由阴转阳，大部分上升；③第三次是表明疫病的稳定程度：若 0.4＜S/P＜2，而且差值越近时可进入配种舍参与配种；④若第三次随机采样的猪群中仍有 10％的蓝耳病 S/P＞2 时，则表明该批后备母猪群的蓝耳病健康状况不稳定，不能配种，应继续留下观察，直至合格为止（如果能做到头头检测，则效果更好）。

注意后备种猪明显的外观表现。当后备母猪有眼结膜炎、眼睑水肿、咳嗽、呼吸道症状等典型症状时，不能进入配种舍配种，要么淘汰，要么继续饲养一段时间后再次检测，直至蓝耳病的抗体监测水平稳定为止（0.4＜S/P＜2）。

第 5 节　促使断奶母猪正常发情的方法

为了使母猪同期发情配种，提高母猪年产仔窝数，都需要促进母猪提早发情。也有的母猪仔猪断奶后 10d 仍然不发情，除改善饲养管理条件促进发情排卵外，也应采取措施控制发情。控制母猪正常发情的方法如下：

一、公猪诱导法

经常用试情公猪去追爬不发情的空怀母猪，通过公猪分泌的外激素气味和接触刺激，能通过神经反射作用，引起脑垂体分泌促卵泡激素，促使母猪发情排卵。此法简便易行，是一种有效的方法。

二、合群并圈

把不发情的空怀母猪合并到有发情母猪的圈内饲养，通过爬跨等刺激，促进空怀母猪发情排卵。

三、按摩乳房

对不发情的母猪，可采用按摩乳房促进发情。方法是每天早晨喂食后，用手掌进行表层按摩每个乳房共 10min 左右，经过几天母猪有了发情征状后，再每天进行表层和深层按摩乳房各 5min。配种当天深层按摩约 10min。表层按摩的作用是，加强脑垂体前叶机能使卵泡成熟，促进发情。深层按摩是用手指尖端放在乳头周围皮肤上，不要触到乳头，做圆周运动，按摩乳腺层，依次按摩每个乳房，主要是促使分泌黄体生成素，促进排卵。

四、加强运动

对不发情母猪进行驱赶运动，可促进新陈代谢，改善膘情；接受日光的照射，呼吸新鲜空气，能促进母猪发情排卵。如能与放牧相结合则效果会更好。

五、并窝

把产仔少和泌乳力差的母猪所生的仔猪待吃完初乳后全部寄养给同期产仔的其他母猪哺育，这样母猪可提前回乳，提早发情配种利用，增加年产窝数和年产仔头数。

六、利用激素催情

给不发情母猪按每 10kg 体重注射绒毛膜促性腺激素（HCG）100IU 或孕马血清促性腺激素（PMSG）1ml（每头肌内注射 800～1 000IU），有促进母猪发情排卵的效果。至于那些生殖器官有病又不易医治好的母猪和繁殖力低下的老龄母猪应及时淘汰，补充优秀后备母猪。

七、采取综合措施促使断奶母猪发情配种

对先天性器官发育不良者应及时予以淘汰。对因管理不善导致不发情者可采取以下措施：

1. 可按照本章的有关内容促使后备母猪发情配种。

2. 初产母猪断奶后乏情一直是困扰养猪业的难题，大约有 60％以上初产母猪断奶后不能正常自然发情，降低了母猪年产仔数，从而成为生产者所关注的重要议题。怎样缩短初产母猪断奶至配种之间的间隔天数，使之尽快发情配种呢？

（1）应使初产母猪断奶时的体重保持在 155kg 以上。对初产母猪而言，母猪断奶时体重是断奶后出现发情的关键。生产表明，随着母猪断奶时体重的增加，断奶后正常发情（8d 之内）比率不断提高，当断奶时体重大于 155kg 时，正常发情比率可达 80％以上。

（2）对哺乳仔猪实行早期断奶。仔猪断奶窝重大，将会延长母猪断奶至配种间隔天数。产生这种现象的主要原因，是由于仔猪断奶窝重越大，母猪断奶时体重越轻。在生产中若能在提高仔猪断奶窝重的同时，母猪断奶时维持一定体重，将会使母猪断奶后及时发情配种，这是两全齐美的办法。

（3）初产母猪初配体重应在 120kg 以上。分娩时年龄较大的初产母猪，即使它们泌乳的失重和体脂失重较大，其断奶后发情仍比体重较小的青年母猪早。表明初产母猪分娩时的体重是非常重要的。要保持初产母猪在分娩时有较大的体重，必须要提高母猪初配时的体重。

（4）产后采取少量多餐或自由采食的饲喂方法。采用本方法可使母猪对营养有最大的摄入量，用于泌乳和减少体重损失。若断奶时保持母猪的最大体重，使之在整个泌乳期内减重控制在 10kg 以内，就能确保断奶后发情。

3. 采用综合治疗方法，促使母猪尽快发情配种。

（1）人绒毛膜促性腺激素（HCG）：一次肌注 500～1 000IU，如将 HCG300～500IU 与孕马血清（PMSG）10～15ml 混合肌注，不仅诱情效果明显，且可提高产仔数 0.6～0.9 头。

（2）孕马血清（PMSG）：它含促性腺激素，可促进卵泡发育、成熟和排卵。对不发情母猪，在耳根皮下注射 3 次（5～10ml、10～15ml 和 15～20ml），注射后 4～5 日即可发情；也可肌注孕马全血，10～15ml/次，每日 1 次，连用 2～3 次。

（3）饮红糖水：红糖有温中助阳之功效，可用于产后恢复期的治疗，对不发情或产后乏情的母猪，按体重大小取红糖 250～500g，在锅内加热熬焦闻到煳味即可，再加适量水煮沸拌料候温即投喂，连喂 2～7d。母猪食后 2～8d 即可发情，并接受配种。

（4）中草药催情：淫羊藿、对叶草各 80g，煎水内服；淫羊藿 100g，丹参 80g，红花和当归各 50g，碾末混入料中饲喂；对叶草、益母草、淫羊藿各 50g，当归、红泽芷各 30～40g，煎水取汁，加水 1 000ml 分 2 次内服；淫羊藿 80g，对叶草 50g，当归 30g，阳起石 15g，煎水内服；当归、小茴香各 15g，川芎、白芍、熟地、乌药、香附、陈皮各 12g，水煎加白酒 25ml 内服；阳起石 4～9g，淫阳藿 10～15g，乙烯雌酚 5～10mg，日服 2 次，连服 10d 左右，母猪即可发情。

（5）黄体酮 30～40mg 或雌性激素 6～8mg，配种当日肌内注射；

（6）在母猪日粮中，每天补给 400mg 维生素 E，饲喂 1 周后给母猪肌注 5ml 乙烯雌酚，一般注射 2～3d 即可发情配种。

第 6 节　提高母猪情期受胎率的技术措施

一、掌握母猪的发情规律适时配种

在公猪在场的情况下，母猪对骑背试验表现静立之前，其阴门变红，可能肿胀两天。配种的有效时期是在静立发情开始后大约 24h，在 12～36h。第一次配种应当在开始静立发情被检出之后 12～16h 完成，过 8～12h 再进行第二次配种。

研究表明，在发情（静立发情）前一天配种的母猪只有 10％受精；在发情第一天配种的母猪有 70％受精；在发情第二天配种的母猪有 98％受精。在第三天配种的母猪（那时大多数母猪处于后情期）只有 15％受精。因此，应该在发情第二天给母猪配种，但在实际中要做到这一点是困难的，因而常用的方法是在第一次观察到静立发情（在公猪存在的情况下）之后，延迟 12～24h 进行第一次交配，在第一次交配之后 8～12h 再进行第二次交配。

二、交配地点的选择

配种地点应保持干燥、卫生、不光滑（图 3-50）。与配的公母猪，体格最好大小相仿，此时可在平坦的地面上配种，若公猪比母猪个体小，配种时应选择斜坡地势，让

图 3-50　若配种地点潮湿、光滑，易损伤种猪肢蹄

图 3-51　发情母猪出现静立发情

公猪站在高处；若公猪比母猪个体大，可让公猪站在低处。若公猪体格很大，要防止母猪因公猪爬跨，而导致骨折的危险发生。

为公母猪提供一个适宜的配种场地，避免使用潮湿而滑的地板，使猪只保持良好的站立对避免交配时的伤害和障碍是很有必要的。很多地面如人工草皮、橡胶垫子可以用于配种，有些场在地面上铺少量的锯屑或沙有助于配种时的良好站立。

三、母猪配种时的注意事项

在公母猪赶往一起交配前，应当用来苏尔儿或新洁尔灭消毒液，对公母猪的阴部清洗消毒（图3-52）。

当公母猪赶在一起相遇时，经常观察到下面的行为（图3-53、图3-54）：鼻对鼻地接触；公猪嗅母猪的生殖器官（外部性器官）；母猪嗅公猪的生殖器官；头对头接触，发出求偶声，公猪反复不断地咀嚼，嘴上起泡沫并有节奏地排尿；公猪企图爬跨，

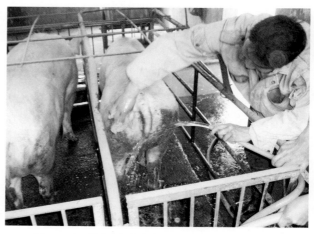

图3-52 做好清洗消毒工作，防止发生产科病

母猪不从；公猪追随母猪，用鼻子拱其侧面和腹线，发出求偶声；母猪表现静立反应；公猪爬跨并交配；交配持续10～20min。

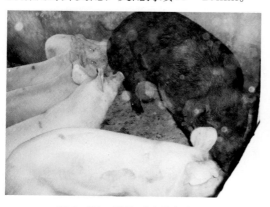

图3-53 母猪对公猪很好奇

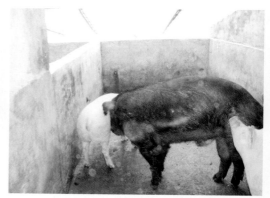

图3-54 公猪在挑逗母猪

公猪在促进母猪交配中的作用是重要的。在没有公猪的情况下，只有大约50%的发情母猪对饲养员的骑背试验反应正常（图3-51）。当公猪存在时，或者公猪能被母猪听到或嗅到，这个比例增加到超过90%（图3-55）。公猪的唾液包含具有一种性外激素，这种气味引起发情母猪作出交配姿势。

在上述一系列的行为中，公猪对母猪的亲昵动作也是确保交配成功的一种性行为，在公母猪的亲近过程中，公猪表现一系列亲昵行为譬如用鼻拱母猪的肚皮和腹侧，这是

图 3-55　有公猪在场，可使人工授精的
　　　　 受胎率显著提高

图 3-56　配种过程中应保持环境安静

诱导母猪站立反射的一种重要刺激，保证母猪能接受交配，让其爬跨。另外，饲养员也应了解公母猪之间亲昵动作的重要性，并让它们充分表现这一过程。若为缩短配种过程而减少亲昵行为的表现时间，通常会导致配种失败。

　　由于公猪配种时产生大量的精液（可从 100ml 直至 1L 以上），交配和射精过程要花很长时间，公猪的阴茎头必须插入到母猪的子宫颈中。猪的性行为是一个复杂的过程，这一过程能保证受精力和受孕力都处于十分高的水平。交配成功的关键是母猪的站立反射或称不动反应，在长时间的交配中，保证母猪处于静立状态。母猪站立反射是由垂体后叶中分泌的催产素所控制，受到外部刺激时，尤其是遇到性成熟的公猪时，催产素就会分泌出来。不过，催产素的分泌与否，以及母猪的站立反射很容易受到各种不良环境因素的干扰，因此，在配种时，应尽量减少不利的环境因素，小心安静地处理母猪，更不能鞭打正在配种的公母猪（图 3-56）。

　　当公猪爬到母猪躯体上后，应当人工辅助公猪，使其顺利将阴茎插入母猪的阴户内，避免阴茎插入肛门。此时配种员应一手拉起母猪尾巴，另一手握成环状指型，辅助公猪把阴茎插入。

　　当公猪阴茎确实插入母猪阴道内时，配种员要详细进行观察，注意公猪是否有射精动作。即：当公猪射精时，其阴茎停止抽动，屁股向前挺进，睾丸收缩，肛门不断地颤动；在射精间歇时，公猪又重新抽动阴茎，睾丸松弛，肛门停止颤动。公猪的射精时间共约 6min，有 2～3 次射精的机会。当公猪从母猪身上下来时，有少量精液倒流，则表明此次配种有效，否则，应重新配种。

　　在规模化生产的条件下，母猪成群断奶和再配，要确保提供更多的公猪。可考虑在各圈之间变换或轮换公猪，即使某一头公猪不育，也能保证所有母猪被配上。

　　配种应在早晨或傍晚饲喂前一小时进行，以在母猪圈舍附近为好，绝对禁止在公猪舍附近配种，以免引起其他公猪的骚动不安。

　　配种完毕后，要驱赶母猪走动，不让它弓腰或立即躺下，以防精液倒流；同时，配种后也要让公猪活动一段时间再赶回猪舍，以免其他公猪嗅到沾有发情母猪的气味而骚动不安。

母猪配种后经过8～12h，再进行第二次交配，两次配种都要作详细的记录，并要写明异常情况、环境条件等以备日后复查。

四、采取人工授精技术时注意事项

（1）每头母猪应配2～3次；

（2）断奶发情间隔时间不同的母猪及有问题的母猪，配种时应区别对待。正大标准化操作要求的最佳配种时间见表3-8。

表3-8　正大集团标准化配种时间

母猪种类	查到发情时间	最佳配种时间
后备及超期发情母猪	早上	早上—下午—次日早上
	下午	下午—次日早上—次日下午
经产母猪	早上	下午—次日早上—次日下午
	下午	次日早上—次日下午—第三天早上
返情母猪	早上	早上—下午—次日下午
	下午	下午—次日早上—次日下午
问题母猪	隔一个发情周期后，查到发情立刻配种	

五、认真做好返情检查工作

按正大标准化操作要求，应对配种后的母猪进行返情检查工作：

（1）所有配过种的母猪都应在配种后17d开始查情，直到确认妊娠为止。

（2）情期正常的母猪会在18～24d（或37～44d）返情，如无炎症可以配种。

（3）配种后25～26d（或45～46d）母猪返情，是由于胚胎早期死亡，不能立即配种，要等下一个情期才能配种。

（4）骨骼钙化开始后的胚胎死亡，会形成木乃伊，如果全窝都是木乃伊，可能与细小病毒或伪狂犬病毒感染有关，且不会返情。

（5）流产母猪发情后不要配种，要等下一个情期才能配种。

配种后25d、35d时，对配种母猪用B超仪进行检查是理想的，以便在42d返情时对妊检阴性和问题母猪采取相应措施。

第7节　妊娠母猪的细化管理技术

根据妊娠母猪的生理变化特点加强饲养管理，是保证胎儿在母体内的正常发育，防止流产，保持母猪有中上等体况，使每头妊娠母猪都能生产大量健壮、生命力强、初生重大的仔猪，并使之产后有最大的产奶量的技术措施。

对怀孕舍的怀孕母猪饲养管理工作的目标是：

（1）窝均产活仔数10头以上；

（2）仔猪初生均重在 1.5kg 以上；

（3）母猪流产率控制在 2％以内。

一、实行限制饲养

在没有严重寄生虫感染和单独饲喂的适当环境条件下，每天饲喂 1.8～2.7kg 饲料即可（据母猪的膘情增减）。饲料摄入量过高的母猪会变得过肥，窝产仔数实际上会减少。同时，妊娠期饲料消耗量和哺乳期饲料消耗量二者之间存在着相反的关系，即当妊娠期饲料摄入量增加时，哺乳期饲料摄入量就会减少。而在哺乳期，通过增加饲料的摄入量，可使产奶量达到一个较高水平。产奶量的增加能够提高哺乳小猪的生长速度。因此，为了在哺乳期使母猪能有最大的产奶量，就得控制母猪在妊娠期饲料的摄入量。

二、妊娠母猪的营养及饲喂量

了解和掌握妊娠母猪营养需要及其饲喂技术，对促进胎儿正常的生长发育，提高其初生重和成活率，意义重大。妊娠母猪的营养需要包括以下几项：维持自身需要＋体组织增重需要＋子宫内容物增重需要（羊水＋胎儿＋胎衣）（图 3 - 57、图 3 - 58）。对后备母猪而言，还要加上体组织生长发育需要。

图 3 - 57　孕猪营养不足，膘情差

图 3 - 58　美国猪场的孕猪膘情好

在妊娠期内，饲喂不足或过量都会产生明显的不良效果。在极端情况下饲喂不足的母猪确会流产，不过很罕见。有时能够看到的是分娩出小而弱的仔猪。其原因较为简单，母猪摄入能量的一部分用于维持需要，剩余部分用于生产（子宫内胎儿的生长），摄入的能量被优先用于维持需要。如果环境温度下降，母猪会将更多的能量用于维持体温，结果，可用于胎儿生长的能量减少了。据测定，在临界温度下，环境温度每降低 1℃，怀孕母猪就要多吃 56.4g 的饲料以维持体温，因此，在冬季适度提高 20％的饲喂量可缓解这个问题。常常可观测到，继寒冬后数月内产出的仔猪，体重多低于夏秋季节出生的仔猪。如果妊娠前期（怀孕 84d 之前）营养水平过高（或营养水平适中而饲喂量过大），母猪增重过多，体内会有大量脂肪沉积，使母猪过于肥胖，这首先是造成饲料的浪费，因饲料中营养物质经猪体消化吸收变成体脂等储存于体内的过程中会消耗一部分，而泌乳时再由体脂等转化为猪乳营养又会消耗一部分，两次的损失超过哺乳母猪将饲料中营养直接转化成乳汁的一次损失，所以，造成饲料浪费。其次，妊娠期母猪能量摄入过多会导致肥胖从而易患难产症、奶水不足，仔猪压死增加，母猪断奶后受孕率下降。研究证明，肥胖的母猪对胰岛素的作用产生拮抗，结果造成葡萄糖吸收不良，从而导致泌乳早期采食量低下，母体体重丢失增加，无疑，最终会产生断奶后的返情率和受胎率低下的问题。在保证妊娠母猪营养水平的情况下，饲养管理方面应注意做到：

在妊娠的前84d，由于子宫内容物（其中主要是胎儿）增重较慢，降低母猪料的饲喂量并不影响胎儿的生长和发育，因此，日喂量要控制在 $1.8 \sim 2.7$kg（据妊娠母猪的体重、肥瘦增减）。尤其是配种后的72h内不论母猪的膘情如何，均应把喂料量控制在 1.8kg 以内，以免受精卵被重新吸收。

在母猪妊娠84d后，由于胎儿生长发育和母体增重都较迅速，因此，要注意增加饲料的喂量，要在前期饲喂量的基础上，每日再增加 0.5kg，使日喂量达 $2.1 \sim 3.0$kg；在产前一周，饲喂量在后期基础上再增加1kg。同时，在营养方面，要注意使钙、磷保持平衡（钙的需要量占日粮的 0.75% 左右；磷的需要量占 0.50% 左右）和添加维生素A、维生素D、维生素E及B族维生素等。

按照正大标准化管理要求，母猪怀孕后使用正大"566"怀孕母猪料、"567"哺乳母猪料，饲喂程序如表3-9。

表3-9　经产母猪饲喂程序及喂料标准

单位：kg/d/头

阶　段	饲料种类	喂料量	膘情分值（分）
配种前	567	3.5	2.5
配后1～35d	566	2.3	2.5
配后36～84d	566	2.3～2.6	3～3.5
配后85d至分娩	567	3.0～3.5	3.5～4.0

三、妊娠母猪的管理要点

（1）饲养方式。可将配种期相近、体重大小和性情强弱相近的3～5头母猪在一圈饲养（图3-59）；妊娠后期最好单头饲养（图3-60）。前者可使妊娠母猪自由运动

图3-59　妊娠母猪运动有利于健康

图3-60　妊娠后期母猪单栏饲养有利于保胎

（有的舍外还设小运动场），吃食时由于争抢可促进食欲；后者可使之吃食量均匀，没有相互间碰撞，利于保胎。

（2）耐心的管理。对妊娠母猪不要打骂惊吓。每天都要观察母猪吃食、饮水、粪尿和精神状态，舍内要干燥、卫生（图 3-61），做到防病治病，特别要注意消灭易传染给仔猪的内外寄生虫病。妊娠母猪转群跨越尿沟、门槛时，动作要慢，防止拥挤、急转弯，以防妊娠母猪受惊吓造成流产。

（3）不能随便更换饲料，坚决杜绝饲喂发霉、变质的饲料。料槽要勤洗，饮水要勤换。不能把料直接投入在水里，以防发酵变质。妊娠期内饮水要充足（图 3-62、图 3-63、图 3-64），温度控制在 16～20℃，炎热夏季（特别是妊娠后的前 3 周和 100d 以后）应保持绝对的凉爽。

图 3-61　干净的怀孕舍利于孕猪健康

图 3-62　饮水器安装不科学，猪无法饮水

图 3-63　猪栏设计不合理，猪饮水困难

图 3-64　夏天要供给充足的饮水

（4）妊娠母猪管理要素之一是产前免疫工作，目的在于保证仔猪通过吸食母猪初乳获得母源被动性免疫。一般产前 3～4 周适合于大多数疫苗的预防注射。为防止新生仔猪感染大肠杆菌引起下痢，要对分娩前 21d 以及临产前 1 个月的妊娠母猪，分别注射 K88、K89 疫苗和仔猪红痢疫苗，以控制仔猪黄白痢和传染性仔猪红痢的发生。

（5）怀孕后期的母猪易患便秘（图3-65），导致母猪分娩很困难，分娩时间增加，仔猪可能会缺氧窒息，死胎数量增加。同时，便秘会使母猪发烧，因应激加上分娩困难会使母猪易感染产后综合征（MMA：乳腺炎—子宫炎—无乳，图3-66）。

图3-65　孕后期母猪易发生便秘，危害大

图3-66　便秘可导致母猪发生 MMA

缓解便秘可使用青绿多汁饲料，能大大增强粪便运行（图3-67）。但青绿饲料含水分多，体积大，与妊娠母猪需要大量营养，而肠、胃容积有限相互矛盾，故不可多喂。

目前，许多猪场为防止怀孕母猪发病，在饲料中添加大量抗菌药物。要排泄出这些药物需要吸收体内大量水分，从而导致母猪发生药源性便秘，致使母猪产后无奶或产奶量大幅下降。这个问题值得养猪老板注意。

图3-67　夏季青绿饲料要洗干净剁碎后喂猪

四、妊娠母猪夏季饲养管理中应注意的若干问题

夏季气温高，湿度大，若不采取防范措施，会造成妊娠母猪食欲减退，采食量减少、体温升高、呼吸次数增加，并由此引发妊娠母猪机体营养不良、产奶量降低，严重时还会出现死胎。因此，搞好夏季饲养管理，可有效提高妊娠母猪的生产性能，增加饲养户的经济效益。

（一）防止舍温过高

对夏季的怀孕母猪，猪舍应配有遮荫、通风等设备，防止中暑及其他热性应激疾病的发生。热天可向舍内喷洒凉水，但不要直接喷在母猪身上。在气温达到30℃以上时，可采取安装空调、电风扇等措施，迅速降温，以防造成死胎。

（二）供给充足洁净的饮水

水是猪生长发育所必需的重要物质，猪的饮水量因体重、饲料和气候条件的不同而不一样，一般体重越大，喂料越干，气温越高，则饮水量就越多。供给的饮水必须充足、洁净。

（三）饲喂采取"四定一改"

即定喂的次数、定喂的时间、定喂量、定饲养标准，改湿拌料为干颗粒料喂猪。妊娠母猪饲喂次数一般日喂 2 次即可。饲喂时间，每天要相对固定。饲料喂量，每次要保持均衡。饲养标准，要根据猪的体重和妊娠阶段，调配不同的日粮配方。

目前，正大集团营养专家为怀孕母猪制订的营养方案为：怀孕 84d 前饲喂"566"怀孕母猪料，怀孕 84d 后饲喂"567"哺乳母猪料，效果很好。生产实践证明，全程饲喂正大母猪料的母猪，窝产活仔数在 10.5 头左右，仔猪体重大小均匀，平均初生重达1.5kg，为日后生长速度的提高打下了坚实的生长基础。

（四）防止机械性流产

养母猪头数较多的专业户，夏季要注意合理安排妊娠母猪的饲养密度。例如，在$7\sim9m^2$ 母猪舍内，妊娠前期最多养 4 头，到妊娠后期最多不超过 2 头，最好单独分栏饲养，这样可以避免以强欺弱，采食不均，造成胎儿生长不整齐，也可避免因高温烦躁而相互咬架和碰撞，导致死胎增多或流产。如附近有草地，可经常赶母猪去活动，增强母猪的体质，到产仔时，可缩短产仔时间。

（五）防止疾病传染

夏季妊娠母猪容易生虱子和疥癣，特别是生在猪耳郭内的要及时防制，彻底根除。在转移产房前对母猪全身用 1% 的高锰酸钾溶液消毒清洗（图 3-68），晾干。同时对产房清洗和消毒，这样才能保证仔猪产后的健康成长。

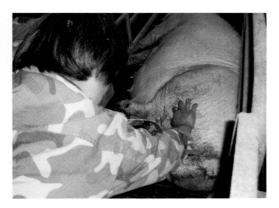

图 3-68 孕猪进产房前要清洗、消毒

图 3-69 孕猪舍应安纱网，防蚊蝇叮咬传播疾病

（六）防止蚊蝇叮咬

母猪遭蚊子、苍蝇、毒虫等侵袭，不但影响休息，妨碍胎儿健康生长，还会传染疾病。因此，春末夏初要及早设纱网防蚊（图 3-69）。在蚊虫出现的高峰期，每 3d 喂 1

次维生素 B_1 ，喂量 30～40mg，这样母猪会产生一种蚊虫不敢接近的气味；也可将番茄叶和薄荷叶捣烂，取汁涂擦在母猪身上，有较好的驱蚊作用，又不危害牲畜。

（七）搞好环境卫生

及时清除粪便，可用农可福、安比杀、卫可安等消毒药定期消毒，不能用生石灰或火碱对母猪消毒，以防猪只受到伤害。如采用湿拌料喂猪，应尽量避免剩料，剩料及时清除，以免发酵霉变。

第8节 减少猪胚胎死亡的措施

做好怀孕母猪的科学饲养工作，尽量减少胚胎死亡，是提高母猪产仔数，进而提高经济效益的重要一环。

一、胚胎死亡出现的时期

母猪怀孕后 12～18d，是胚胎在子宫内的着床期，若着床不成功就会导致胚胎死亡。

母猪怀孕后 60～70d，若遇到疾病侵袭会导致胎儿死亡，形成死胎、木乃伊（也有资料介绍说可能是子宫自身内在因素所致）。

在母猪怀孕 100d 后，若遇到疾病、高温、惊吓或强烈应激等不利因素，就会导致胎儿死亡。

因此，生产中应对上述易引起胚胎和胎儿死亡出现的三个时期，予以高度重视。

二、减少猪胚胎死亡的措施

影响胚胎死亡的因素很多，主要包括猪的品种、遗传、近亲繁殖、排卵数及子宫内的环境、营养与体格大小、胎次和年龄、妊娠持续期、胎儿在子宫角内的位置、激素和疾病以及温度和湿度等外环境因素。了解这些导致胚胎死亡的因素来加强管理，对提高猪的窝产活仔数意义重大。

（一）猪的初配年龄

猪性成熟以后就具有了繁殖能力，但其身体还处于生长发育阶段，即还没有达到体成熟。若过早配种利用，不但影响其生长发育，还缩短利用年限，同时卵子质量差、受精率和受胎率低，从而胚胎死亡增加。

目前，规模猪场大多使用外来品种作为种猪。二元杂交后备母猪一般 180～190 日龄出现初情期（纯种后备母猪的初情期多在 210 日龄左右）。为提高其使用年限和产仔数，一般在第二或第三个情期发情、二元杂交母猪体重达 120kg 以上（纯种猪最好在130kg 以上）即可配种。

（二）遗传因素

1. 精子质量。 精子的质量在一定程度上也受遗传影响。精子在雌性生殖道中，需经过 2h 左右的获能作用后，才能具有受精能力，如果精子排出后寿命较短则不能受精。在精子完全失去受精能力之前，经历一个衰老过程，衰老后往往致使多精子入卵，使受精卵不能正常发育。因此，应根据母猪的发情排卵规律，掌握准确的配种时间，采用正确的配种技术和方法。母猪排卵是在发情开始后 24～36h，卵子受精是在输卵管上三分之一的壶腹部。交配精子要经过 2h 左右才能到达受精部位。照此推算，适宜的时间应是母猪发情开始后 21～22h 开始配种。

2. 近亲繁殖。 近亲繁殖是导致产前胚胎死亡的另一重要原因。近亲繁殖不但受精亲和力低，胚胎生命力也很弱。近交时，隐性有害基因易纯合，导致一些隐性遗传缺陷病的增加，因此所生后代中的死胎、畸形、木乃伊比率上升。据观察，近亲繁殖有 26％左右的胚胎发生死亡，这一数字在非近亲繁殖只有 6％。因此，我们在做好选种工作的同时还要制定出良好的配种计划，尽量选择亲和力好的品种交配，减少近亲繁殖。

(三) 营养因素

母猪配种以后，应按妊娠期胎儿生长发育和体重变化规律，给予相应的营养水平。在妊娠前期胎儿绝对重量小，养分需要也相对较少，到妊娠后期胎儿体重增长很快，且能量转化为胎儿增重的效率很低（10％～20％），所以后期的养分需要明显高于前期。营养不足会造成母猪消瘦，胎儿发育受阻，弱胎和死胎增加，同样在妊娠前期给予母猪高水平能量，可使胚胎成活率降低。这是因为能量过高，会使猪体过肥，子宫体周围、皮下和腹膜等处脂肪沉积过多，影响并导致子宫壁血液循环障碍，也会导致胚胎死亡。

(四) 管理因素

管理不当也是造成胎儿死亡的主要原因。妊娠母猪管理的中心任务是做好保胎工作，促进胎儿正常发育，防止机械性流产。

(五) 内分泌因素

受精卵从输卵管运行到子宫，是受发情后雌激素逐渐下降和黄体分泌的孕酮逐渐上升所控制的。如果这些激素失调，可使受精卵运行加速或减慢，不能及时到达子宫附植，从而导致胚胎附植前的死亡。囊胚后期是胚胎存活的关键时期，由黄体分泌的孕酮，会促使母猪产生有利于胚胎发育的良好环境，当孕酮分泌不足时，就改变了子宫内膜环境，不能适应胚胎发育而导致死亡。妊娠后期由于孕体分泌抗溶黄体物质，抑制子宫分泌的前列腺素的溶黄体作用，而造成黄体退化致使妊娠中止，造成胚胎中途死亡。因此，应该人为调节母猪体内生殖激素平衡：对配种后 7d 的母猪肌内注射黄体酮，以补充外源性激素的不足，提高母猪的生产力。

(六) 疾病因素

猪繁殖障碍与呼吸综合征、衣原体病和弓形虫病等都会使母猪所产胎儿中有死胎和木乃伊的发生。应建立良好的卫生条件，减少母猪子宫感染。对于患有阴道炎、子宫炎的母猪应及时用生理盐水或 0.1％的高锰酸钾水溶液反复冲洗，冲洗后注入青、链霉素治疗。对于传染性疾病要采取综合措施，加强种猪的饲养管理，杜绝传染源污染猪场的环境，切实做好消毒工作。同时要加强对传染性疾病的检疫，制定合理的免疫程序，有计划地应用疫苗免疫接种。

三、母猪流产、死胎的因素分析

妊娠母猪的死胎、流产症在养猪繁殖场是常见病症之一。

（一）母猪死胎流产临床表现

母猪产前无临床表现，分娩时产出多量甚至全部死胎、木乃伊。有的母猪发生早产，阴道流出少量污血或排出发育成形的胎儿。

妊娠母猪临床表现为体温略高、精神不振，甚至卧地不起，废食，然后排出发育成形胎儿，流产后母猪症状减轻或消失，常不需药物治疗而愈。

母猪生殖道感染发炎，引起功能障碍器质性病变，导致多次返情，累配不孕或长期不发情、发情周期不规律。

母猪配种后未见返情、饲喂2个月后也未见肚腹增大等妊娠表现或明显增大的肚腹逐渐缩小，母猪不分娩，也无其他异常表现。

母猪亚临床感染猪瘟、衣原体和细小病毒等传染病，公猪出现繁殖炎症，如睾丸炎、尿道炎等，表现为睾丸肿胀或萎缩、精液变质，可通过配种使母猪感染发病。

（二）死胎流产原因

1. 母猪生存环境的影响。一是高温对繁殖的影响，高温是降低繁殖力的主要环境因素之一（表3-10）。要求母猪在怀孕后一个月内，要绝对保持凉爽；二是母猪在湿冷环境下，冷应激明显，加上疏于防寒、夜间门窗未关闭、堵塞水槽及水管关闭不及时等，使冬季流产率最高；三是有害气体的影响，规模化养猪产生大量 NH_3、H_2S、CO_2 和 CO 等有害气体，直接诱发各种疾病；四是群养环境的影响：母猪合群，后来者、弱小者往往受欺，入群初期离群独卧、时刻严防强猪追逐咬斗，只能吃点残食，严重影响母猪发情、受胎率和产仔头数。其他生存环境，如光照、空气中微生物、尘埃量、栏圈建设等对母猪繁殖均有一定影响。

表3-10 高温对母猪排卵数及受胎率的影响

项　　　目	适宜温度下	高温条件下
排卵数（个）	14.9	14.6
怀孕35d的胚胎数（个）	12.2	8.7
配种后35d母猪受胎率（%）	95	64

2. 管理不当造成流产。一是配种时间不准确，如卵细胞从卵巢排出后4h，受精率达100%，到16～20h，受精率只有66.7%；二是妊娠期间应激强烈，如合群、运输、剧烈运动、强力驱赶和曝热酷冷等不良因素的刺激；三是母猪过肥过瘦，影响其生理机能，发情迟缓或不发情、排卵减少、产仔弱小、衰竭等；四是禁闭栏饲养及缺乏运动的母猪受胎率下降，生殖器官发育不全，每胎配种次数增多，不孕率高，产仔数少，腿蹄毛病增多等；五是慢产也是仔猪死亡的一个原因，正常分娩时间约为2～3h，一般每隔15min产下一仔。产仔时间延长，仔猪易在产道或子宫内死亡；六是老龄猪（10胎以上）产弱小猪、死猪比例较大，仔猪的生长速度较慢，死亡率较高；七是其他因素，如遗传。某些品系种猪有一些特殊基因，导致隐睾、疝，排卵少，胚胎死亡率高，产仔

少等。

3. 饲料因素造成死流产。

（1）营养缺乏症，饲料投喂过少、饲料营养浓度过低、食欲减退和消化不良的原因，母猪呈现不同程度的繁殖障碍，表现为消瘦，发情障碍，排卵少，产弱小、死胎多等。缺乏蛋白质、钙、锰、碘、硒、硫胺、核黄素、泛酸、胆碱、维生素 A 等，可造成产死、弱仔猪。在妊娠期中，维生素 E 对胎儿的影响，一是在配种后 4～6 周，缺乏时减少活胎数，甚至发生流产；二是在分娩前 4～5 周，缺乏时，仔猪肌肉发育不良、衰弱，分娩时易死亡。

（2）饲料霉变是流产发生的重要诱因（见本书的有关内容）。

4. 传染性疾病引起死胎、流产。 猪瘟、伪狂犬病、蓝耳病、圆环病毒病、乙脑炎、细小病毒病等传染病的发生，均可引起怀孕母猪发生流产、产死胎等繁殖障碍病，应做好这些猪病的防范工作。

第 9 节　哺乳母猪的细化管理技术

为保证新生仔猪有高的存活率，并使哺乳母猪断奶后及时发情配种，应充分做好产前的准备，保证母猪安全分娩，加强哺乳母猪的饲养管理，提高母猪的泌乳能力，进而提高哺乳仔猪的成活率和保持哺乳母猪的种用膘情，以提高哺乳母猪生产力。

哺乳母猪的饲养管理工作目标是：

（1）窝均产活仔数 10 头以上；

（2）仔猪平均断奶日龄 19.5d；

（3）仔猪初生均重在 1.5kg 以上；

（4）仔猪断奶均重不低于 6.5kg；

（5）母猪断奶后 7d 内的发情率达 90％以上；

（6）仔猪断奶前死淘率低于 6％；

（7）断奶母猪膘情在 2.5 分以上。

一、确保母猪安全分娩技术

（一）做好分娩前的准备

产房内保持干燥清洁是十分重要的（图 3－70）。待产母猪进入产房之前，要进行清扫、冲洗和消毒。消毒越早，下一窝猪转入之前圈舍干燥和空闲的时间就越长，对阻断许多病原的循环起很大作用。

1. 分娩舍内的设备应完好无损，以保证为母猪和仔猪创造一个最适宜的环境

检查分娩圈、地面材料和设备是否损坏。为了避免膝盖和乳头擦伤，应采取措施使粗糙的地面保持光滑。产圈要定时进行彻底的修理和维护。

确保加热灯具正常工作。当用 250W 的灯泡时要安装在离地面 45cm 的地方，以保证提供 34℃的环境温度（图 3－71）。当灯悬挂低于 45cm 时，灯下温度太高仔猪不能适应。

图3-70　产床上猪前一定要经过严格消毒

图3-71　250W的灯泡可保证哺乳仔猪
所需的环境温度

2. 临产前一周的清晨，在妊娠母猪空腹、经过体表清洗、消毒、驱虫后（图3-72），小心赶入已准备好的产栏内。到栏后应给以少量湿拌料，并加入抗应激添加剂饲喂，以使它们熟悉新的环境，以减少应激反应。如果临近分娩时才将其转入产房，由于不适应而引起神经紧张，往往使母猪无乳而产生子宫炎、乳房炎等疾病，甚至发生初生仔猪大部分死亡或母猪咬死仔猪等现象。

3. 母猪进入分娩舍后饲养员要固定。产前要细心地照料母猪

图3-72　清洗消毒可保母仔健康，不驱虫可使
母猪将寄生虫传给仔猪

和初产母猪，特别是初产母猪，这是非常重要的。多花几分钟挠猪的背部、揉揉猪的乳房并同它们聊天。这些做法对神经质的初产母猪很有帮助。

保持安静的环境。在临近分娩时，若频繁地移动猪只，常会发生母猪产后不泌乳，或咬死仔猪等事故。保持分娩舍安静的环境，使母猪保持稳定的情绪，是很重要的。

4. 夏天室温不能太高。分娩舍内的温度如果超过30℃，湿度又高，母猪就会感到不舒适，呼吸急促，发热，影响哺乳。所以在暑热天，最好用冷水洗浴猪的颈部，但不能用冷水浇其全身，或用输水的办法降温（图3-73）。如用电风扇降温时，风向要朝猪体上方，应避免长时间直接对准猪体吹风。

5. 要准备好接生工具，如分娩登记表、麻袋、毛巾、剪刀、消毒液、碘酒等。当母猪外阴部充血肿大、腹部下垂、尾根部下陷、乳房膨大、一旦乳头容易挤出乳汁、母

猪呼吸深而快时，则很快就要分娩了。

（二）母猪安全分娩的技术

1. 准确记录产仔时间和出生间隔。记录分娩的资料很重要，它可以反映仔猪出生间隔并由此看出分娩是否出现问题。如果母猪比较安静，仔猪相隔几分钟出生，说明产仔过程正常。相反，如果母猪十分不安，显得十分吃力，并且产仔间隔在 45min 以上，就必须进行人工干预。

2. 对母猪助产的操作方法。母猪分娩时间范围为 30min 到 6h，平均约为 2.5h，平均出生间隔在 15～20min。产仔间隔的时间越长，仔猪就越不健壮，早期死亡的危险性越大。如果个别猪有难产的历史，产仔期间就需要进行特别护理，即当母猪分娩时出现烦躁、极度的紧张、产仔时间超过 45min 等现象时说明母猪分娩不正常。特别是当那些年龄大、体重大和紧张的母猪分娩困难时更应考虑助产（图 3-74）。

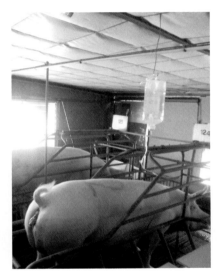

图 3-73　夏季母猪在产仔过程中
可采取输水降温

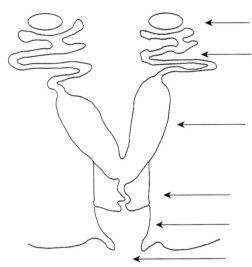

图 3-74　母猪的生殖系统

具体操作方法是：

（1）需用酒精或洗必泰将母猪后躯和阴门部清洗干净。

（2）把手洗净，戴上直检手套和乳胶手套（把乳胶手套戴在直检手套上）。

（3）在两层手套外面涂上酒精和洗必泰以达到灭菌和润滑的目的。

（4）将戴手套的手用力慢慢穿过阴道，进入子宫颈。子宫在骨盆边缘的上方或正下方。

（5）戴手套的手一进入子宫，常常可摸到仔猪的头或后腿。如果是这样，要根据胎位抓住仔猪的后腿或头，慢慢地把仔猪拉出。要保证不将胎盘和仔猪一起拉出。如果两只仔猪在两个子宫角的交叉点堵住，先将一个推回，抓住另一个慢慢拉出。

当母猪分娩过程较慢时，生产者都急于使用催产素。其实，仔猪出生慢的原因很多。一种情况是在产道里有一头大的仔猪，或同时有两只仔猪出生。还有其他原因，如已分娩很长时间，身体比较虚弱，或者是产房太热等。判断是哪种原因引起的很重要，如果有问题不去检查就注射催产素，很有可能导致仔猪过早死亡。

夜间若接产人员晚上打瞌睡，就会导致初生仔猪死亡率增高，对实行超前免疫的猪场而言则可造成免疫失败。鉴于分娩过程的重要性要求全天24h有人值班。

3. 正常的接产技术。临产前先用千分之一的高锰酸钾水溶液擦洗乳房及外阴部，然后注意观察分娩过程。应采取以下措施：

（1）母猪产仔时状态。母猪产仔时多数侧卧，腹部阵痛，全身哆嗦，呼吸紧迫，用力努责。阴门流出羊水，两后腿向前直伸，尾巴向上卷，产出仔猪。

（2）仔猪出生时状态。胎儿进入产道后，脐带多数从胎盘上拉断，通过脐带供给仔猪的氧气停止，只等出生后仔猪用肺进行呼吸。如果胎儿在产道停留过长，不能及时产出，就有憋死的可能。胎儿出生时头部先出来的称为头前位，约占总产仔数的60%；臀部先生出来的称为臀前位，约占总产仔数的40%。这两种均属正常胎位。

（3）接产。母猪产仔时保持安静的环境，可防止难产和缩短产仔时间。仔猪出生后先用清洁的毛巾擦去口鼻中的黏液，使仔猪尽快用肺呼吸，然后再擦干全身，如天气较冷立即将仔猪放入保温箱烤干。当仔猪脐带停止波动即可断脐，方法是先使仔猪躺卧，把脐带中的血反复向仔猪腹部方向挤压，在距仔猪腹部约5～6cm处剪断。断面用5%的碘酒消毒。仔猪生后应尽快吃初乳，既可使仔猪得到营养物质，增加抵抗力，又可提高母猪产仔速度。

（4）假死仔猪的救活。仔猪出生后不呼吸但心脏仍然在跳动的仔猪称为假死仔猪，必须立即采取措施使其呼吸才能成活。救活的方法如下：用左手倒提仔猪两条后腿，用右手拍打其背部；用左手托拿仔猪臀部，右手托拿其背部，两手同时进行前后运动，使仔猪自然屈伸，称为人工呼吸运动；用药棉蘸上酒精或白酒，涂抹仔猪的鼻部，刺激仔猪呼吸。

自然状况下，母猪的实际分娩时间在预产期（配种后114～115d）前后2～3d的范围内。诱导分娩可控制母猪分娩时间，具体做法是给妊娠后期（即预产期的前2d）的母猪或头胎母猪注射合成前列腺素，注射后约24h母猪就开始娩出正常活仔猪。如果注射时间安排在中午，那么第二天中午正值上班时间大多数母猪开始产仔。该项措施的技术关键是必须掌握母猪的预产期，如诱导不当会增加死胎的数量。

二、提高哺乳母猪产奶量的管理技术

在传统的饲喂方法中母猪在泌乳期损失大量体重，然后在随后的怀孕期内弥补体重损失。这种做法是不科学的，大大降低了母猪的繁殖性能。正确的做法是在日粮中提供必需而充足的营养，使哺乳期间母猪的体重损失降至最低。

哺乳期间母猪体重的过度损失超过10kg会产生几种后果，最明显的是母猪断奶至再发情的时间间隔延长，更有甚者母猪下一胎的产仔数会受到影响，即母猪二胎产活仔数平均值低于一胎产活仔数。在首胎哺乳期间母猪的喂料量不足，再加上体重损失过度，会引起排卵数下降，最终导致第二胎的产仔数减少（表3-11）。尤其在能量缺乏时，卵巢中产出卵子的卵母细胞似乎遭受异常损失。所以哺乳期母猪应尽量喂好，使母猪在泌乳期内有最大的采食量而体重下降最小。

表 3-11　初产母猪哺乳期失重对下一胎生产成绩的影响

（石格立，2013）

生产指标	体重损失大于 10%	体重损失 0~10%	体重增加
母猪头数（头）	62	380	135
断奶发情间隔（d）	7.42	5.52	4.7
断奶后 7d 内发情率（%）	64.5	87.9	92.6
出生仔猪头数（头）	11.8	12.8	13.3

（一）确保哺乳母猪有一个全价日粮

从分娩后的第一天开始，其日粮中应含有 14% 的蛋白质和 0.7% 的赖氨酸。

母猪一般靠消耗背膘来泌乳，泌乳期在某种程度上会减轻一些体重。这种体重减轻的程度必须通过泌乳期适当饲养来加以控制，以防止断奶后不能及时发情。如果母猪在分娩后 10d 不很好泌乳，就要检测日粮，特别注意钙和磷的水平，钙和磷含量也许较低或磷比钙的含量高。

正大集团的营养专家对泌乳母猪制订的营养方案是：从母猪怀孕 85d 开始饲喂"567"泌乳母猪料至母猪产后断奶。生产实践证明，按照正大营养专家的方案，泌乳母猪的产奶量高，仔猪 21 日龄断奶体重可达到 6.5kg 左右，为日后生长速度的提高打下了好的生长基础；母猪在整个泌乳期间的膘情适中，断奶后 3~5d 的发情率达 90% 以上，经济效益显著。

按照正大标准化管理要求，哺乳母猪的饲喂程序及饲喂量如表 3-12。

表 3-12　哺乳母猪饲喂程序及饲喂标准

单位：kg

产前			预产当天	产后							
3d	2d	1d		1d	2d	3d	4d	5d	6d	7d	8d
3	2.5	2	1	0.5	1	1.5	2	2.5	3	3.5	4
				0.5	1	1.5	2	2.5	3	3.5	4

哺乳母猪饲喂过程中的注意事项：

（1）预产期前 3d 每天减少喂量 0.5kg，一直减至 2kg/d 为止，若预产期当天不产，按 1kg/顿饲喂，直至分娩。

（2）分娩当日不给料，分娩后第一餐给料 0.5kg，以后每天增加 1kg，直至足量。

（3）若母猪不能按标准采食，则下一顿按实际吃料量喂，在此基础上以后每顿增加 0.5kg 喂料量，直至吃到标准量。

（4）每次喂料前必须认真填写喂料卡的标准喂料量、实际喂料量及加料次数，如没有吃完的情况，填写时应减掉未食完量。

（5）喂料时不吃料的母猪要赶起来吃料，不吃的母猪采取拌湿料喂，必要时进行治疗。

（6）每天喂料时必须清理干净母猪料槽，先进场的料先用，后进场的料后用，保证饲料新鲜，无粉料、无发霉料。

（7）注意观察母猪产前产后的采食情况，如果产后7d采食量不达标（2kg＋0.5×仔猪头数），就要特别关注和治疗。

（二）对妊娠母猪采取限制饲喂

妊娠期间饲料摄入量越高，母猪在分娩时有更多的体内储备，在泌乳期消耗的饲料就减少，直接导致泌乳期母猪的食欲变差。

（三）为防止母猪在泌乳期内的体况降低过多，就要增加饲料供给量

夏季高温如果母猪的食欲很差，不足以使母猪维持合理的体况，则要设法通过降温、增加饲喂次数等措施增加饲料的摄入量。

（四）采用增加饲喂次数

每天饲喂二次与喂一次相比，母猪会消耗更多的饲料。如果饲喂次数更频繁，那么消耗的饲料就会更多。在分娩栏前设一个小的饲喂槽，让母猪自由采食并保证提供充足的饮水。在泌乳期采用颗粒饲料饲喂，也可以增加母猪的采食量。

（五）降低产仔舍温度

产房维持在大约18～20℃是人们推荐的温度。超过18℃，每增加1℃，每天每头母猪饲料摄入将减少100g。若母猪在整个泌乳期内每天多吃1kg饲料则可减少失重7kg。

产房温度低和高相比较，产房维持在较低温度，母猪消耗的饲料较多，体重降低幅度小，断奶仔猪体重较大。因此，如果要母猪摄入饲料较多，就须提供低于整个猪舍的温度，以使母猪处于较凉爽的环境（图3-75、图3-76），尤其在炎热的夏季更应如此，而仔猪则需维持在一个较温暖的温度。

图3-75　产房外的制冷设备　　　　图3-76　产房内为母猪输送冷风的设备

（六）饲喂或注射抗生素

在分娩时和泌乳的早期，母猪和它的仔猪都处在高应激期内，有时在母猪分娩后的

短时间内会偶发缺乳症和子宫炎，因而在母猪饲料中加入高水平的抗生素，将会减少此类病的发生。为方便起见于产后连续三天对分娩母猪注射抗生素，效果很好。

（七）供应新鲜充足的饮水

母猪对饲料摄入量增加的同时，对水的需求量也会加大。一头哺乳母猪每天消耗大约 32L 的水（炎热夏季水的消耗量可达 40L 左右），若母猪饮水不足将抑制饲料的采食量，直接导致母猪体重下降，进而会减少母猪的产奶量。若在母猪产栏中设乳头式饮水器供水时，饮水器应安装在母猪容易接近的位置，要求提供水的流速为 2L/min（图 3 - 77 至图 3 - 80）。

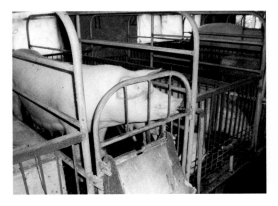

图 3 - 77 饮水器位置安装适中

图 3 - 78 饮水器位置安装偏高，母猪饮水困难

图 3 - 79 母猪饮水槽无水

图 3 - 80 母猪得不到足够饮水，会降低泌乳量

（八）夏季提高哺乳母猪采食量的措施

有人注意到，某些猪场哺乳母猪在夏季采食量不足 3kg 甚至更低，使哺乳母猪动用机体营养储备供维持泌乳所需，从而导致营养输出大于营养摄入，造成体重损失。大量研究表明，哺乳母猪（尤其是初产母猪）损失过量的体重严重影响泌乳量和随后的繁殖性能，包括断奶后发情延长，受胎率和胚胎成活率降低等。

1. 有许多饲喂方法可用于提高哺乳母猪的采食量。不管采用哪种方法，最重要的是要保证母猪始终能吃到饲料。最好不要使用湿拌料喂母猪（图3-81），把"色、香、味"俱全的全价料用水浸泡后就没有味道，猪不喜欢吃，就如人们不愿意吃烂饺子一样。妇女生孩子后的5~7d内会感到饥饿，每天需要吃饭5~6次，但每次都吃得不是很多。饲喂刚产后的母猪也应采用这个办法。笔者2011年在泰国猪场学习时看到了泰国猪场员工对产后一周内母猪的饲喂方法为：按标准喂料量每天饲喂4次，下次喂料前，一定要把前次未吃完的饲料整理干净后再往猪食槽加料，目的就是使猪每次吃的料都保持新鲜，以保证母猪有最大采食量。

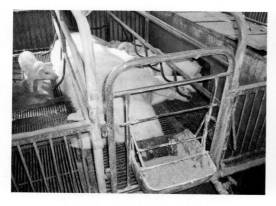
图3-81　夏季喂料应少喂勤添

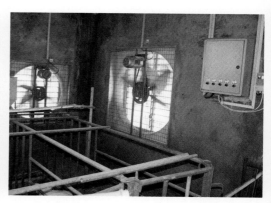
图3-82　加强通风，可使哺乳母猪凉快

2. 减少环境应激。在产仔区内，高温和食欲降低是相伴而生的两种现象，这种影响在一定程度上能通过增加一些机体散热的措施来克服，滴水降温措施可使母猪有效增加哺乳期母猪的采食量和减少哺乳母猪的体重损失，即根据哺乳母猪的颈部长度，在其上方安装2~3个滴水头，以每小时2~3L水滴速度，让水均匀地滴在哺乳母猪的颈部，可起到很好的降温效果（表3-13）。增加猪舍内空气流通，如保持最大通风率或使用换气降温设施也非常有效（图3-82）。值得注意的是，增加空气流通只能针对母猪进行而不能针对仔猪，为母猪提供一个适合其需要和可靠的活动区域是非常值得的。

表3-13　滴水降温对哺乳母猪生产成绩的影响

项　　　目	滴水措施	对照组
母猪采食量（kg）	5.8	4.8
母猪失重（kg）	3.8	17.5
仔猪断奶窝重（kg）	56	51

良好的福利将有助于提高哺乳期母猪的采食量。为哺乳母猪提供尽可能舒适的生活条件是饲养哺乳期母猪的关键，炎热气候下尤其如此。

3. 母猪产后无奶，或产奶量少，将会大大降低仔猪的成活率（图3-83）。母猪产后的催乳法如下：

（1）喂豆浆加荤油法：在煮熟的豆浆中加入100~200g荤油，连喂2~3d。

（2）喂服胎盘粉法：将母畜或人胎盘放在瓦上焙干，研末，分 3～5 次喂猪。

（3）喂花生鸡蛋法：取花生 0.5kg、鸡蛋 5 个，用水煮熟，分 2 次喂猪，连喂 2 次。

（4）虾皮加小米煮粥法：取虾皮 0.5kg，加小米适量，煮粥分 2 次喂猪。

（5）喂泥鳅法：取新鲜泥鳅 0.5kg 煮熟，加少量食盐连汤喂猪，连喂 2～3 次。

图 3-83　母猪无奶或产奶量少，会拒绝仔猪吃奶

（6）喂羊肉法：将羊肉 1kg 煮熟切碎，连汤一起喂猪，连喂 2～3 次。

（7）喂黄酒红糖法：取黄酒、红糖各 0.5kg，鸡蛋 6 个，拌入饲料中喂母猪，连喂 2～3 次。

（8）喂芝麻麦芽法：用炒芝麻 100g、生麦芽 200g、食盐 10g，混合压成细面，混入饲料中喂母猪，连喂数天。

（9）喂红糖白酒法：取红糖 200g、白酒 200ml、鸡蛋 6 个，一次喂母猪，连服数次，催奶效果很好。

对哺乳期母猪饲喂的重要目标是，提供出生重大于 1kg 的仔猪和较大的断奶窝重，使母猪断奶后 5d 内及时发情配种。

在保证哺乳母猪营养水平的前提下，提高饲喂量对提高生产成绩非常重要。当哺乳母猪饲喂量不足时：①仔猪出生重低；②增加了仔猪断奶前的死亡率；③降低了产奶量；④会影响到以后几胎的生产性能的提高。

当仔猪出生重小于 1kg 时：①增加了哺乳期母猪的饲喂量和育肥期残次率；②降低了断奶体重和 70 日龄的体重；③延长了饲养周期，增加上市天数；④导致饲料转化率低下。

石格立（2013）认为，提高母猪饲料的利用率不能靠减少产奶母猪的采食量来节约饲料。在对哺乳母猪的饲养管理中，一个重要目标就是尽量减少哺乳期的体重损失，因为哺乳母猪每掉膘 1kg，就需要在下一个怀孕期内要额外多吃 8kg 以上饲料才能恢复种用体况，料重比 1：8 太高了！

三、哺乳母猪泌乳量高低的观察方法

掌握简单、快速鉴定母猪泌乳量高低的方法，对及时发现泌乳量低的母猪，及早采取措施提高母猪的泌乳量，拯救挨饿仔猪，无疑有助于提高断奶仔猪整齐度、成活率及养猪经济效益。

（一）母猪泌乳量高的表征

母猪泌乳量高低主要从母猪、仔猪和母仔关系三个方面观察和判断。

1. 母猪。

（1）精神状态：机警、有生气；

（2）食欲：良好、饮欲正常；

（3）乳腺：乳房膨大、皮肤发紧而红亮，其基部在腹部隆起呈两条带状，两排乳头外八字形向两外侧开张；

（4）乳汁：漏乳或挤奶时呈线状喷射且持续时间长；

（5）哺喂：慢慢提高哼哼声的频率后放奶，初乳每次排乳 1min 以上，常乳放奶时间 10～20s；

（6）乳期失重：母猪哺乳期失重 30kg 以上，掉膘快。

2. 仔猪。

（1）健康状况：活泼健壮，被毛光亮，紧贴皮肤，抓猪时行动迅速、敏捷、被捉后挣扎有力，叫声洪亮；

（2）生长发育：3 日龄后开始上膘，同窝仔猪生长均匀；

（3）吃奶行为：拱奶时争先恐后，叫声响亮；吃奶各自吃固定的奶头，安静、不争不抢、臀部后蹲、耳朵竖起向后、嘴部运动快；吃奶后腹部圆滚，安静睡觉。

3. 母仔互相关系。

（1）哺乳行为发动：由母猪由低到高、由慢到快召唤仔猪，主动发动哺乳行为，仔猪吃饱后停止吃奶，主动终止哺乳行为；

（2）放乳频率：放乳频率、排乳时间有规律；

（3）母仔亲密：哺乳前，母猪召唤仔猪；放乳前，母猪舒展侧卧，调整身体姿态，使下排乳头充分显露；仔猪尖叫，母猪翻身站立、喷鼻、竖耳，处于戒备状态；压倒或踩到仔猪，立即起身；仔猪活动到母猪头部，母猪发出柔和的声音；仔猪听到母猪哼哼声，积极赶到母猪腹部吃乳；仔猪紧贴着母猪下方或爬到母猪胸腹侧上方熟睡。

（二）母猪泌乳量低的表征

1. 母猪。

（1）精神状态：昏睡，活动减少；部分母猪仍机警、有生气；

（2）食欲不振，饮水少、呼吸快、心率增加，便秘，部分母猪体温升高；

（3）乳腺：乳房构造异常、乳腺发育不良或乳腺组织过硬，或有红、肿、热、痛等乳房炎症状；乳房及其基部皮肤皱缩，乳房干瘪；乳头，乳房有咬伤；

（4）乳汁：难以挤出或一滴一滴出乳汁；

（5）哺喂：放奶时间短或将乳头压在身体下；

（6）哺乳期失重：母猪掉膘少或不掉膘，体质良好。

2. 仔猪。

（1）健康状况：仔猪无精打采，连续几小时睡觉，不活动；腹泻、被毛杂乱竖立，前额皮肤脏污、被毛黏；行动缓慢，被捉后不叫或叫声嘶哑、低弱；仔猪面部带伤、死亡率高；

（2）生长发育：生长缓慢、消瘦、生长发育不良、脊骨和肋骨显现突出；头尖、尾尖；窝内生长不均匀或整窝仔猪生长迟缓，发育不良；

（3）吃奶行为：拱奶时，争斗频繁、乳头次序乱；吃奶时，频繁换乳头、拱乳头、尖声叫唤；吃奶后，长时间奔忙，停留在母猪腹部，腹部下陷；围绕栏圈寻找食物，拱母猪粪、喝母猪尿、模仿母猪吃母猪料，开食早。

3. 母仔猪相互关系。

（1）乳行为发动：由仔猪拱母猪腹部、乳房，吸吮乳头，母猪被动进行哺乳，母猪爬卧将乳头压在身下或马上站起并不时活动终止哺乳、拒绝授乳；

（2）放乳频率：放乳频率正常，但放奶时间短或放乳频率不规律；

（3）母仔不安：母猪对仔猪索奶行为表现易怒症状，对头部叫唤仔猪驱赶或由嘴拱到一边，对吸吮乳头仔猪通过起身、骚动加以摆脱；压到、踩到仔猪时麻木不仁；仔猪急躁不安，围着母猪乱跑，不时尖叫，不停地拱动母猪腹部、乳房、咬住乳头不松口。

母猪泌乳量高低的现场观察主要看母猪、仔猪各自表征及母仔相处时的行为表现。观察前先了解产仔时间及仔猪日龄。

第10节 利用正大营养套餐新技术提高母猪生产成绩

（本节特邀驻马店正大有限公司技术部栾天常供稿）

母猪是猪场的生产机器。养好母猪的最重要目的就是让其能尽可能多地提供断奶仔猪数、提高断奶窝重以及断奶后能及时发情配种。

一、母猪生产成绩高低的评定

对猪场来说，母猪是否优秀应从以下生产成绩中得出结论：

（一）是否产仔多——产活仔数多

母猪的产活仔数越多，每头仔猪分摊的公母猪费用及其他各项费用就越少，出栏猪的成本就会降低，养猪效益就好；

（二）是否仔猪初生重大

初生重越大，断奶体重就大，仔猪日后就长得越快！俗话说"初生差一两，断奶差一斤"，达100kg相同出栏时间就会差十斤！就是表明了提高仔猪初生重的重要性。

（三）是否产奶多——产奶量多

一般情况下，母猪产后21d的泌乳量达到最大值。因此，许多猪场也将21日龄仔猪的窝重作为衡量母猪产奶量高低的标准。仔猪的断奶窝重与其后的生长速度呈正相关，即断奶体重越大，日后的生长速度就越快。而断奶窝重又与母猪的产奶量成正相关，即母猪的产奶量越多，仔猪在哺乳期间就会长得越快，断奶时的体重就会越高，为其断奶后安全度过保育关，从而为取得好的养猪效益打下了坚实基础。

（四）断奶后发情是否早——母猪断奶后3～5d就可发情配种

生产实践证明，母猪断奶后发情时间越早（3～5d内最好），情期受胎率就越高，产仔数也就越多！发情时间越晚，越不好配种，而且产仔数就会下降，大大增加母猪的饲养成本。

目前，母猪群断奶后发情延迟、不发情、返情率高甚至屡配不孕的情况，在猪场屡见不鲜，成为一些猪场制约生产成绩提高的重要因素。为何母猪群老是出现问题？——这个问题一直在困扰着很多养猪老板！如果母猪精神好、采食正常、没有什么大的毛病，问题很可能出现在饲料方面，应该检讨饲料的营养问题。

1. 怀孕前期母猪膘情比较。许多猪场的母猪毛色粗乱，皮肤颜色发暗，营养严重不足（图3-84），使用正大母猪料的母猪营养好、皮肤毛色发亮（图3-85）；

图3-84 营养不足、母猪膘情差

图3-85 营养适中、母猪膘情好

2. 临产母猪膘情比较。许多猪场的母猪毛色粗乱，皮肤颜色发暗，营养严重不足（图3-86），使用正大母猪料的母猪营养好、皮肤毛色发亮（图3-87）；

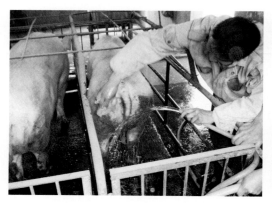

图3-86 营养不足、母猪膘情差

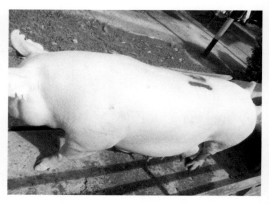

图3-87 营养适中、母猪膘情好

3. 断奶母猪膘情比较。许多猪场的母猪毛色粗乱，皮肤颜色发暗，营养严重不足（图3-88），使用正大母猪料的母猪营养好、皮肤毛色发亮（图3-89）。

养猪老板应该知道：只要母猪营养好，母猪就会"仔多、奶足、发情早"！

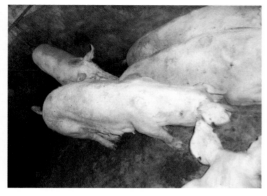

图 3-88　营养不足、母猪膘情差　　　　　图 3-89　营养适中、母猪膘情好

二、正大母猪新型营养套餐的使用及效果

按正大标准化营养套餐要求，从源头抓好妊娠母猪饲养方案是获得初生重大、健康初生仔猪的基础；使用高能高蛋白的正大哺乳母猪料"567"是获得断奶体重大、健康断奶仔猪的保证。

（一）正大集团科学的饲养新套餐可使母猪处于最佳繁殖状态

饲养母猪的繁殖目标是：增加排卵数；提高受精率；提高胚胎的着床率；减少胚胎死亡率，分娩时生产大量均匀、健康、活泼仔猪；提高哺乳期饲料喂量；减少哺乳期母猪体重损失；发挥母猪最大泌乳潜力，提高断奶窝重；缩短断奶发情间隔期。同时还要考虑到后备母猪第 3 胎之前的生长发育期对营养的需要。

要达到理想的繁殖目标就要饲养好母猪的各个生理阶段。按正大标准化管理要求，规模猪场母猪各阶段的饲养模式如下：

1. 妊娠母猪的限饲程序。 断奶至配种饲喂正大 "567" 哺乳母猪料做短期优饲，可促进母猪多排卵 1～2 枚，重要的是提高了卵子的质量。错误做法是断奶后立即改用怀孕母猪料，由于缺乏不饱和脂肪酸与能量过低，失去短期优饲，致使排卵数减少、产仔数下降。

（1）配种后 7d 内：配种后应立即改为怀孕母猪料 "566"，将喂料量减少到 1.8～2.2kg，可以减少受精后的胚胎死亡率，是增加产仔数的重要技术措施，原因是配种后的 48～72h 是胚胎死亡高峰期。过高的采食量和过高进食的能量会导致胚胎死亡率增加、产仔数减少。错误做法是配种后不减料，继续饲喂哺乳母猪料 "567"，因为 "567" 料的能量过高。

（2）配种后 7～85d："566" 怀孕母猪料饲喂量控制在 1.8～2.2kg，依母猪体况可调整喂量，若母猪群整体过瘦，可在 7～37d 增加喂料量，增加范围 0.3～0.6kg。原因是过早加料（85d 前）母猪乳腺细胞数量减少，影响母猪哺乳期产奶量，断奶窝重下降，85d 可换哺乳料 "567"，喂量逐渐加。

（3）妊娠 85～112d：开始加料，使用高能高蛋白的哺乳母猪料 "567"，3～3.5kg/

头·d，112d将喂料量减到2.2kg。原因是母猪怀孕85d时胎儿体重不足400克，当初生仔猪平均体重1.5kg时，大约有800g的体重是在怀孕的最后20d形成的。因此，母猪产前20d开始加料可使母猪的乳腺发育良好，是提高仔猪断奶体重和整齐度的重要技术措施。若在最后20d营养供给不足，就会导致仔猪初生重小、整齐度不好，进而会影响到仔猪断奶后的生长速度，延长生长时间，增加饲养成本。

（4）按照正大标准化管理要求，怀孕母猪各生理阶段分别使用正大怀孕母猪"566"及哺乳母猪料"567"，饲喂标准详见本章有关内容。

2. 用正大"567"哺乳母猪料提高哺乳母猪的产奶量。

（1）正大哺乳母猪料"567"的饲喂方案详见本章有关内容。

（2）哺乳母猪饲养管理常见的错误就是限制哺乳期母猪的采食量，日饲喂次数少，如一天喂两顿，而且饮水不足。正大种猪料"566"、"567"的粗纤维、粗灰分含量较低，比较精细，饲喂过程中一定要供给充足的饮水。实践证明，母猪泌乳期内掉膘严重，可导致母猪发情间期延长，分娩率就会降低，其后的窝产仔数就会减少。

（3）鉴于母猪对猪场提高效益的重要性，一定要想方设法保护好养猪赚钱的生产机器！尤其是要严格控制玉米中霉菌毒素的含量，以减少饲料中霉菌毒素对猪母群的严重危害。

（二）正大种猪新型营养套餐的使用效果

正大河南区合作猪场的大量生产实践表明，全程按正大标准化营养新套餐饲喂的母猪，可达到以下生产指标：

（1）仔猪初生重可达1.5kg以上，为日后加快生长速度打好了基础；

（2）窝均产仔一般在10.5头以上（图3-90），且大小比较均匀；

（3）产奶量多（图3-91），仔猪21日龄断奶体重达6.5kg左右；

（4）母猪膘情好，断奶后3～5d即可发情配种，情期受胎率达95%以上。与喂其他公司便宜母猪料断奶后7～10d发情相比，可节约母猪料3.3×（10－5）×3＝49.5元。对一个存栏母猪600头的万头猪场来说，如果断奶后发情天数向后延迟5d的话，就会大幅增加母猪饲料成本：600头×发情延迟（10～5）d×每天喂料3kg×每千克料3.3元＝29万元！

图3-90　母猪产仔多，效益就会好

图3-91　乳房好才是真的好

第 11 节　影响母猪分娩率的因素

母猪生产的目的是生产数量多、个体大、健康良好的仔猪。在母猪数量一定的条件下，母猪的分娩率直接影响仔猪的生产数量。提高母猪的分娩率，就能提高仔猪的生产数量。

一、分娩率的概念

根据一个猪场平均分娩率的高低，就可以了解该猪场繁殖猪群的效率，这是一个非常重要的生产指标。一个猪场可以接受的分娩率指标数值是多少呢？一般认为目标分娩率为：全群 85%～90%，头胎母猪 75%～85%，经产母猪 85%～95%，新猪场 75%。在通常情况下，母猪的分娩率可用下面的方法计算：

$$分娩率（\%）＝（分娩母猪数÷配种母猪数）×100\%$$

对于因死亡、疾病或跛行导致高淘汰率的猪群来说，可用"矫正分娩率"来矫正非主动淘汰数。

$$矫正分娩率（\%）＝[分娩母猪数÷（配种母猪数－非繁殖原因淘汰母猪数）]×100\%$$

二、影响分娩率的因素

一般认为，低分娩率是因受胎失败或妊娠失败造成的。受胎失败属于常规返情，妊娠失败是非常规返情。

（一）受胎失败

受胎失败是由于精子未能与排出卵子受精造成的。许多因素都可造成受胎失败。受胎失败可看成是配种后 18～24d 或 39～45d 时重新发情（常规返情）的母猪比例增高。18～24d 返情与 39～45d 返情的比例约为 5∶1。这一比例高于 5∶1 则表明发情鉴定做得非常好，大多数第一次返情就被检出。

（二）妊娠失败

妊娠失败可发生在受精之后的任何时候（受精发生在首次配种后 24h）。如果妊娠失败发生在妊娠 35d 之前，那么死亡的胚胎通常被机体吸收，因而妊娠失败可能看不到。受精卵形成的胚胎在最初 12～14d 内，是自由漂浮在子宫内的。到妊娠 14d 时，胚胎适当分开排列在整个子宫中，并且开始在子宫内表面附着。附着的过程要到受精后28d 左右完成。因此，建议在妊娠 3～28d 不要对母猪进行混群或转群。

妊娠失败可看成是非常规返情增加。常规返情与非常规返情的比例应为 5∶1 或更高。可将配种后 21d 返情数加上 42d 返情数，然后除以非常规返情数而算出这一比例。因此，每 5 次受胎失败，就有 1 次妊娠失败的情况。

三、影响分娩率的主要因素分析及管理措施

（一）公猪因素

1. 使用过度。公猪使用过度的直接后果是公猪的精液变稀，不成熟精子比例升高，精子密度降低。从而获能精子减少，降低受精能力，造成配种失败。因此，公猪每周使用次数应在 3～4 次或更少一些，具体情况视公猪的月龄而定。

2. 繁殖障碍。公猪繁殖障碍主要体现在公猪生殖器官异常发育。虽然在公猪选择时，隐睾、单睾已被淘汰，但是阴茎短小等因素往往不容易被发现，从而造成配种时精液不能到达受精部位，造成母猪不能受孕。有些皮特兰公猪就很容易发生此类现象，解决这类问题的办法是通过检查精液发现并淘汰不能产生正常精液的公猪，对阴茎短小、精液质量正常的公猪采用人工授精的方式配种。

3. 疾病。有很多疾病可危害公猪的精液质量和性欲。细小病毒病、乙脑病毒病、蓝耳病等均可严重影响公猪的精液质量。

4. 温度。环境温度过高（＞30℃）会降低公猪的性欲和精液质量。夏天，高温对公猪的影响是人所共知的，其直接后果是公猪精液中死精子的百分率提高，从而使受胎率降低，还会影响到窝产仔数。因此，早晚凉爽时配种是较好的选择，一般在早晨 6 点前，晚 16 点以后进行比较合适。

5. 营养。公猪营养不良会降低性欲、精子质量和射精量。精子的形成需要一个过程，此过程大致需要 40d 左右的时间，所以精液的质量与 40d 里公猪的营养有较大的关系。因此，准备 40d 以后使用的公猪，从现在起就必须加强饲养。

（二）母猪因素

1. 疾病。有多种疾病会降低母猪的繁殖力和受胎率，如钩端螺旋体病、猪细小病毒病、猪繁殖与呼吸综合征以及尿道感染（大肠杆菌、链球菌、棒状杆菌感染）。因此，预防和控制这些疾病是提高分娩率的重要措施之一。

2. 哺乳期营养。哺乳期的重要任务是哺育仔猪，营养供应是非常重要的。这时的营养不仅会对仔猪的发育有很大的影响，而且直接关系到断奶后母猪的配种成功率。如果哺乳期营养不良，母猪过瘦，发情会出现异常，从而显著降低分娩率和下一胎的窝产仔数。

3. 断奶后母猪营养。断奶后母猪的营养不平衡或不足，会使母猪排卵数降低，从而降低受胎率，进一步影响到分娩率。

4. 温度。配种时和妊娠早期环境温度高（＞30℃）会降低分娩率。所以，环境温度超过 30℃时，一定要给母猪增加降温措施。

5. 配种管理。发情鉴定的效率、配种时间的确定以及配种质量，都会影响分娩率。每天早晚两次发情检查，确定适当的发情时间，从而保证配种的质量。后备母猪配种日龄、配种体重、配种时的发情期也是重要影响因素。一般来说，后备母猪配种日龄要 220d 以后进行，配种体重要超过 120kg，在第三发情期进行配种。这三个条件应全部具备。因此，对后备母猪来说，进行发情检查是提高后备母猪分娩率的有力措施。据试验，后备母猪在 165 日龄以后就应进行发情观察记录，保证后备母猪在第三情期配种有较高的分娩率。

6. 断奶到发情的间隔天数。母猪断奶后 1d 和 2d 就发情，或者 7d 或更久以后发情，分娩率通常都较低。建议母猪断奶后 1d 和 2d 发情的错后一个发情期配种。对于在断奶后 7d 或更长时间之后才发情的母猪来说，也应考虑在下一个发情期配种。

7. 胎次。一般来说，低胎次母猪的分娩率较低，胎次分布可影响猪群的分娩率（应有 45% 以上的母猪为第 3 胎至第 5 胎），因此母猪群应保持合理的胎次分布。

8. 内分泌功能紊乱。有时母猪的激素分泌会出现原因不明的紊乱，影响排卵、受胎率。

（三）管理

1. 泌乳天数。泌乳天数少于 12d，通常会显著降低其后的分娩率。泌乳天数为14～21d，则对分娩率的影响较轻。如果泌乳期采食量高于每天 5.5kg，则分娩率所受的影响会轻得多。

2. 房舍。在管理良好的前提下，房舍（个体限位栏饲养或群养）对分娩率没有多大影响，但限位栏会影响母猪的肢蹄，从而造成母猪淘汰率提高。

3. 温度/光照。母猪在高温（>30℃）和长光照（>16h）的情况下配种，分娩率会降低。

4. 营养。必须最大限度地提高泌乳期的采食量。而且必须从提高妊娠后期的采食量开始，必须尽可能使母猪尽早转入自由采食。要提高泌乳期采食量，就必须严格控制母猪分娩时的背膘厚（分娩时 P2 点背膘厚应大于 20mm），对食欲差母猪应每天饲喂 3次，对食欲差或者哺乳仔猪多的母猪应进行湿喂，使产房温度低于 20℃，充分供应优质饮水，饲粮营养平衡全价。在断奶前 4d 将 4 头或 5 头最大的仔猪先行断奶，对于体况差的母猪或哺乳仔猪多的母猪会有帮助。

5. 配种质量。应该用一头结扎了输精管的成熟公猪每天两次进行发情检查。发情可开始于一天中的任何时间，但大约的发情开始于下午 16 时到次日早晨 6 时之间。对于上午检查到发情的母猪，可能已经发情10h 了。对上午检查到发情的母猪，则常规采用下午—上午配种方案；对于在下午检查到发情的母猪，则常规采用上午—上午配种方案。

总之，影响母猪分娩率的因素较多，但如果能够认真分析生产情况，分娩率低的猪群通过采取切实有效的措施和积极的努力可变成分娩率高的猪群。河南某种猪场母猪分娩率曾经在很长时间内徘徊在 70% 上下，但是他们通过对以上因素的分析，在发情观察、公猪精液检查、人工授精等多方面做了大量工作，结果在一年内把母猪分娩率提高到 85%，并保持了这一成绩。所以，认真地分析和诊断生产问题，提出可行的解决措施，必将给养猪生产带来很好的经济效益。

第 12 节　母猪生产中常见的产科疾病及防治技术

对规模猪场而言，不论管理水平高低，都会在生产中遇到母猪产科疾病问题，如果处理不当或不及时，就会给猪场生产带来麻烦，造成不必要的经济损失。

一、母猪子宫内膜炎

母猪的子宫内膜炎是由细菌性、病毒性、寄生虫性、营养性等多种因素所致。临床上主要表现为细菌性子宫内膜炎，其中以大肠杆菌、链球菌、葡萄球菌、棒状杆菌、绿脓杆菌、变形杆菌等细菌感染，或以两种以上的感染为多见。在规模化猪场由于子宫内膜炎造成的经济损失在增加，希望能引起猪场领导层的重视。

（一）病因

1. 后备母猪子宫内膜炎。后备母猪发情时子宫颈和阴道口开张而发生外源性感染；后备母猪发生亚临床的细小病毒、猪瘟、伪狂犬或链球菌等所造成的内源性感染。

2. 经产母猪子宫内膜炎。母猪在分娩、难产、产褥期机体抵抗力下降，加之母猪分娩时环境不洁，助产时发生阴道损伤或未进行无菌操作、胎衣不下、产后恶露，从而促发子宫内膜炎（图 3 - 92、图 3 - 93）。人工授精器具消毒不彻底、输精达不到无菌操作要求，也是引发子宫内膜炎的重要原因。

 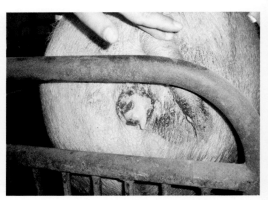

图 3 - 92　断奶母猪在粪场或不洁之处运动，　　　图 3 - 93　母猪发生子宫内膜炎
　　　　　　易被细菌感染

（二）症状

母猪子宫内膜炎可分为急性（卡他性）、慢性（化脓性）和隐性三种临床型。急性卡他性子宫炎，一般在分娩后 1～3d 可出现症状，患猪食欲减少或废绝，体温升高40℃以上，经常努责，从阴门排出黏液性灰红色或黄白色水样恶臭液体，有的伴有胎衣碎片。慢性化脓性子宫炎，由急性子宫炎不及时治疗或治疗不当转变而来，一般临床症状不明显，主要表现为周期性地从阴门排出黄色或白色的脓样分泌物。隐性子宫炎多见于产后感染和死胎溶解之后。由于子宫颈口紧闭，脓性分泌物滞留于子宫内（又称子宫蓄脓症），临床上见不到排出物，母猪虽有发情症候，但屡配不孕。

（三）治疗

1. 慢性子宫炎在非发情期通常采用一开二排三消法进行治疗：①肌注 3～5mg 雌二醇或乙烯雌酚，间隔 3d 再注射 1 次，使子宫颈开口；②子宫颈开口后肌注催产素5～15IU，使子宫收缩，排出炎性渗出物；③在一开二排的基础上用上述方法进行治疗。子宫的炎症好后，在配种的当天注射黄体酮 30～40mg 或乙烯雌酚 6～8mg。

2. 急性子宫炎治疗。

（1）冲洗子宫。用 0.1% 高锰酸钾 1 000ml，用灌肠器或 100ml 金属注射器带上

50cm 长的胃导管（简易输精管也可）冲洗；或用 1% 盐水 1 000ml 和 2% 碘酊 20ml 混合反复冲洗，清除积留在子宫内的炎性分泌物，同时注射 50IU 的缩宫素。

（2）宫内投药。冲洗子宫 3～5h 后选青霉素 160 万 IU、链霉素 100 万 IU 用 50ml 蒸馏水稀释后注入子宫；或用 30～40ml 的长效治菌磺注入子宫内，隔一天再重复投药一次。

（3）注射治疗。较轻的子宫内膜炎，经冲洗和宫内投药后就能治愈，重者还必须配合肌内注射青霉素 320 万 IU/次，用复方氨基比林或蒸馏水稀释，每天两次，连用 3d。一般情况都能治愈，用药三天不愈再用药三天，再不愈的应列入淘汰。

二、乳房炎

分娩后一周以内有 1～2 个乳区或全乳区肿胀疼痛，不让仔猪吃奶。

（一）原因

猪乳房炎的病原菌有链球菌、葡萄球菌、大肠杆菌等。但这些病原菌即使存在也不一定会发生本病，还要有以下诱因才可能发病：如猪舍、环境不良，特别是在梅雨季节；饲养管理不当。本病从急性到慢性有多种类型。有的分娩后立即发病或 1～2d 后发病，也有的在分娩时已经发病。分局部乳房炎和扩散性乳房炎两种。局部性乳房炎是局限在 1～3 个乳区发病；扩散性乳房炎多见于分娩后发病，全乳区急剧肿胀，几乎无乳汁分泌。

（二）防制

改善猪舍环境，加强饲养管理，早期发现，早期治疗。对于局部性乳房炎，可用青霉素 50 万 IU，链霉素 0.25～0.5g，溶于 50ml 蒸馏水中，经乳导管注入乳房，每天 1～2 次，连续 2d。也可用青霉素 50～100 万 IU，溶于 0.25% 普鲁卡因溶液 200～400ml 中，作乳房基部环行封闭，每日 1～2 次。

三、哺乳母猪无乳

哺乳母猪无乳是指母猪产后泌乳障碍，表现为产后泌乳不足或无乳。该病多见于母猪产后 12h 到 3d 内泌乳量减少或完全无乳，这种现象常常（并非每次如此）伴随乳房肿胀（乳房炎）或外阴流出炎性分泌物（子宫炎），而仔猪因哺乳困难而尖叫，因吃不到乳汁而表现饥饿、低血糖、逐渐消瘦，因感染其他疾病（下痢）而衰竭死亡或成为弱仔、僵猪。本病多发生于高温高湿季节，尤其是 6～9 月份。本病是母猪产仔后几天之内缺乳或无乳的一种病态。

（一）临床表现

仔猪吃奶次数增加但吃不饱，常追着母猪吮乳，吃不到奶而饥饿嘶叫，有的叼住乳头不放，大多数仔猪很快消瘦，有的下痢或死亡。多数母猪产后饮食、精神、体温皆正常，乳房外观也无明显异常变化，用手挤乳量很少或乳汁稀薄或挤不出乳汁。

（二）哺乳母猪无乳的治疗

1. 催乳。

（1）乳房饱满而无乳排出者，用催产素 20～30IU，10% 葡萄糖 100ml，混合静注，每天 1～2 次；或皮下注射催产素 30～40IU，每天 3～4 次，连用 2d。用热毛巾温敷和按摩乳房，并用手挤掉乳头塞。

（2）乳房松弛而无乳排出，可用苯甲酸雌二醇 10～20mg＋黄体酮 5～10mg＋催产素 20IU，混合肌注，每天 1 次，连用 3～5d，有一定的疗效。

2. 消除炎症。

（1）母猪发生子宫炎、阴道炎或产褥热。先肌内注射乙烯雌酚，扩张子宫颈口，再用氧氟沙星 20～30ml 灌入子宫。病状严重者，用阿莫西林 4g（或 2.5％氧氟沙星 30ml）＋鱼腥草 100ml＋地塞米松 25mg＋10％葡萄糖 250ml，混合静注滴注，每天 1 次，连用 3～4d。病状轻者，可每天肌注 2.5％氧氟沙星 20ml＋鱼腥草 30ml，每天 1 次，连用 3～4d。同时每天注射催产素 30IU，促进炎性分泌物的排出。若发热者可肌注氨基比林 10～20ml。

（2）治疗母猪乳房炎。隔离仔猪，先挤掉患病乳房的乳汁，再用 0.1％的普鲁卡因 100ml＋青霉素 400 万 IU，在乳房基底部位实施封闭注射，每天 1 次，连续 2～3 次，并用 30％的鱼石脂软膏搽乳房。严重者可用黄色素 1.5～2.5mg/kg 体重＋葡萄糖生理盐水 250ml，静脉注射。同时减少精料和多汁料的喂量。

四、母猪产后不食症的类型与治疗

母猪"产后不食症"不是一种独立的疾病，而是由多种因素引起的一种症状表现。因此，在临床诊疗中要根据不同的发病原因，采取相应的治疗方法。

（一）因产后感冒引起的不食

由于母猪分娩时环境恶劣，舍圈寒冷潮湿，致使机体抵抗力下降，风、寒、湿三邪及某些致病微生物乘虚而入，致使母猪发生感冒、风湿症以及其他疾病，从而引起消化机能减退。这种类型一般体温稍高，结膜潮红，肌肉关节疼痛，常呻吟嘶叫，病程长者肌肉关节麻木，全身反应性差，运动障碍，出现不同程度跛行，大便栗状，小便短而黄，食欲下降，最后不食。治疗方法如下：

对体温升高者，青霉素 160 万 IU×4 支，30％安乃近 10ml×2 支肌注或 10％氨基比林 10ml×2 支，青霉素 160 万 IU×4 支肌注，每日 2 次；2.5％维生素 B_1 10ml×1 支肌注，10％安钠咖 10ml×1 支肌注。

（二）因产后衰竭引起的不食

主要发生于胎次高和产仔多的母猪。这与妊娠期的饲养管理差，饲料单纯有关。

症状：母猪开始少吃不饮，机体逐渐消瘦，被毛粗乱，肋骨可数，皮肤无弹性，体温正常或稍低，四肢末梢发凉，可视黏膜苍白（白色猪皮肤淡白），卧多立少，不愿运动，驱之行走则出现步样蹒跚，体躯摇摆，后期肢端浮肿，心跳加快，排粪迟滞或排 1、2 个干硬的粪球，表面附有黏液（膜），如不及时治疗终致死亡。发现母猪病后应及时将仔猪断奶，进行人工喂养，同时改善母猪的饲养管理，供给母猪易消化的饲料。其治疗方法如下：

（1）25％～50％葡萄糖 100～200ml，5％维生素 C 10～20ml 或 5％氢化可的松 5～10ml 加入葡萄糖或生理盐水静注，可持续数日；

（2）2.5％维生素 B_1 10～20ml 肌注；

（3）干酵母片、复合维生素 B 液加水内服或加入工盐、苏打片和苦味健胃剂。

（三）因产后瘫痪引起不食

主要发生于高胎次、瘦弱的母猪，病猪多由妊娠期，特别是妊娠后期饲料中矿物质、维生素缺乏引起。

症状：突然发病，除饮食减退或废绝外，精神沉郁，严重者呈昏睡状态，卧地不起，表情淡漠，知觉迟钝，轻者虽能站立，但行走困难，强使之行走则东摇西摆，体温正常或稍偏低，排粪迟滞，严重者排尿失禁。

其治疗方法如下：

（1）10％葡萄糖酸钙 100～150ml，静注；

（2）25％葡萄糖氯化钙 100～150ml，静注；

（3）10％氯化钙溶液 50ml，25％葡萄糖 100ml，混合后静注；

（4）大便干燥者内服油类或盐类泻剂。此外对病后卧地不起的母猪，应多垫褥草，勤翻身，以防褥疮。

（四）因产后患阴道炎、子宫炎、尿道炎等引起不食

此类多因分娩时圈舍消毒不严格，受病原微生物感染；产后胎衣不下或部分滞留；胎儿过大损伤阴道而引起。

症状：此类多发生于产后 2～5d 以内的母猪。常见病猪两后腿岔开，弓身举尾，常作排尿姿势，排出少量尿液或无尿液排出，有时阴道内排出污秽不洁红褐色黏液性分泌物，痛苦呻吟，少食或不食，体温升高，泌乳减少。

其治疗方法如下：

（1）青霉素 160 万 IU×4 支，10％安钠咖 10ml×1 支，5％维生素 C 10ml×1 支，5％糖盐水 500ml×1 瓶静注，每日 1 次；

（2）青霉素 160 万 IU×3 支，链霉素 100 万 IU×2 支，生理盐水稀释肌注，每日 2 次，连用 2～3d 即可治愈；

（3）对子宫严重感染者可用 0.1％的高锰酸钾溶液冲洗子宫，之后用生理盐水 30～50ml 稀释青、链霉素各 2 支，稀释后注入子宫内。

（五）消化不良型

母猪产前精料饲喂过多，或突然更换饲料，加重胃肠负担，引起消化不良。此病常发于分娩之后，体温正常，食欲不振，粪便先干后稀，有的病猪喜欢喝咸汤，有的吃点鲜块茎和玉米等食物，但数量不大，严重者食欲废绝。

对消化不良型的以调节胃肠功能为主，结合强心补液疗法。胃蛋白酶 10g，稀盐酸 10ml，食母生 40 片，温水适量，用胃管 1 次灌服，每日 1 次，连用 2～3d。应改变日粮的组成，并调整日粮中钙、磷量，使其比例恰当，并适当增加户外运动和接受日光照射，给予易消化富含矿物质和维生素的饲料，并补喂骨粉等，可使用维丁胶性钙 4～6ml 肌内注射，每天 1～2 次；或鱼肝油 100ml，加水 1 次内服，连用 5～7d。

（六）低血糖缺钙型

由于母猪产后大量泌乳，产仔数量多，血液中葡萄糖、钙的浓度降低，中枢神经系

统受到损害，分泌机能发生紊乱，泌乳减少，仔猪吃奶不足而骚动不安，干扰母猪休息，导致母猪消化系统发生紊乱。母猪精神不安，感觉异常，兴奋和沉郁交替发生，常常卧地而不愿站立。有的肌肉震颤，食欲废绝，行动迟缓，甚至引起跛行或瘫痪。

对营养不良和低血糖钙型，应以补糖、补钙、补磷为主，加强营养，结合调节胃功能，以补养气血，加强胃肠蠕动。10%葡萄糖酸钙 100ml，10%～25%葡萄糖 500ml，维生素 C 5ml×10 支，混合静脉注射，连用 2～3d；或 50%葡萄糖 40ml，20%安钠咖 10ml，维生素 B_1 10ml，1 次静注；或用中药党参 10g、当归 10g、黄芪 10g，碾末过筛，开水混匀后待温，用胃导管灌服，每日 1 次，连用 2～3 次。

五、母猪低温症

（一）临床症状

初期体温特低，直肠温度常在 37℃以下，精神不振，头低耳耷，眼睛无神、结膜黄染无血色；皮肤苍白并有紫绀，心跳微弱而缓慢，呼吸微弱，耳、鼻及四肢冰冷，全身发凉，喜卧、站立时四肢无力、震颤、走动蹒跚，食欲极差。中期病猪四肢轻度痉挛；受外力刺激可出现惊厥，无大便，小便失禁，易误诊为癫痫病或慢性链球菌感染。后期注意力不集中，烦躁不安，心律失常，晕厥，抽搐过频，昏迷而死亡（图 3-94）。

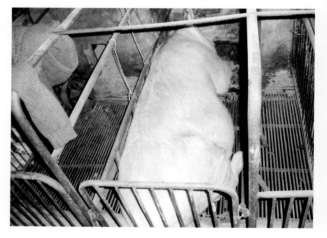

图 3-94　母猪发生低温症在猪场屡见不鲜

（二）治疗

根据病猪无力反抗，易配合治疗以耳静脉输液为主。

（1）病初耳静脉注射 10%葡萄糖酸钙 100～200ml 或氯化钙 20ml（缓慢推注），后者起效迅速，前者起效稍迟，但毒性小；必要时 4～6h 可重复 1 次，症状缓解后，将 10%葡萄糖酸钙 150ml 溶于 5%500ml 葡萄糖水中静滴维持。

（2）若痉挛、抽搐严重持久，在安定的同时，可改用糖皮质激素，如氢化可的松或地塞米松 30mg/次溶于 10%糖液 500ml 静滴。

（3）樟脑磺酸钠注射液 16mg，维生素 B_1 注射液 50mg，维生素 B_{12} 注射液 0.5mg，分别肌肉或皮下注射。

（4）缓解能量、体力衰竭，及时补给能量合剂，改善机体代谢。可用 10%葡萄糖 120ml、10%葡萄糖酸钙 7ml、地塞米松磷酸钠注射液 2mg、维生素 C 注射液 500mg、维生素 B_6 注射液 50mg、三磷酸腺苷二钠注射液（ATP）15mg、辅酶 A 注射液 1 000IU、肌苷注射液 1g，混合静脉滴注。

（5）注射用氨苄西林钠 0.5g，用灭菌注射用水或生理盐水 2ml 稀释后，肌肉或皮下注射。大枣、干姜，煎水加红糖灌服。

泌乳母猪发生本病可能与产后体能没有完全恢复，使其受冷空气刺激而引起体温中枢调节失调有关。建议对春秋气候多变和冬季产仔的母猪严加护理，注意防寒保暖，喂给全价饲料以防该病的发生。

第 5 章　哺乳仔猪的细化管理技术

常言道"出生差一两，断奶差一斤，出栏差十斤"，表明了提高仔猪初生重的重要性。实践证明，仔猪出生时没有一个好的体重，没有一个健康的身体，要想养好它非常难。仔猪出生重小、弱仔多、健康状况差，即使产房的管理多么到位，24h 的护理多么精细，产房和保育舍的成活率也不会很高，一开始就看这些"病快快"的小猪，产房饲养员也就失去了工作激情。哺乳仔猪成活率低下及断奶重达不到标准，会导致生长育肥阶段的饲料转化率低，出栏时间延长，使猪场不但赚不了钱还要赔钱。

研究表明，出生重小于 1kg 的仔猪在哺乳期的死亡率达到 40%，而且死亡主要集中在产后前 5d，而体重在 1.3~1.5kg 的死亡率只有 5%~8%；而出生前几天健康状况不好的猪，在以后的生长过程中对疾病的抵抗力也较弱，容易患病。

第 1 节　提高哺乳仔猪成活率的护理技术

仔猪出生后，脱离了母体温暖的环境，如何确保其全活全壮，进而使其能健康生长发育，是猪场提高经济效益的重要一环。

一、哺乳仔猪的生理特点及体温的调节行为

仔猪出生时只有 1% 的体脂肪和非常稀疏的被毛，这些对保持体温作用很小。当仔猪出生后遇冷时，马上会动用自身储备的可利用脂肪和能量来保持体温。然而这些储备的能量有 70% 仅在出生后一天就用尽了，为弥补这一不足，仔猪必须吃初乳。初乳是很好的能量来源。若新生仔猪不能吃进足够的初乳，在没有适宜的环境温度下是不能生存的。

消化器官不发达，消化腺机能不完善。哺乳仔猪的消化器官在胚胎期内虽已形成，但出生后其相对重量和容积较小，致使其机能发育不完善，如胃底腺不发达，不能制造盐酸，不能消化植物性饲料，同时也不能大量分泌胃液等，这就构成了它对饲料的质量、形态、饲喂方法、次数等饲养上的特殊要求。

缺乏先天免疫力，容易得病。猪复杂的胎胚构造限制了母猪抗体通过血液向胎儿转移，导致了仔猪出生时没有先天免疫力。只有吃到初乳后，靠初乳把母体的抗体传递给仔猪，并过渡到自体产生抗体而获得免疫力。

仔猪吃初乳时，这些特殊的蛋白质穿过胃，通过肠壁被吸收直接进入血液，80% 在出生后 6h 被吸收。被消化的免疫球蛋白能直接保护初生仔猪度过危险的前三天，之后虽然也存在一定的保护力，但抗体水平下降直到完全消失，而仔猪 10 日龄以后才开始

自产免疫抗体，到 30～35 日龄前数量还很少，直到 5～6 月龄才达成年猪水平（每100ml 血液含 r-球蛋白约 65mg）。因此，10～30 日龄是免疫球蛋白的青黄不接阶段，最易患下痢，是最关键的免疫期（临界期）。同时，仔猪这时已开始吃食，胃液又缺乏游离盐酸，对随饲料、饮水进入胃内病源微生物没有抑制作用，从而成为仔猪多病的原因。

温度的调节机能发育不完全。母猪子宫中的温度保持在 39℃，若仔猪出生在分娩舍内 20℃的环境中，环境温度骤然下降了 19℃，就好像一下子从热淋浴中来到冷浴室里一样无法适应外界的环境应激。而仔猪在出生时温度调节机能还没有完全发育，体表黏液的蒸发和较大的体表面积致使体热散失很快。出于保命的需要仔猪仅靠哆嗦和运动产生的一些热量显然很低（图 3-95），直接导致在出生后一小时内仔猪的直肠温度下降显著，为此应在适当高度安装加热灯具（图 3-96），以减缓温度快速下降。

图 3-95　初生仔猪靠运动产生热量

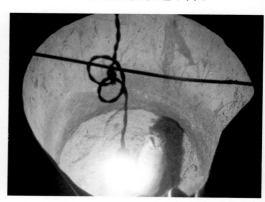
图 3-96　加保温灯可使初生仔猪暖和

仔猪根据环境温度的变化用改变躺姿或改变与其他仔猪位置的方式调节温度。仔猪改变位置和行为的方法有几种（图 3-97、图 3-98）。在较冷环境中若没有热地板，它们将尽量减少同地面的接触（全支撑的姿势），仔猪身体与凉地面接触面积小，体热经

图 3-97　温度适宜，仔猪均匀平躺

图 3-98　温度低仔猪压堆取暖

热传导损失的热量就少。仔猪互相挤在一起以保存热量。通过该方法仔猪可以减少约40%左右的体热损失。然而，挤在一起的方法不能代替使用加热灯具。弱小仔猪从群体中游离出来，它们所处的环境将更为恶劣，更加寒冷。这些仔猪易昏睡，易被母猪压在身下。

当温度较高时，仔猪平躺在地上，最大限度地与地面接触（侧卧在地）。身体与地面接触越多，热量经凉地面的热传导损失越大。

二、养好哺乳仔猪需要把好的三个关键点

（一）出生关

在仔猪出生后的 7d 以内，因为仔猪体重小、身体弱，行动不方便，抗病和耐寒能力差而极易造成冻死、饿死甚至被压死（图 3 - 99、图 3 - 100）。故在仔猪出生后一周内，应加强保温、防压等特殊护理，是养好仔猪的第一个关键时期。

图 3 - 99　仔猪腿被夹可导致残次

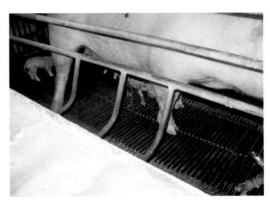

图 3 - 100　仔猪在母猪肚子下易被压死

（二）补料关

在出生后的 10～25d，由于母猪泌乳量一般在 21d 达到高峰后逐渐下降，而仔猪的生长发育却急剧上升（图 3 - 101），食量大增，如不及时补料（图 3 - 102），弥补母乳

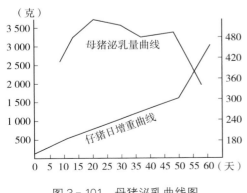

（克）

母猪泌乳量曲线

仔猪日增重曲线

0　5　10　15　20　25　30　35　40　45　50　55　60（天）

图 3 - 101　母猪泌乳曲线图

图 3 - 102　仔猪补料槽

量的不足，易造成仔猪瘦弱，生长缓慢，甚至死亡。这是养好仔猪的第二个关键时期。

（三）断奶关

仔猪由吃乳过渡到吃料是其一生生活中的最大应激，易导致仔猪拉稀、掉膘、严重者造成死亡（图3-103、图3-104）。因此，如何确保仔猪安全断奶是养好仔猪的第三个关键时期。

图3-103　断奶时膘情良好的仔猪

图3-104　仔猪过不了断奶关，将会发病

知道了上述三个时期的特征，我们在生产中就可以采取相应的技术措施以减少仔猪的死亡。

三、初生仔猪的护理措施

（一）早吃初乳

仔猪出生时没有先天免疫力，而初乳中含有免疫球蛋白，能直接保护初生仔猪度过危险的前三天，因此，仔猪出生后应尽早吃到初乳（图3-105）。

图3-105　饲养员应帮助仔猪尽快吃到初乳

图3-106　仔猪初生后为寻找乳头而漫游，
　　　　　会增加死亡机会

母猪在分娩过程中，乳头饱满，自始至终都处在放奶状态，而且母猪分娩后取侧卧姿势以使仔猪吮吸乳头。初生仔猪先安静片刻，然后开始寻觅乳头，围绕母猪的腹侧进

行嗅尝任何突出的东西，从而找到乳头，开始吮乳。第一头产出的仔猪能吃到乳汁所需时间最长（图 3 - 106），而后逐头减少，这是由于第二头以后的仔猪具有模仿第一头仔猪的行为之故。

分娩后大约 30～40min 哺乳一次。哺乳时间间隔白天稍长于夜间，窝产仔数少的比多的哺乳的频率大。随着仔猪的年龄增长，哺乳次数和每次哺乳的持续时间都逐渐减少。

母仔双方均能主动引起哺乳行为。通常是以有节奏的哼叫声呼唤仔猪哺乳，有时是仔猪以它们的召唤声和持续地轻触母猪乳房来发动哺乳；有时是仔猪发出尖叫声要求哺乳，母猪并不理睬，趴卧在地，使乳头藏于腹下，仔猪无法哺乳，这种情况多发生在泌乳性能差，或母猪营养不良，或在泌乳后期。一头母猪授乳时母仔发出的声音，常会引起同舍或邻舍内其他母猪也哺乳。

仔猪吮乳过程分 4 个阶段：开始仔猪聚集乳房处，各自占据一定位置，以鼻端拱摩乳房；吮乳，仔猪耳向后，尾紧卷，前腿向前伸，此时母猪哼叫达高峰（图 3 - 107）；最后当排乳结束，仔猪又重新拱摩乳房。随着泌乳量逐渐减少，哺乳行为也自然减少，最后完全停止。对发病母猪要及时治疗，以免因疼痛影响泌乳（图 3 - 108）。

图 3 - 107　仔猪争先恐后吃奶的情景

图 3 - 108　母猪受伤，疼痛可影响泌乳

（二）剪牙齿和断尾

为减少对母猪乳头的损害，及当仔猪发生争斗时降低对同窝仔猪的伤害，仔猪出生后应修剪牙齿。但注意不要把牙齿剪得太短以免损害齿龈和舌头（图 3 - 109），使病原体进入仔猪体内。在给下一个猪剪齿前要对工具进行消毒，以避免细菌交叉污染（图 3 - 110）。每天用完工具后要进行消毒。对发育不好的仔猪不剪牙齿是有好处的，特别是不能马上进行交叉寄养时。因为这些仔猪保留牙齿，有利于乳头竞争，有利于生存。

断尾是常规工作，可避免断奶、生长、育肥猪阶段的咬尾。下面是断尾工作的一些操作方法：

（1）生后不久用断尾器剪掉尾巴，仔猪很快恢复，因伤口较小，不会出很多血。

（2）要避免剪得太短，阴门末端和公猪阴囊中部可用来作为断尾长度的标线。

图 3-109　仔猪牙齿剪得太短，可损害齿龈

图 3-110　饲养员接产用的手推车

（3）在仔猪和每窝间使用断尾器剪尾后要进行消毒。

（4）为防止细菌交叉感染，不要用同一断尾器既剪齿又断尾。

（5）处理完后对断尾器进行彻底清洗。

（6）对弱仔猪不要断尾，以免加重应激引起死亡。

（三）防止窒息，正确断脐

仔猪出生后应尽量清除口腔及呼吸道的黏液、羊水。如黏液较多，可将后肢提起，使头向下，轻拍胸壁，然后用纱布擦净口中或鼻腔的黏液。若已发生窒息，可通过插入气管的胶管，每隔数秒徐徐吹气一次，以使其呼吸。仔猪擦干后，接着便是断脐。断脐不当会使初生仔猪流血较多，影响仔猪的活力和以后的生长。为此，应在距脐根 5～6cm 宽处，用手指将其中的血液向上挤抹，并按捏断脐处，然后用剪刀剪断，涂以碘酒。断脐后应防止仔猪互相舐吮，防止感染发炎。

（四）固定奶头

母猪整个哺乳过程持续 3～5min，但每次哺乳真正放乳的时间仅 20～30s，如果仔猪吃奶位置不固定，势必会造成以强欺弱，使弱小仔猪因抢不到乳头错过放奶时间而饿死或变成僵猪。因此，在仔猪生后 2d 内，应人工固定奶头，保证全窝仔猪正常生长发育。

猪是早熟动物，意味着出生时仔猪相对成熟些。仔猪出生时眼睛睁开，有运动能力，出生后就能吃奶。行为研究显示，仔猪在找到乳房和乳头之前会遇到许多麻烦，包括母猪后腿、分娩箱墙壁和同窝仔猪。在无人照顾的情况下，从出生开始到第一次成功吃奶，仔猪要花近 30min 的时间。之后，仔猪在建立乳头行为秩序时，会有很高的争斗频率。第一个出生的仔猪选择了一个乳头，后出生的仔猪经常为这个乳头向同胞挑战。乳头的争斗可影响仔猪的死亡率，特别是当争斗凶猛和持续时间较长时。

乳头争斗最强烈的是在出生后头 4～6h。在这之后的 2～3d 内乳头固定以后仔猪也就建立了睡觉和吃奶的秩序。母猪分娩后大约每 30～40min 哺乳一次，每次持续 20～30s。当母猪叫时（发出有节奏的声响），如果仔猪不靠近乳房，将会错过吃奶时间。虚弱和后腿外翻的仔猪经常错过吃奶。7日龄或大的强壮的仔猪可以趁机吃两个乳头的奶。

当母猪没露出所有的特别是最底下一排乳头时，竞争乳头的行为就会加剧，当产圈的栏杆挡住靠近上面的一排乳头时，情况会变得更糟。在分娩后要定期调整产圈的栏杆以确保仔猪能够容易接近母猪上面一排乳头。

必须能认出每头母猪可以哺育几头仔猪（母猪的养育能力）。例如一头母猪有12个等距的乳头，但没有露出它下面一排的乳头，就不能饲喂12头仔猪（图3-111）。

观察所有新生仔猪，找出没吃奶规律和虚弱仔猪是非常重要的。弱小仔猪能量储存少，因此需要更多能量。每次错过饲喂都会使这些猪变得更虚弱，缺乏争斗能力，更有可能因饥饿和挤压而死亡。虚弱仔猪由于受到阻碍和缺乏竞争而没有得到平等的生存机会。由于这些仔猪并没有多少毛病，给它们提供平等的机会，它们就会生存下来，这意味着获得额外的收益。许多分娩和哺乳管理体系只注重那些最好的和最强壮的猪，而每窝仔猪中15%的弱小仔猪没有得到足够的照顾。实践中，照顾弱仔猪对强壮仔猪也是有益处的。出生时每窝仔猪按大小分类，用交叉寄养技术在早期对体格弱小的仔猪进行喂养，可提高弱小仔猪的生存机会。

有些生产者认为后面的乳头较小，较小的仔猪便于吃奶，通常把最小的猪放在后面。由于前三对乳头的产奶量多而后面乳头产奶量较少，故这种做法对发育慢的仔猪是极其不利的，可导致整窝仔猪参差不齐，断奶窝重轻，延长了猪只的正常出栏时间。

（五）保暖防冻，减少应激

初生仔猪的临界温度为35℃，如遇低温环境，体热迅速丧失，有时体温可下降4～6℃。在暖舍中，2～4h可恢复正常体温，外界气温与体温恢复呈强负相关。因此应在接产时尽量使产房保暖。可在产房设250W的红外保温灯、设置保育栏或保育箱、暖床、暖气及电热板等，从而达到保暖效果，以减少寒冷所造成的应激反应（图3-112）。

图3-111　排列整齐、发育良好的乳房能多养健康仔猪

图3-112　温度适宜，仔猪睡觉舒服

产房中的温度情况比较特殊，母猪的最适宜温度（对采食和行为）是20℃，而新生仔猪为34℃。为照顾新生仔猪，应在分娩舍内放置保温设备及补饲栏。

（六）防压防踩，减少弱小仔猪死亡

初生仔猪反应迟钝、行动不灵活，稍有不慎，就有可能被母猪踩死或压死。另外，出生时弱小的仔猪较个体大的仔猪易死亡，而体重相对大的存活率高。因此饲养人员应加强照管，或加设保育栏。

猪具有很强的群居特性和依靠声音通讯的特性。猪的叫声是一种联络信息，猪的不同叫声有其特殊的含义。例如，哺乳母猪和仔猪的叫声，根据其发声的部位（喉音或鼻音）和声音的不同可分为嗯嗯声（母仔亲热时母猪叫声）、尖叫声（仔猪惊恐声）和鼻喉混声（母猪护仔时的警告声和攻击声）3种类型。以此不同的叫声，母仔传递信息。

母猪十分注意保护自己的仔猪，在行走、卧睡时不断用嘴将仔猪排出卧位，以防压住仔猪。若压到仔猪，听到仔猪叫声，便马上站起，防压动作重复一遍，直到不压住仔猪为止。带仔母猪对于外来的侵犯，特别是陌生人或管理人员抓持小猪时，母猪会张合上下颌对侵犯者发出威吓，甚至攻击，也有的母猪以蹲坐姿势负隅顽抗，因此需小心。

仔猪是非常爱群居的动物，当其被隔离时，仔猪可发出尖叫声，离群的仔猪容易被压倒、受冻或为其他猪伤害。随着时间的推移，母猪的母性冲动随着产后经过的时间而自然减弱，仔猪亦随日龄增长而趋向独立，愈临近断乳时期，母仔关系愈趋于松弛。

（七）注射铁剂

仔猪出生时体内铁的总贮存量约为50mg，每日生长约需7mg，到3周龄开始吃料前，共需200mg，而母乳中含铁量很少（每100g乳中含铁0.2mg），仔猪从母乳中每日仅能获得约1mg的铁，因此母乳远远不能满足仔猪对铁的需要。仔猪体内铁的贮量早在生后3～4日龄即被消耗完，若得不到补充，就会出现缺铁性贫血。贫血的仔猪，皮肤和黏膜苍白、食欲减退、被毛粗乱、轻度腹泻、精神萎靡、生长停滞，严重者死亡。故缺铁仔猪，抗病力减弱，容易感染疾病。应于仔猪出生后2日龄即给其补铁，特殊情况下，7日后可进行第二次注射。

（八）去势

德国兽医专家建议仔猪在3日龄去势。他认为，推迟去势时间仔猪有感染圆环病毒病和猪繁殖与呼吸综合征的危险，而早去势的仔猪可通过初乳得到抗体的保护。日龄小的动物有很高的疼痛阈值（几乎不表现出疼痛的现象），在去势过程中所受应激少。去势早时手术伤口小，不易感染，仔猪在不感染其他疾病的情况下，伤口能很快愈合。为保持伤口清洁卫生，使用硫胺类药物喷雾剂或治疗创伤的粉剂来处理伤口。通过对3日龄去势和推迟到13或23日龄去势的仔猪进行比较，结果表明，早去势仔猪30日龄时体重比23日龄去势的仔猪多450g，且伤口在术后10d内完全愈合（后者需16d）。

（九）硒的补充

硒和维生素E具有相似的抗氧化作用，它与维生素E的吸收、利用有关，所以硒的缺乏症状与维生素E缺乏症相似。仔猪突然发病，病猪多为营养状况中上等的或生长快的，体温正常或偏低，叫声嘶哑，行走摇摆，进而后肢瘫痪，有的病猪排出灰绿色或灰黄色的稀粪，皮肤和可视黏膜苍白，眼睑水肿，剖检可发现肝坏死，肠系膜淋巴结水肿、充血或出血，肌肉萎缩等病变。病猪食欲减退、增重缓慢，严重者可突然死亡。

仔猪对硒的日需要量根据体重不同大约为 0.08～0.23mg，只有在缺硒地区易发生硒的缺乏症，对缺硒仔猪应及早补硒，一般于出生后 3～5 日肌内注射 0.1% 亚硒酸钠维生素 E 注射液，每头每日注射量 3 日龄时为 0.5ml，断奶时再注 1 次，用量为 1ml。

（十）水的补充

水是猪所需要的最主要的营养成分。由于仔猪生长迅速，代谢旺盛，母猪乳的含脂率高，仔猪食后即感口渴，若不及时补水，便会喝脏水或尿液（图 3 - 113），容易引起下痢（图 3 - 114）。因此，在仔猪生后 3～5 日龄起就在补饲间设饮水槽，补给清洁饮水，水要经常更换以保持新鲜，并稍加甜味剂，但不可用油腻的水。据试验，用含盐酸 0.8% 的水饲饮 3～20 日龄的仔猪（20 日龄以后饮用清水），60 日龄断乳重可提高 13%，补饮盐酸有补胃液分泌不全、活化胃蛋白酶之效。

图 3 - 113 食槽无水，仔猪便会喝尿液，引起下痢　　　图 3 - 114 仔猪跪着饮水，可引起关节炎

（十一）饲料的补充

母猪产后 3 周为泌乳高峰期，而后泌乳量日趋下降，此时正是仔猪生长旺盛时期，对营养物质需求量大，为满足仔猪生长发育之需要，必须提供饲料以弥补母乳供应之不足。同时为了适应早期断奶，仔猪必须在早于母猪泌乳高峰前和断乳前学会采食，这样可以磨炼牙床、促进胃肠发育，防止下痢。一般于 5～7 日龄即可补料，训练仔猪开食。常用方法有：在仔猪生后 5～7 日龄开始自由活动时，在补饲间的墙边地上撒放一些正大代乳宝让仔猪自由啃食，或随母猪一道啃食逐渐学会采食并随食量

图 3 - 115 哺乳仔猪补饲要少喂勤添，以免浪费

的增加调整给量。给哺乳仔猪补饲时要注意少喂勤添，以免造成补料浪费（图 3-115）。一般到 20 日龄后仔猪已能采食，30 日龄后采食量大增。

四、哺乳仔猪的寄养技术

有的母猪分娩后，因产褥热等病症不能泌乳，或因产仔数超过母猪的有效乳头数，多出的无法哺育的仔猪可送给大致同期分娩的其他母猪去哺育，也可用胃管饲喂法使其成活。

（1）在寄养前，仔猪至少在亲生母猪那里吃 10～12 次初乳。

（2）寄养仔猪要在生后尽早进行（分娩后 6～12h 内最好），且生母和养母的分娩日期越相近越好，通常分娩日期不要超过 2～3d，否则将会给寄养带来困难，同时没用的乳腺将会变干。

（3）寄养的仔猪均是最强壮的，当一窝仔猪数量较少时，为提高母猪的利用率，可将全窝仔猪寄养过来。如果一窝仔猪中有一头较弱的仔猪，而其他仔猪较大且较强壮，这时不要剪断弱仔猪的牙齿，以使弱仔猪更好地竞争乳头。

（4）要对母猪的抚育能力和性情进行评估，使较小的仔猪得到温顺母猪的抚养。

（5）不能寄养患病的仔猪，以免疾病传播。

（6）对产房正在发生蓝耳病的猪场，不能寄养，以免病毒通过母乳传染给仔猪。

五、加强对饥饿仔猪的护理工作

断奶前仔猪死亡率为 10%～25%，甚至更高。这取决于猪群的遗传、母猪营养、猪场的管理能力。导致断奶前仔猪死亡的原因有很多，对初生仔猪而言，最危险的时期是在生后的头三天。调查数据显示（表 3-14）约有 60%（甚至高达 80%）的断奶前死亡发生在这关键的三天里。如果在生后前几个小时对仔猪进行适当的护理，就能救活许多后来可能会死亡的仔猪。

表 3-14　仔猪死亡的原因

原　因	范　围（%）	原　因	范　围（%）
挤　压	28～46	疾病	14～19
弱仔猪	15～22	寒冷	10～19
饥　饿	17～21		

表 3-14 指出在产圈中因饥饿死亡的损失占所有断奶前死亡数的 21%，有许多因素导致个别仔猪饥饿。

1. 初生重低（初生重低于 0.90kg）的仔猪生存机会较低。因为在有限的能量储备消耗之前，它们不能和体重大、强壮的同伴竞争乳房周围的空间。如果得不到及时护理，遇到寒冷的气候时，仔猪将在 3d 内死亡。

对引入的瘦肉型品种猪，初生重不足 1kg 的仔猪存活希望很小，并且在以后的生长发育过程中，落后于全窝平均水平。据 Dammert 等对 1 000 多头仔猪试验数据分析，初生重不足 1kg 的仔猪，死亡率在 44%～100%，随仔猪初生重的增加，死亡率下降。

2. 较大的仔猪也会因饥饿而死亡。出生 7d 左右的仔猪饥饿取决于母猪。仔猪发育较快时，一部分母猪不能分泌足够的奶以满足全窝仔猪增长的需要。另外，当仔猪错过一次或几次吃奶时，其他仔猪会很快吃完空乳头的奶（不管乳头空闲时间多短）。有经验的管理人员会很快学会识别出挨饿的仔猪。

3. 体重较小仔猪出生时也可能出现饥饿，它们在一窝仔猪中具有一定活力，但与同窝其他仔猪相比，由于他们在头 24～48h 关键时期不能成功地竞争到乳头，因此被视为"社会地位低下的"（贫困的）仔猪。特别小的仔猪还够不着太高的乳头及被母猪体压住的乳头。当这种仔猪够着一个乳头时，又不能在有奶的时间内快速而有力地吃奶。所以其面临着饥饿危险，再加上其表面积比较大仔猪相对较大，可能会迅速瘦弱发冷，由于不能得到充足的初乳其自身能量贮备被迅速耗尽，导致患低血糖症、创伤及感染而发生死亡，因而饲养员可对这种仔猪进行辅助饲喂，以使之生存下来。

挨饿仔猪的症状：

（1）即使同窝仔猪离开乳房之后，挨饿仔猪仍长时间停留在母猪的乳房周围。

（2）仔猪显得消瘦，脊骨十分突出。

（3）仔猪发出声响，显得非常不安。吃奶时，仔猪从一个乳头跑到另一个乳头，扰乱吃奶秩序。

（4）仔猪无精打采，连续几小时睡觉、不活动。

当窝仔数较多时，会加剧竞争，死亡率也会增加。窝产 6 头的仔猪比窝产 16 头的仔猪有更多的生存机会。当一头母猪产仔数超过 12 头时，即使熟练的管理人员也将面临很大的困难。

尽管不能连续监护，但分娩时和产后头 24～36h 要经常对母猪和仔猪进行检查，这样可有效地降低因饥饿而造成的死亡。因为较大的仔猪也可能出现饥饿现象，必须不断地检查仔猪的不良症状。可利用交叉寄养，结合特殊护理和照料可保证断奶前仔猪的成活。

第 2 节　提高哺乳仔猪采食量的补饲方法

一、仔猪的生长发育和母猪泌乳的关系

仔猪的生长发育，与母猪的泌乳规律相似，在仔猪生后的 10～21d，它所摄取的乳汁与它的增重成正比。但从第 3 周开始，一方面是母猪泌乳量达到高峰后逐渐下降；另一方面则是仔猪生长发育迅速上升，活动能力增加，觅食能力和食量增加，故下降的母乳满足不了日益增长的仔猪需要。特别是 4 周后，有 70% 以上的仔猪营养来源于补料，所以仔猪的生长发育及其增重与补料呈正相关，因此要提高断奶窝重就必须给仔猪及时补料。

二、影响补饲进食的因素

（一）饲料新鲜度的影响

刺激仔猪增加补饲量最重要的因素之一是饲料的新鲜度。在清除陈旧饲料、添加新饲料时，不要将太多的补饲饲料添加到饲槽中，以免饲料发霉、污染，招来苍蝇。每天少量、多次添加饲料是补饲的原则。这样做的结果不仅能够保证补饲的饲料总是新鲜的，而且能刺激仔猪对新饲料的好奇，有助于鼓励仔猪多采食。应选择在远离分娩室的

一栋干燥低温的建筑物存储饲料。不要将饲料存放在分娩室内的料桶中，因为桶中的饲料将因吸收室内的气味而使适口性降低。

为了提高饲料的采食量和断奶仔猪的体重，饲养员应每日向补饲槽内添加饲料。虽然该办法可使仔猪定时采食，但比较费力。通过饲喂颗粒料或粗粒饲料，能够刺激仔猪采食补饲料。比较颗粒料和粉料，哺乳仔猪更喜欢前者。从14d到28d饲喂颗粒料的仔猪比饲喂常规粉料的仔猪饲料摄入量更大，浪费较少。

（二）饮水的影响

尽管仔猪在进食补料的同时，吸吮母猪的奶水，但是它们能够获得新鲜饮水却是重要的。如果在仔猪哺乳期内新鲜饮水供应不足，则补饲料的摄入量将明显减少，可导致生长速度下降。

若在分娩舍内安装有乳头饮水器后，为使仔猪得到充足新鲜的饮水，要求饮水器的流速为500ml/min。

（三）注意补饲事项

1. 从仔猪生后5日龄开始，应该给仔猪补正大代乳宝料。在一个清洁、干燥和坚硬的地面，撒上少量的饲料。最初，仔猪对这种方式提供的饲料会显示出极大的兴趣。要注意每天清扫掉未吃完的饲料，换上新鲜的饲料。这样在地面持续饲喂3～4d，直到仔猪开始进食饲料为止。

2. 当仔猪可以采食较多的饲料时，放入可以同时容纳一窝仔猪采食的一个相当重的浅圆形的饲槽。在这样一个浅的饲槽里，仔猪比较容易看见和采食到补料。在补料未吃完的情况下，每头仔猪每天的补饲量不要超过20g。

3. 注意不要在分娩舍内储存补饲料，以免吸入异味。更不能让粪便污染了补饲槽中的饲料。补饲槽应高出地面10cm，减少饲料的浪费。

4. 不要在母猪采食后2h内，当仔猪将吮奶或吮奶后睡觉时，提供补饲饲料。要保证仔猪有充足的新鲜饮水。

第3节 仔猪防疫时应注意的几个问题

仔猪预防接种是防止各种传染病传播的重要途径。如何做好预防接种、减少预防接种后造成不必要的损失，是当前一线兽医工作者面临的一个重要课题。为避免不必要的损失，仔猪防疫时应注意做好以下几点：

一、预防接种前作健康检查

在给仔猪防疫注射疫苗前，应对仔猪健康状况进行全面检查。仔细询问仔猪的进食状态，排泄是否正常，是否有拉稀和便秘情况，仔细观察体态、皮肤、眼睑。尤其在较黑暗的栏舍，排泄不易看清，更要注意。对可疑仔猪进行体温测检，如果发现有腹泻、便秘、体温升高、眼睑肿胀等均不应进行接种，等到身体完全康复后再进行。

二、选择适宜的时间预防接种

最好选择在天气晴朗、气温变化不大时进行。因为仔猪抗逆能力弱，在天气骤变的情况下容易引发疾病，此时预防接种，往往会雪上加霜，很容易引发、诱发疾病。因此，注意收听当地气象台近期天气预报。

三、选择合适的日龄进行预防接种

仔猪在断奶 1 周内不宜进行防疫，因为仔猪断奶是它一生中最大的转折点，如从乳汁供养到自由采食饲料，与母猪分栏等，仔猪到新环境下需要有一个适应过程，这个过程大约在 1 周或更长时间完成。等它们适应新的生活环境后，再予以预防接种，仔猪比较容易接受，否则易引起应激反应。

四、预防接种和阉割分开作业

仔猪在阉割后本来就受到一定的刺激，如果又对它进行预防，往往会产生很大的应激反应，甚至诱发疾病。

五、严格执行防疫操作规程

防疫操作是一个很严肃的工作，但也有一些人有贪图方便的想法，防疫操作不是那样严谨，实际上出一点差错都可能影响防疫质量。如疫苗的保存、使用前是否摇匀，是否转移到其他容器再予注射；疫苗的注射剂量、猪只状况、年（日）龄、疫苗要求注射的部位和器械的消毒等各个环节，稍有不慎都会造成防疫的失败，或诱发猪只生病，甚至引起死亡。此外，新手不熟练、老手易麻痹的现象仍值得重视。

六、加强防疫注射后猪只的护理

防疫接种后几天饲料品种应本着不变化、渐进变化、营养全面、适口性好的原则，喂饲量也要适当。一方面注意让其充分消化吸收、减少浪费，另一方面应避免过饱引起消化不良等疾病。在生活环境方面，栏舍要保持干燥清洁。冬春天气寒冷，栏舍要注意保暖，如水泥地面要加垫草；夏秋天气闷热、多变，要注意栏舍的通风、避暑等。

第 4 节　哺乳仔猪死亡的原因及防控对策

断奶前仔猪死亡率为 $10\%\sim25\%$，甚至更高。这取决于猪群的遗传、母猪营养、猪场的管理能力。导致断奶前仔猪死亡的原因有很多，对初生仔猪而言，最危险的时期是在生后的头三天。调查数据显示（表 3 - 15）约有 60%（甚至高达 80%）的断奶前死亡发生在这关键的三天里。如果在生后前几个小时对仔猪进行适当的护理，就能救活许多后来可能会死亡的仔猪。

表 3 - 15　仔猪死亡的时间

死亡时间（d）	死亡的百分数（%）	死亡时间（d）	死亡的百分数（%）
1	24	5	5
2	16	7	76
3	13	14	18
4	6	21	6

仔猪死亡是养猪生产中的一大损失，初生仔猪每死亡 1 头即损失 56.7kg 饲料，60 日龄内死亡 1 头平均损失 67.9kg 饲料（许振英，1989）。因此，分析哺乳仔猪死亡的原因，并采取相关措施，减少哺乳仔猪死亡，对提高养猪经济效益具有重要意义。

一、冻死

初生仔猪对寒冷的环境非常敏感，尽管仔猪有利用糖元储备应付寒冷的能力，但由于其体内能源储备有限，调节体温的生理机能不完善，加上被毛稀少和皮下脂肪少等因素，在保温条件差的猪场，寒冷可冻死仔猪；同时，寒冷又是仔猪被压死、饿死和下痢的诱因。

新生仔猪调节自身体温的能力是有限的，尤其是在更小的仔猪中，它们出生时体表面积相对较大，能量贮备却较少。出生后，仔猪体温从 39℃迅速下降到 37℃。在产仔数正常的一窝猪中，仔猪出生后开始哺乳，体温经 1～2h 后开始升高，但在体形小的仔猪中，这种体温的恢复速度发生延迟。新生仔猪最初是通过震颤来维持和调节体温。新生仔猪的"临界"温度接近 35℃，新仔猪的体热至少有 75% 经辐射或对流散发到外界。在头 1 周时，仔猪体温调节机制开始增强，临界温度下降到约 25℃。因此，1 周龄的仔猪相对来说能够较好适宜环境变化。

为仔猪提供温暖、防风的补饲区也是保证仔猪小环境的有效方法。补饲区为仔猪提供温暖、干燥的休息场所并保护仔猪免受笨重母猪的伤害。仔猪补饲区应有固定的地面。

二、压死、踩死

母猪母性较差或产后患病，环境不安静，导致母猪脾气暴躁，加上弱小仔猪不能及时躲开而被母猪压死或踩死。有时猪舍环境温度低使仔猪喜欢在母猪腿下、肚下躺下，也容易被母猪压死或踩死。

母猪压伤而致的仔猪死亡损失和其他致命性的操作是新生仔猪死亡率高的原因。研究表明，多数损失发生在产后头 36～48h，老母猪窝仔的损伤率高于青年母猪窝仔，在超过 11 头仔猪的窝仔损伤率更高。

另外，规模化猪场的高床式产床，若钢筋或水泥板间缝隙过大，仔猪腿伸进后无法抽出或被母猪所压，可导致创伤。

下面的做法可以帮助降低因挤压致死仔猪的数量：

1. 保持仔猪的环境温暖、干燥，帮助它们生后尽快吃上初奶。这可使仔猪更强壮，使它们有能力避免被母猪压死。

2. 照顾分娩母猪，确保产房温度保持在 16～20℃，若产房温度过高，母猪采食量下降和泌乳期失重增加，可导致母猪烦躁不安而使压死仔猪数量增加。如果个别母猪在分娩时烦躁不安，要把所有仔猪圈在有加热灯的育仔室或育仔箱内，直到分娩结束。挤压造成的损失大部分发生在分娩过程中和出生后的第一天。

三、病死

疾病是引起哺乳仔猪死亡的重要原因之一。常见病有肺炎、下痢、低血糖病、溶血病、先天性震颤综合征、渗出性皮炎、仔猪流行性感冒、贫血、心脏病、寄生虫病、白肌病和脑炎等。

表 3 - 15 指出仔猪死亡中约 19% 是由疾病而引起的。在这类死亡中，痢疾和其他消化障碍通常是最主要的原因。一般来说，疾病不是仔猪死亡的主要原因。不过也有一些时候，疾病是导致一窝乃至全群仔猪死亡损失的主要原因。由于这种疾病暴发的潜在危险，为初生仔猪提供一个干燥、清洁的环境是非常重要的。

在大批产仔情况下，新生仔猪的营养来源除了肝和骨骼的糖原以外，就是母猪的初乳和常乳，它们不仅是仔猪正常生长发育所必需的，而且是仔猪抵抗传染病被动免疫所必需的。因此导致母乳合成下降的任何因素都可导致乳汁成分发生改变，从限制仔猪获得和利用母猪的初乳及常乳抗体，都将阻碍、干扰仔猪健康。

四、饿死

母猪母性差；产后少奶或无奶且通过催奶措施效果不佳；乳头有损伤；产后食欲不振；所产仔猪数大于母猪有效乳头数，及寄养不成功的仔猪等均可因饥饿而死亡。挨饿仔猪的症状是：即使同窝仔猪离开乳房之后，挨饿仔猪仍长时间停留在母猪的乳房周围；仔猪显得消瘦，脊骨十分突出；仔猪发出声响，显得非常不安。吃奶时，仔猪从一个乳头跑到另一个乳头，扰乱吃奶秩序；仔猪无精打采，连续几小时睡觉、不活动。

在分娩时和产后 24～36h 要经常对母猪和仔猪进行检查，这样可有效地降低因饥饿而造成的死亡。

五、咬死

仔猪在某些应激条件下（如拥挤、空气质量不佳、光线过强、饲粮中缺乏某些营养物质）会出现咬尾或咬耳恶癖，咬伤后发生细菌感染，重者死亡；某些母性差（有恶癖），产前严重营养不良，产后口渴烦躁的母猪有咬仔猪的现象；仔猪寄养时，保姆母猪认出寄进仔猪不是自己亲生儿女而咬伤、咬死寄养的仔猪。

六、初生重低（初生重低于 0.90kg）的仔猪生存机会较低

据 Dammert 等对 1 000 多头仔猪试验数据分析，初生重不足 1kg 的仔猪，死亡率在 44%～100%，随仔猪初生重的增加，死亡率下降。

第 6 章　断奶保育猪的细化管理技术

早期断奶（21～28 日龄断奶）可给仔猪带来食欲差、消化不良、饲料利用率低、免疫力下降、抗病力差、腹泻甚至发病死亡等（图 3 - 116，图 3 - 117），最终表现为生长抑制，这已成为规模化养猪生产中普遍存在的问题。如何克服生长抑制和防止疾病发生是当代养猪科学最关注的问题。

做好断奶仔猪保育期工作的目标是：

（1）保育期（4～10 周龄）成活率在 97% 以上；

（2）10 周龄转出体重 30kg 以上；

（3）阶段平均料肉比低于 1.35∶1。

图 3-116　保育中期发病死亡猪

图 3-117　保育前期发病猪

第 1 节　断奶猪为何难饲养

近年来，保育猪舍内发生的呼吸道疾病等猪病，给养猪业造成了巨大的经济损失，也是全球猪病控制上的一大难题。

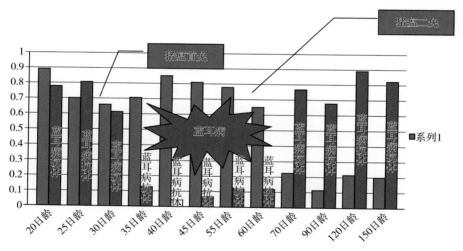

图 3-118　仔猪断奶后处于蓝耳病毒的感染期，很容易发病

导致目前规模猪场断奶保育猪难以饲养的重要原因是营养问题以及猪病的发生模式出现了巨大变化。营养问题前有所述。病毒近年来很快成为传染病的主体，特别是免疫抑制性病毒病蓝耳病、圆环病毒的出现（图 3-118）（赖志，2009），意味着猪病模式的显著改变，加剧了早期的断奶仔猪难以管理。

据代广军等（2008）调查，目前一些猪场的仔猪于 4 周龄断奶、于 5 周龄转入保育舍，于 6～7 周龄开始第一次发生呼吸道疾病，损失率占发病猪总数量的 30%～40%，成为猪场非常关注的重要问题之一。

一、保育舍内猪发生呼吸道疾病的病原因素

国外对蓝耳病的研究结果表明，因母源抗体下降，导致了 3～4 周龄的猪（40％血清学阳性）不能完全得到足够抗体的有效保护，并随年龄继续上升。PRRSV 感染的可能时间点大约在 6～7 周龄，这时 60％的猪易被 PRRSV 感染，在 10 周龄时血清学阳转急剧上升（71％阳性）。6～7 周龄后，继发细菌混合感染导致加重 PRDC 病情。这与有 PRDC 的猪观察到的临床症状相关。肺炎病例通常开始于保育中期或大约 6～7 周龄（40％阳性），高峰正好在离开保育舍之前，当保育猪离开条件较好的保育舍后，因生长舍的环境条件相对较差，在生长早期导致 PRDC 不断发生（12～14 周，84％阳性）。在一些猪场，保育阶段与副猪嗜血杆菌、猪流感、多杀性巴氏杆菌和猪链球菌的混合感染较为普遍。在保育后期到生长中期，与猪喘气病混合感染较普遍。

二、控制措施

（一）消灭微生物（病毒法）

1. 消毒。 由于病毒对酸碱具有敏感性，因此建议在猪舍材料可以防腐蚀的状况下，每次猪出栏后淋以 2％～3％NaOH 液，停留 2h 后以清水彻底冲洗，或以稀释酸液喷洒，约 1～2h 后以清水彻底冲洗。进猪前一定要使棚舍内干燥，有猪在内时可以喷较稀的酸，但注意不可直接对猪喷、不可喷湿地面。

2. 全进全出。 如能做到全进全出最好，如不能亦应局部全进全出，但要注意进猪前应避免有病猪在猪舍内，进猪前一至三天最好用消毒水快速喷洒空气中沉降灰尘和微生物，但以不喷湿为宜。

3. 采用喷雾消毒设备。 在采用该方式时，分娩舍、保育舍一定要有保温的地方，否则猪易受寒而降低抵抗力。

4. 合理确定保育舍猪的饲养密度。

以上各种方法的目的只有一个，减少病毒及病菌数目。

（二）小猪管理中的注意事项

发病场不能将病猪、弱小猪寄养（传染疾病）；寄养以不移往另外猪舍为原则，母、仔猪不可在猪舍间移动；不可用保姆猪来带弱小猪（避免疾病）；对病猪推迟免疫时间；克服所有对猪而言造成应激的因素；所有病重小猪立即处死（带病菌传染）；弱小猪千万不可留下继续养在保育舍，以免传染下一批；每批猪应空出 5～7d 作为消毒期；饲料里添加酸以减少喉部病毒数量。

（三）改善饲养管理

猪场的饲养管理水平是决定猪呼吸道疾病发病率的主要因素。

1. 发病期间，将口蹄疫疫苗推迟至 65 日龄甚至 70 日龄后注射，但必须使母猪处于高免状态，在母猪产前 4 周时做好各类疫苗的免疫注射工作。按计划完成猪口蹄疫、猪伪狂犬病、传染性胃肠炎、猪瘟等疫苗的注射工作，使母猪处于较高的免疫状态。减少仔猪因应激而诱发呼吸道疾病的发生。尽量减少在保育期间注射各种疫苗。

2. 降低饲养密度比只用药物预防更为有效。

（1）保育舍、肥猪舍内网状地面下的猪粪尿最好能快速冲走，如此可以减少病毒漂流于空气中，如前所述可能由鼻腔入肺。

（2）饮水器、饲料槽避免为粪尿所感染，可避免传染或增加病毒量之堆积，饮水器可以设计得使小猪无法排粪尿在里面。

（3）建议保育舍内每头仔猪有 0.35～0.4m² 以上的生活空间，每栏猪的数量最好在 10～12 头左右，可相对降低猪群呼吸道疾病的发病率。当饲养密度过高时，可卖掉一些仔猪，能有效地提高饲料转化率和生长速度，比仅用药物控制呼吸道疾病更有效。

3. 尽量使每天早晚的温差不要太大，断奶后 2 周内仔猪环境温度应为 28～30℃，不适宜的温度对猪呼吸道疾病影响较大。天气较热时，将断奶后的仔猪不经保育舍直接转入生长舍。

4. 加强猪舍通风对流，提高舍内空气质量，保育舍猪栏之间的分隔采用封闭不透风的隔栏，限制仔猪直接接触。

5. 尽量避免在断奶前后 3～7d 注射各种疫苗。

6. 从分娩、保育、生长到育成均严格采用"全进全出"的饲养方式，尽量缩小断奶日龄差异，避免把日龄相差太大的猪只混群饲养，尽量减少猪群转栏和混群的次数。转栏和混群的次数越多，呼吸道疾病的发病率越高。减少各种应激因素，使猪群生活在一个舒适、安静、干燥、卫生、洁净的环境。在每批猪出栏后猪舍必须经严格冲洗消毒，空置几天后才能转入新的猪群。由于病毒对普通消毒剂不敏感，特别是猪圆环病毒2 型，一般消毒剂对它不起作用。消毒时应选择广谱的新型消毒剂如戊二醛溶液，进入分娩舍前母猪必须经过彻底清洁消毒。

7. 保持猪群合理、均衡的营养水平。经常检查或检测饲料质量，对霉菌毒素污染严重的饲料必须废弃，保证免疫系统的正常运转，避免因小失大。

第 2 节　利用正大营养套餐新技术促使仔猪安全度过断奶保育关

（本文特邀南阳正大有限公司技术部李智崇供稿）

鉴于早期断奶仔猪因发生生理、营养、环境等方面应激，易导致断奶应激综合征等一系列问题，严重影响养猪经济效益的现状，正大集团的营养专家根据仔猪不同日龄的消化生理特点，科学设计了仔猪三阶段的新型营养套餐——"正大猪三宝"（即代乳宝、乳猪宝、仔猪宝），大大改善了早期断奶仔猪的免疫功能和健康水平，在帮助猪场降低饲养成本的同时，确保了断奶保育猪的快速生长。

正大集团河南区南召实验猪场和许多合作猪场的生产实践表明，饲喂正大代乳宝的仔猪，能达到"吃一斤，长一斤"，使用乳猪宝、仔猪宝的仔猪料肉比可分别达到1.3∶1、1.5∶1，仔猪 70 日龄、90 日龄体重能达到 30kg、50kg 左右，取得了非常好的经济效益（图 3－119、图 3－120）。

图 3 - 119　正大猪三宝的效果展示

图 3 - 120　正大猪三宝的效果展示

一、正大猪三宝仔猪料的特点

仔猪断奶前，随时都可以吃到美味可口、营养全面且易于消化的母乳。但断奶后母乳突然停止，取而代之的是饲喂固体全价颗粒饲料，可能会引起短期的拒绝采食。在经过 12～24h 的饥饿后，仔猪就会采食大量的饲料而引起下痢。为此，正大南召实验猪场为保育猪制定了良好的营养措施和饲喂程序，避免了仔猪在断奶后由母奶向固体日粮转换时所造成的经济损失。

（一）猪三宝使仔猪避免了断奶应激综合征

正大集团的营养专家利用目前世界先进的营养新技术，结合国内现有饲料原料的质量情况，按照仔猪不同生理阶段的营养需要，选用进口的乳清粉、肠膜蛋白，低抗原豆类蛋白质原料——膨化豆粕，水分和霉变率极低的优质东北玉米等优质原料，研制出了具有知识产权的正大仔猪料——正大代乳宝，从仔猪生后第五天开始补饲，大大减轻了饲料原料中含有的抗原蛋白（球蛋白和 β-半球蛋白）等抗营养因子对断奶仔猪肠道造成的过敏和损伤，从而避免了断奶仔猪腹泻的发生，保障了断奶仔猪的健康、快速生长发育。

（二）猪三宝作为颗粒饲料，增加了仔猪的采食量

饲料的形状也会影响断奶仔猪的采食量和生长。我们把正大代乳宝做成不同的形状（颗粒状、粉末状、颗粒与粉末按比例混合以及破碎粒）去饲喂猪只，结果表明，颗粒料在采食量和生长效率方面优于粉末状或破碎饲料。

二、正大猪三宝仔猪料的饲喂程序

（一）正大猪三宝的使用方法

仔猪因受消化道容积的限制，对饲料营养浓度很敏感，对日粮营养浓度的要求也较高。不可能像育肥猪那样，通过调节采食量而满足自身的营养需要。正大猪三宝的使用方法是：第一阶段为仔猪开食料或哺乳仔猪料（正大代乳宝在出生后第 5d～10kg 使用），第二阶段为断奶仔猪料（正大乳猪宝在 10～18kg 使用），第三阶段为育成仔猪料（正大仔猪宝在 18～30kg 使用）。在三阶段的日粮中，第一阶段最为重要，虽然仔猪采食量较小，但对营养要求却非常很高。

（二）正大猪三宝的饲喂方式

1. 仔猪断奶前应尽早补饲正大代乳宝。一般可于 3～5 日龄开始补料。有研究表明：仔猪真正吃料集中在 10d 以后到断奶，10d 以前吃料很少。3～5 日龄就开始补料，主要是让仔猪尽早熟悉固体饲料的芳香和口味，同时刺激消化系统产生必需的消化酶，如胰淀粉酶和麦芽糖酶，这些酶类只要在仔猪接触碳水化合物（饲料中含有）后才开始产生。教槽好时，仔猪断奶就能适应固体颗粒饲料，吃得多，不拉稀，不掉膘，长得快。补料时最好用易于清洗消毒的塑料盘等，少喂勤添，这样可避免浪费和污染，让仔猪每时每刻都能吃到新鲜的饲料，有利于猪的健康。

2. 刚断奶的保育猪应不限制其采食量，料槽内的饲料不能断。为了获得最大采食量，应让仔猪自由采食。限制饲料或饮水会增加猪只的争斗和不正常行为（吸吮肚脐、咬耳和咬腰等），也会增加腹泻的风险。只要饲料能适合猪的消化能力，不拉稀，就没必要限食。通过正大南召实验场多批猪的生产实践表明，使用正大代乳宝的仔猪，在断奶后采用自由采食，猪的采食量和日增重增加得很快，没有掉膘、拉稀等不良现象。

3. 断奶保育猪第一周的采食量对提高日后的生长速度最为关键。要想方设法尽快使断奶仔猪恢复到正常采食量。研究表明，如果仔猪断奶后一周内的日采食量在 150g 以上，则该批猪与未达到该采食量的同批猪相比，其上市日龄可缩短 10d 左右，从而取得较好的经济效益（图 3-121）。

在实际生产中，由于仔猪断奶后通常会发生断奶应激反应，致使仔猪断奶后一两天甚至一周都不能正常吃料，有些猪非但不长，有时反而会掉膘，从而给猪场带来了经济损失。而正大代乳宝的饲喂试验结果表明：仔猪断奶后 1～5d 的采食量分别为 57g、138g、233g、272g、324g，并且每头猪的平均日采食量基本上达到了整齐一致、相差不大（图 3-122）。如果继续饲喂正大乳猪宝、仔猪宝，日后就能快速生长，至 90 日龄时体重能达到 50kg 左右。

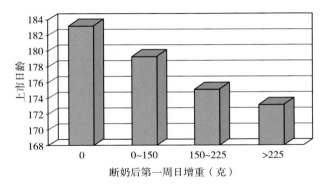

图 3 - 121　断奶后第一周日增重与上市日龄之间的关系

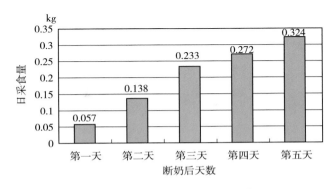

图 3 - 122　断奶仔猪头五天的采食量

4. 做好料盘的调节。 现在规模化养殖场都采用自动料槽，目的是为了让仔猪自由采食，想吃就吃，发挥仔猪的生长潜能。但是有一个问题，如果料槽下料间隙调不好，下料太快或太慢均会适得其反，影响猪的生长。下料太快，容易洒到地上，浪费不说，猪吃了还容易生病。如果是颗粒饲料，下面粉料越积越多，猪不愿吃，一方面会影响猪的采食，另一方面聚集时间长了会变质，影响仔猪的健康。下料太慢则会妨碍仔猪正常采食，吃不饱，从而影响其生长。因此，饲喂工作中要做好料盘的调节。

三、使用正大猪三宝仔猪料应注意的若干问题

（一）在仔猪管理过程中要及时发现病、弱仔猪

不管猪群的健康状况怎么样，总会有部分病、弱仔猪的存在。包括瘸腿的、疝气的、生长缓慢的仔猪，这就要把它们及时挑出来，放在单独的栏里饲养。这些仔猪需要额外的照顾，要给它们多喂些高档饲料，以利于其体况的恢复。

（二）做好保温工作对确保刚断奶仔猪健康非常重要

刚断奶仔猪由于离开母猪、采食量下降、对新环境的恐惧等，会产生严重的冷应激反应。这也是断奶仔猪易发生腹泻的重要因素之一。因此，对断奶后 15d 内的仔猪，舍内温度要保持在 28℃以上。

（三）对断奶保育猪要供给新鲜、充足的饮水

正大集团河南区南召试验猪场及很多合作猪场的生产成绩表明，通过对仔猪教槽正大代乳宝，克服了教槽及断奶应激过大的问题，大大减少了断奶拉稀及其他疾病的发生率。代乳宝"吃一斤，长一斤"已成为不少合作猪场的经验之谈（图3-123）；正大乳猪宝、仔猪宝的料肉比可达到1.3∶1、1.5∶1，仔猪70日龄、90日龄分别达到30kg、50kg左右（图3-124、图3-125、3-126）。

图3-123 使用正大"567"哺乳母猪料＋
正大代猪宝的未断奶仔猪

图3-124 喂正大代猪宝、刚断奶的
保育前期猪

图3-125 喂正大乳猪宝的保育中期猪

图3-126 喂正大仔猪宝的保育后期猪

正大河南区南召试验场通过正大猪三宝（代乳宝、乳猪宝、仔猪宝）的多批试验，科学地总结出了正大猪三宝"3-6-9"标准套餐新模式。即：每头母猪以窝产10头活仔猪计算，所需正大代乳宝3袋（20kg/袋），用完头均重可达13kg；乳猪宝6袋（40kg/袋），用完头均重可达30kg；仔猪宝9袋（40kg/袋），用完达90日龄时头均重就可达50kg左右；如之后再接着饲喂正大育肥料552仅需38袋（40kg/袋），猪150日龄头均重可达110kg左右，全程料肉比在2.4～2.5∶1！

第 3 节　断奶保育猪的细化管理技术

早期断奶仔猪的生长速度直接影响到商品猪后期的生长速度。研究表明，仔猪在 8 周龄时体重若能达到 20kg，那么在 12 周龄时就能达到最大日增重，日增重量可达 1kg。如在 8 周龄时体重只能达到 15kg，那么达到最大日增重的时间就会延迟到 15 周龄，最大的日增重也只能达到 0.7kg。对同样是 100kg 上市的商品猪而言，上市时间就会相差 6 周。因此，现代规模化养猪的赢利与否，在很大程度上取决于早期断奶仔猪的饲养是否成功。

一、养好断奶保育猪应具备的若干个条件

在满足营养需要的前提下，为确保断奶时健康的断奶保育猪快速生长发育，必须具备以下条件：

（一）尽力解决目前猪场在保育舍设计方面存在的相关问题

在我国绝大部分的规模猪场，都把生长育肥猪舍建在靠近装猪台一侧，以便于猪群的流动和日常的管理，保育舍就建在生长育肥舍的区域，或把保育猪舍和母猪舍建在一起，这样就把保育猪养在病原微生物浓度比较高的母猪舍和生长育肥舍之间。无论是哪个方向来风，都很容易把病原微生物吹入保育舍，致使断奶仔猪发病。

比较合理的设计方案是在现有猪场范围内找一个上风的位置，并与其他猪舍相距 50m 以上的地方建造保育猪舍。最好还要用围墙与其他猪舍隔离，并单独设置大门、消毒室和消毒池，这样就确保了保育猪的安全（图 3 - 127）。

图 3 - 127　图中右上角的房屋为独立的保育猪生产区

目前国内有些猪场为减少不同日龄猪只之间疾病的交叉传染，采取了全进全出、按周生产的模式。对保育舍也采取了单元式饲养，但为了操作方便，省下了一条通道，而在室与室之间开门（图 3 - 128）。由于饲养员的走动，特别是仔猪进出栏，很容易造成疾病的交叉传染。也有些猪场的保育舍统一使用室内下水道排污，也容易造成疾病的交叉传染。因此，如条件许可，应尽量采用室外通道，同时，下水道也应该改在保持室与室之间的

图 3 - 128　舍间相通，很容易造成疾病的交叉传染

相对隔离。

（二）使用漏缝网状地板饲养和采取舍外排污的办法

把同一周内的断奶仔猪分单元集中在采取室外排污的保育舍内（图3-129、图3-130），采用漏缝网状地板饲养。网状漏缝板可保持舍栏地面的干燥，还可限制外寄生虫的繁殖。漏缝地板下的排污沟，能存储一定容量的水，流入沟里的仔猪粪尿经水稀释、发酵，既减少了臭味，又便于排放。

图3-129 室内排污易潮湿、污染，不利于控制疫病　　　　图3-130 室外排污利于防病

保育猪舍的结构与猪只的健康有很大的关联。传统的保育猪栏直接用混凝土地面和砖砌的隔栏，这样猪舍造价较低，但这种结构不容易洗干净。另外，由于仔猪在断奶时消化系统还不能充分适应固体饲料，再加上断奶产生的应激，所以易发生下痢，这样就会引起同栏猪交叉传染。为减少疾病的风险，提高猪的成活率，有条件的规模猪场最好采用漏缝地板。

（三）确定合理的饲养密度

保育猪栏的大小应按每周断奶猪的数量、体重和地面的结构来设计。计划70日龄、体重达25kg以上出栏。漏缝地板饲养的，每头仔猪所需的面积为0.35m²；混凝土地面的，每头仔猪需0.45m²以上。每栏猪的数量越少，每头仔猪所需的面积就越多。最好一窝一栏，并保持原窝不变，若在断奶猪进栏合群时，尽量以相邻两窝合并为好。

四、对断奶后7d以内的仔猪采取一猪一槽的饲喂方法

为防止断奶猪因断奶应激而发生严重腹泻，应对断奶后7d内的仔猪采取一猪一槽的饲喂方法，使猪都能均匀吃到饲料（图3-131、图3-132）。以后随着仔猪基本适应固体饲料、且采食的次数和采食量也逐渐增大，必须采用自由采食料槽，让仔猪每天摄入足够营养，以满足其生长发育需要。如果料槽设计不合理，或采用不可调节的自由采食料槽，其饲料浪费量可多达8%～15%。比较合理的自由采食料槽，其正面的料槽挡板与料槽底部的间隙是可以调节的。这样就可根据仔猪大小和数量，通过调节间隙，控制饲料漏出来的数量，以减少不必要的浪费。另外，料槽应该用钢筋分隔成3～4个采

食位，以减少仔猪过度的抢料，或个别仔猪躺进料槽而影响其他仔猪采食。一般每5头仔猪需要1个料槽位。

图3-131 对断奶后7d以内的仔猪要保证同时进食

图3-132 槽位不够，可引起猪争斗，加重断奶应激

（五）安装合适的饮水器

充足、清洁又易于得到的饮水对刚进入保育猪栏的断奶仔猪相当重要（图3-133、图3-134）。对乳头式饮水器要求水压在196kPa左右。饮水器通常安装在远离料槽、靠近排粪沟的一侧30cm处。建议按表3-16的要求安装饮水器，以确保猪只能饮到充足的水量。

表3-16 饮水器的安装要求

猪的体重范围（kg）	饮水器安装的高度（cm）	
	水平安装	45°倾斜安装
断奶前小猪	10	15
5~15	25~35	30~45
5~20	25~40	30~50
7~15	30~35	35~45
7~20	30~40	35~50
7~25	30~45	35~55
15~30	35~45	45~55
15~50	35~55	45~65
20~50	40~55	50~65
25~50	45~55	55~65
25~100	45~65	55~75
50~100	55~65	65~75

图3-133 饮水器位置低，猪饮水不便

图3-134 饮水器位置高，猪饮水困难

（六）严格做好温度的控制工作

刚断奶仔猪因采食量减少和体脂消耗而对低温相当敏感。一般情况下，仔猪越小所要求的温度就越高，并越要稳定（表3-17）。4～8周龄时保育舍的温度对仔猪整个生长过程的生产性能影响都很大，如果每日温度下降超过2℃就容易引起群发性腹泻和冷应激造成的呼吸道疾病，显著影响以后的生产性能。因此，猪舍建筑的设计，首先考虑的就是舍房的保温性能。而断奶仔猪对炎热的耐受力也非常弱小，超过34℃的高温往往导致6周龄以上仔猪采食量的显著下降，特别是在保育舍空气污浊的情况下，这种态势愈加明显。因此，做好对保育舍的温度控制是提高猪场效益的关键因素之一（图3-135）。

图3-135 刚断奶仔猪在温暖的保温箱中

表3-17 为不同体重的断奶保育猪只适宜的温度范围

体重（kg）	日龄（d）	温度（℃）
5	17	30
7	25	28
9	32	26
12	39	24
15	46	22
19	53	21
20	60	21

（七）加强通风换气工作

保育舍除了有适宜的温度和湿度外，更重要的是要有一定的通风，以保证室内的空气新鲜。这在夏天比较容易做到。但在冬天，为防止贼风而室内密闭，造成舍内湿度增大，氨气及其他有害气体浓度很高，容易引起呼吸道疾病。所以，保育猪舍一定要安装通风系统。比较常见的是房顶的开气窗和墙上的大功率换气扇（图 3－136）。在寒冷地区的冬季，通风与保温显得更加矛盾。但生产证明，通风不良造成的应激和呼吸系统疾病的增加所带来的经济损失，不会比温度不够高而引起的饲料消耗

图 3－136 美国猪舍墙上安装的通风设备

增加、生长速度减慢而带来的经济损失少。

对保育舍空气质量的控制及呼吸道疾病的预防在国内一直是个难题。对于国内现有的仔猪保育舍来讲，在寒冷季节封闭后的舍内空气质量主要存在以下 4 个问题：粉尘、飞沫含量过高，湿度多在 85％ 以上；有害气体和恶臭气体含量远远超过空气质量标准规定的限值；包括病原微生物在内的各种微生物含量远高于夏季通风的猪舍；温度变幅大。而在温暖季节，保育舍存在有害气体浓度超标以及高温等问题。

确保保育舍具有空气清新、无臭或臭味很淡、舒适感，是仔猪毛亮、健康活泼、少病等快速生长的基础。

（八）应安装饮水加药器

保育舍应设一专用圆形水箱，与猪舍供水管相连接。水箱用来溶化存放药物及营养添加剂，当需向仔猪用药或添加维生素等营养物时，将供水管关闭，让仔猪通过饮水器直接饮用水箱的药水（图 3－137）。

因刚断奶仔猪自身免疫系统还未发育完善，极易受病原微生物侵袭，需要用抗菌素来进行预防。因仔猪在断奶时采食量相当少，在饲料中添加药物的效果不理想。最好办法是通过饮水加药。在设计保育舍时应考虑饮水加药系统。有些猪场为节约成本，直接在猪舍内安装了水箱，饮水加药时，直接把药投在水箱内。这种做法，剂量不好控制，均匀度也不够好，也不容易清洗，所以效果不是很好，最好的办法是购买

图 3－137 猪场使用的饮水加药器

管道加药器。一般 1 个猪场 1～2 个就够用了，但每间保育舍都应预备好连接加药器的管道装置，以便随时可以使用。

（九）实行严格的单元饲养，认真做到全进全出（图 3-138）

图 3-138　河南雏鹰集团的单元式全进全出猪舍

二、保育猪舍生产技术管理操作规程

对于规模猪场来说，保育猪的日常管理工作相当重要。但最关键的是要尽量做到全进全出，彻底冲洗消毒，以减少疾病的交叉传染，保证断奶仔猪的健康成长。

（一）保育舍进猪前的准备

在保育猪进入前，首先要把保育舍冲洗干净。在冲洗时，将房间的所有栏板、饲料槽拆开，用高压冲洗机将整个房间的窗户、天花板、地面、墙壁、料槽、水管、加药器进行彻底的冲洗（图 3-139、图 3-140）。同时将下水道中的污水排放掉，并冲洗干净。注意：凡是猪只接触得到的地方，不能有猪粪、饲料遗留的痕迹。

图 3-139　保育舍进猪前要彻底冲洗、消毒

图 3-140　干净、卫生的腾空保育舍

修理栏位、饲料槽、保温箱，检查每个饮水器是否通水，检查加药器是否正常工作，检查所有的电器、电线是否损坏，检查窗户是否可以正常关闭。然后，使用合适的消毒药进行房间设备消毒后（图3-141），空置12h。

图3-141　对仔猪保温箱冲洗消毒

图3-142　用明煤对猪舍预升温度时应加烟囱

再将栏板、料槽组装好，并投放灭鼠药、灭蝇药。将房间的温度升至28℃以上（夏天升至27℃），准备进猪（图3-142）。

刚断奶的仔猪为了增加体感温度，即使在夏季也会挤在一起休息、睡觉。这是因为断奶使仔猪的体感温度一下子降低了许多。体感温度降低，既有物理方面的原因，也有心理方面的因素。

（二）断奶仔猪的进入

断奶转群时最好是按原窝转群，对猪要轻抓轻放（图3-143），这样有利仔猪情绪稳定，减轻混群产生紧张不安的刺激，减少了因恃强凌弱、相互争斗而造成的伤害（图3-144），可有效防止断奶多系统综合征的发生，有利于仔猪生长发育。

图3-143　对断奶猪抓耳朵会加重对猪的应激

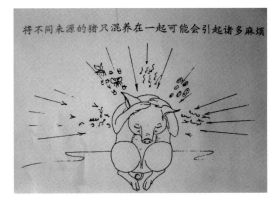

将不同来源的猪只混养在一起可能会引起诸多麻烦

图3-144　断奶合群将会加重应激反应

仔猪日龄不同，其所患疾病的性质也有差别。比如，50日龄的猪，即使其本身没有发病，也有可能不断向周围扩散病原菌。这样的猪若与刚断奶1周之内的30日龄仔猪接触，则很可能会造成部分免疫水平较低的仔猪发病。所以在断奶仔猪编群上，群内仔猪的日龄差异尽量不要太大（最好是控制在 7 日以内，当然，如果能以窝为单位进行分群则更好）。另外，猪栏与猪栏之间最好使用隔板或隔墙，可避免相邻猪栏猪只的相互接触。

1. 断奶猪进入保育舍后，如有足够的栏位数量，尽可能原窝饲养，不要合群，若栏位不够确需合群者，最好以同一单元产房内相邻两窝猪合群为好。要掌握好合群猪只的日龄相差不能超过 7d。

2. 弱小的仔猪安置在房间中部比较温暖的猪栏饲养（图 3-145、图 3-146）。同时可根据实际情况在房间的最里边保留 1～2 个空栏作为机动栏，以便以后安置病弱仔猪。

图 3-145　对断奶弱小猪的保温措施

图 3-146　刚断奶全漏缝床上应垫保温板

3. 全漏缝地板的猪栏可垫上麻袋或橡胶垫，放上少量的乳猪料。这样比较容易诱导断奶仔猪开始采食。同时在料槽中也要加入少量的乳猪料，注意一定要少量多次，以保持饲料的新鲜。

4. 仔猪饮水。水是猪每日食物中最重要的营养，断奶后 3d，每头仔猪可饮水达 1kg，4d 后饮水量会直线上升。饮水不足，会使猪的采食量降低，直接使猪的生长速度可降低 20%。高温季节，保证猪的充分饮水，更为重要。天气太热时，仔猪将会因抢饮水器而打架，有些仔猪还会占着饮水器取凉，使别的小猪不便喝水。还有的猪喜欢吃几口饲料又去喝一些水，往来频繁，如果不能随时喝到水，则吃料也受影响。所以一栏 10 头以上的猪，应安装两个饮水器（按 50cm 距离分开装），以利仔猪随时都可饮水。饮水的温度一般应控制在 25℃以下，夏季高温时要经常检查。

在养猪生产中我们发现，人们往往对饲料比较注重，但会疏忽饮水管理。一般来说，摄取 1 份干饲料，就至少要喝 2 份水来补充。因断奶而失去母乳水分补充的仔猪，很容易陷入一过性水缺乏境地。这时，如果没有足够的饮水，就会造成采食下降，身体消瘦。

5. 对进入每栏的断奶仔猪进行称重记录。或至少要称重一栏仔猪，并在每次换料时进行再次称重，以监控生长速度和耗料情况。同时在舍内要准备好饲料消耗卡，记录每天的饲料消耗；疫苗注射记录卡，记录每次疫苗种类和日期；药品消耗卡，记录猪只使用药品情况；猪只死亡信息卡，记录猪只死亡原因及日期。

（三）做好保育舍的日常工作

1. 早上进入猪舍后先快速检查一遍所有保育猪，看看是否有什么异常情况需要紧急处理。

2. 要多观察刚刚断奶的仔猪，以确保仔猪发现并摄入饲料。仔猪断奶后 7d 以内一般实行限量饲喂。方法是，对刚断奶仔猪的饲喂，自由采食改为按原采食量 80%～90% 的饲粮，日分 7～8 次投喂，要少喂多餐，定时控量投放。因仔猪在刚断奶后的 2～3d 内，会烦躁不安，哼叫着四处走动寻找母猪，不大会吃饲粮，2～3d 后，因饥饿又会猛吃，造成消化不良，引起腹泻。所以在仔猪断奶后的一段时间内，要实施限制饲喂。

3. 刚断奶猪舍内的光线不能太强（图 3-147）。仔猪特点是睡眠时间长，吃饲料时不用眼睛看，而是用鼻子嗅。这样，仔猪在暗一点的环境里，将显得更加安静，睡得也更香。通过观察有这种情况，即在明亮环境里，常有仔猪在栏内来回奔跑，沙沙作响，搅得整个猪群不得安宁。因此，许多有经验的猪场，常常使用亮度较小的灯泡，或干脆关掉电灯。这样，既有利于仔猪健康生长，又节省电费。另外，为了缓解应激，最好是在傍晚时实施断奶、编群。

图 3-147　环境较暗，断奶温度适宜，　　　　图 3-148　温度偏低，仔猪压堆
　　　　　　仔猪均匀分散躺卧

4. 保持断奶猪舍内安静的环境。哺乳仔猪在听到母猪告知泌乳的低声哼哼后，会很快起身，一下子围过来吃奶。由于有了这样的习惯，所以，仔猪对惊吓声非常敏感。比如，刚断奶不久的仔猪，稍微听到一点点响动，就会迅速起身、奔跑，引得整个猪群骚动不安。为此，对于刚断奶不久的仔猪应尽量给以安静的环境，或者相反，在猪舍里连续播放收音机，音乐等，使仔猪对声响习以为常。

5. 饲料的饲喂与转换

（1）按照正大标准化技术操作要求，保育舍仔猪科学的用料方案见表 3-18。

表3-18　保育舍科学用料方案

料号	饲喂用量（kg/头）	猪只体重（kg）
代乳宝	5	教槽～10
乳猪宝	10	10～18
仔猪宝	20	18～30

（2）做好饲料过渡。仔猪由吃乳猪料转吃小猪料，必须有一个逐渐适应的过程。为了换料不产生应激，必须把原饲料和新饲料以相应比例混合。具体做法如表3-19。

表3-19　仔猪饲料过渡方案

日期	第1天	第2天	第3天	第4天
旧饲料	75％	50％	25％	—
准备换的新饲料	25％	50％	75％	100％

6. 检查温度，看是否适合仔猪的要求，如果仔猪打堆，说明温度偏低（图3-148），如果仔猪均匀分散，则温度适宜（图3-147）。一般要求仔猪断奶后第一周内的环境温度应控制在28℃以上，以后每周的温度分别为：第二周25℃，第三周23℃，第四周21℃，第五周20℃（图3-149）。

图3-149　给保育猪搭建"屋中屋"保温

图3-150　饮水器位置低，猪喝水困难

7. 检查舍内的空气新鲜度，及时调整通风量。为了使猪只有一个良好的生长环境，降低保育舍的氨气等有害气体的浓度，除了保证猪舍的温度外，每天也要根据猪只的大小和密度，进行适当的通风。

8. 检查饮水器，看饮水器工作是否正常，安装的高度是否适合猪只饮用（图3-150）；饮水的温度是否过高（热季节）；饲料有无污染；风扇、红外线灯、舍栏等设备的使用情况是否正常等。

断奶时，一些猪对饮水器不习惯。因为在炎热的环境中很容易脱水，因此让猪尽快找到饮水器是很重要的。为保证找到饮水器，在断奶头几天调节饮水器，使其自然滴水。将饮水器安在猪肩部上方 5cm 处，以便让猪抬头喝水。

9. 检查猪只生长状况。少数仔猪打堆睡，要考虑仔猪可能不舒服。大多数仔猪堆集一块，室温可能不够。有疾病的猪有如下征候：垂头夹尾，肤色苍白，情形憔悴，不活跃，蜷缩一旁，四肢无力，颤抖，腹泻拉稀等（图 3 - 151）。发现上述现象的猪，要即刻测量体温，报告兽医诊疗。

图 3 - 151　健康状况欠佳的仔猪　　　　图 3 - 152　为仔猪设玩具，可减少打斗机会

10. 及时记录当天的生产情况和其他信息，每周末清点存栏，统计饲料用量、各舍的死亡数，并记录备案。

11. 设铁环玩具。刚断奶仔猪常出现咬尾和吮吸耳朵、包皮等现象，原因主要是刚断奶仔猪企图继续吮乳造成的，当然，也有因饲料营养不全、饲养密度过大、通风不良应激所引起。防止的办法是在改善饲养管理条件的同时，为仔猪设立玩具，分散注意力（图 3 - 152）。玩具有放在栏内的玩具球和悬在空中的铁环链两种，球易被弄脏不卫生，最好每栏悬挂两条由铁环连成的铁链，高度以仔猪仰头能咬到为宜，这不仅可预防仔猪咬尾等恶癖的发生，也满足了仔猪好动玩耍的需求。

12. 调教管理。新断奶转群的仔猪吃食、卧位、饮水、排泄区尚未形成固定位置，所以，要加强调教训练，使其形成理想的睡卧和排泄区（图 3 - 153）。这样既可保持栏内卫生（图 3 - 154），又便于清扫。仔猪培育栏最好是长方形（便于训练分区），在中间走道一端设自动食槽，另一端安自动饮水器，靠近食槽一侧为睡卧区，另一侧为排泄区。训练的方法是：排泄区的粪便暂不清扫，诱导仔猪来排泄。其他区的粪便及时清除干净。当仔猪活动时对不到指定地点排泄的仔猪用小棍子哄赶并加以训斥。当仔猪睡卧时，可定时哄赶到固定区排泄，经过一周的训练，可建立起定点睡卧和排泄的条件反射。

13. 打扫卫生。保育栏的卫生要及时打扫，否则保育猪容易生病（图 3 - 155、图 3 - 156）。只有栏舍清洗干净、消毒好，保育猪的发病率才会降到最低。

图 3 - 153　仔猪正在床上的排泄区撒尿

图 3 - 154　训练成功的猪群，地面猪床干净、卫生

图 3 - 155　卫生条件差，可使猪发病

图 3 - 156　仔猪嗅其他猪粪，可发生疾病

（四）做好保育猪的健康控制工作

1. 饮水加药。断奶对仔猪是一个很大的应激。因此，如何减少断奶应激是成功饲养保育猪的一个重要环节。仔猪在刚断奶时不愿意采食饲料，但能在较短的时间内找到饮水器饮水。在保育猪的饮水中添加电解质和多维，能较大程度地缓解应激反应，以提高仔猪的抵抗力。

在生产中我们看到，猪在患病的时候采食量下降或不吃料，但其仍然饮水。因此，可通过往饮水中添加药物的方式，对病猪予以治疗。

2. 免疫注射。疫苗接种主要是预防高危险性疾病的发生。大规模集约化猪场一般采用全出全进的生产方式，相对来说健康状况比较好。而且一旦发病也比较容易控制。因此在保育猪阶段，一般只注射几种必须注射的疫苗，如伪狂犬病、猪瘟、口蹄疫等，其他疫苗可以根据实际情况季节性或临时性地使用。

对健康状况良好的保育猪来说，各种疫苗的注射是在仔猪进入保育舍后第二周进行，按各种疫苗使用说明，错开时间，分别注射（图 3 - 157）。60 日龄左右的保育猪应进行驱除体内外寄生虫的工作，以确保仔猪的生长发育，提高饲料报酬（图 3 - 158）。

驱虫可在第五周，即保育期满最后的一周内进行。

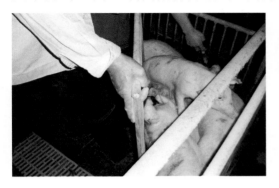

图3- 157　免疫时应做到一猪一个针头

图3- 158　图中带箭头者间为感染
寄生虫的猪，生长慢

3. 加强消毒灭源工作，确保猪群健康。由于保育猪特殊的管理需要，对保育舍一般是采用封闭式管理的。鉴于保育猪易发生呼吸道疾病，每天多次使用喷雾消毒设备或用全保净等消毒药物杀灭舍内空气中的病原微生物（图3-159），对确保保育猪健康非常关键。另外，对保育猪槽经常用优普诺消毒药水浸泡（图3-160）、用清水冲洗干净后晾干再使用，有利于猪群健康。

图3- 159　对封闭的保育舍，应采用喷雾消毒

图3- 160　保育猪槽不易清洗，浸泡消毒效果好

4. 认真进行健康观察。对断奶仔猪认真进行健康观察，是一项重要的管理工作。

健康猪具有以下特点：随日龄增长而相应正常发育；食欲旺盛，食槽中不留饲料；精神旺盛，行动活泼；眼睛有神，皮肤和被毛有光泽；尾巴卷起，粪便正常。

三、实行部分清群技术，切断蓝耳病在保育舍传播

据代广军等（2008）调查，目前很多猪场的仔猪于4周龄断奶、于5周龄转入保育舍后，于6～7周龄开始第一次发生呼吸道疾病，损失率占发病猪总数量的30%～40%，成为猪场非常关注的问题之一。

为何仔猪断奶后转入保育舍就会发病？除了病原因素外，还与目前多数规模猪场实

施的以生产"周"为单位的连续生产过程有很大关系。该生产方式可使病原微生物通过这个循环感染周而复始,无法被彻底消灭。实行部分清群,就是切断了这个感染循环。因此,在猪病连年不断的猪场应实行每年 1～2 次部分清群。

(一)保育舍清群的原理

仔猪在 6～10 周龄母源抗体消失后,蓝耳病、伪狂犬、胸膜肺炎、萎鼻、喘气病、猪瘟等更易感染,使猪发病;

新进入的保育猪与先前进入的高龄仔猪在一栋舍内饲养,形成了传播链;

目前采用的大量使用抗生素、疫苗和消毒药的办法不能有效控制疾病发生,导致仔猪损失较大;

将整栋保育舍清空,采取清空—消毒—消毒—消毒—至少干燥两周的办法,可切断病源传播;

对连续生产的猪场来说,每年夏天进行一次清群,可有效改善猪群健康水平,达到事半功倍的效果。美国猪场重新建群后的效果(朱汉守,2009):销售重量增加 20%;日增重提高 15%;料重比下降 10%;猪群健康,降低了药费;效果将持续 2～4 年。

(二)对保育舍内的猪只为何要实行清群新技术

当保育舍内猪只发生下列情况时,可视为不断发生蓝耳病的特征,没有其他好办法,朱汉守(2009)建议实行清群:

(1)生长速度慢,日增重长期不理想,减少可达 15%;

(2)料重比偏高;

(3)断奶后死亡率可达 15%,两倍于蓝耳病发生前的指标;

(4)检测有很高的继发感染和混合感染;

(5)几个月就会循环发生一次;

(6)猪的损失情况因毒株和继发感染的情况不同。

(三)保育舍猪清群的步骤

第一天:清空所有栏,粪池,清洗—消毒(用甲醛类消毒剂);

第二天:重新清空粪池,清洗—消毒(酚类消毒剂),干燥;

第十三天:重新清洗—消毒(甲醛类消毒剂);

第十四天:开始正常进入下一批猪。

保育舍猪群的疫病控制问题已成为许多规模猪场最头痛的大问题,该阶段的猪只最易发生副猪嗜血杆菌、蓝耳病和圆环病毒等疫病,且多呈混合感染,诊治非常困难,给猪场造成了重大的损失。因此,对猪病连年不断的猪场能最好实行每年 1～2 次部分清群。对传染病较多、较复杂的猪场,主张全部清群。即在同一时间把所有的保育猪出售或转移到育肥舍饲养(最好是转移到另一个猪场),对腾空的猪舍彻底清洗后空置 1～2 周(最好是 2 周)。每次清群,应分别用 3 种不同的消毒药,进行 3 次消毒,这是清除 PRRS 和其他疫病、确保猪只健康生长的有效措施之一。

第 4 节　常见保育猪疾病的诊断与防治

一、危害较大的脑膜炎型链球菌病

猪链球菌病是严重影响养猪业经济效益的疾病，其参与了很多疾病综合征的发病过程，它可以作为原发性感染的病原引起疾病，如败血症、2 型链球菌性脑膜炎等。但很多情况下，链球菌可以继发于其他的病原或疾病，如 PRRSV 感染、PCV-2 感染等，它也是肺炎支原体继发性感染的病原之一，使疾病情况更加复杂。

（一）猪链球菌病对养猪生产的危害

目前共有 35 种荚膜型的链球菌，其中感染猪的主要是 2 型链球菌。本病已经成为猪的关键性病原体，特别是在多地点饲养、饲养密度越来越高、应激反应持续存在的情况下。

链球菌可引起以下疾病或综合征：脑膜炎、多发性浆膜炎和关节炎、败血症以及肺炎等。而在母猪，链球菌是引起子宫炎、乳房炎和泌乳障碍综合征的最常见病原。调查表明，除了猪流感病毒和肺炎支原体外，在 30～60 日龄之间出现的呼吸道病，63.7% 存在着链球菌的感染。而在 PMWS 发病过程中，链球菌的作用也不可忽视。

在链球菌引起的上述疾病中，猪脑膜炎型链球菌造成的危害和损失越来越大。应用血清学的方法，可将猪脑膜炎型链球菌分为 15 个群，其中 C 群可使猪发生急性败血性链球菌病，保育猪和育成猪发病时常伴有脑膜炎症状，故临床上称之为猪脑膜炎型链球菌病。这种病对猪场危害性很大，发病率有时可高达 100%，死亡率高低则与预防措施是否得力、诊断的正确性和治疗是否及时有很大关系。其潜在危害性还在于病猪治愈后，有 50% 以上成为健康带菌者一般能引起本病的暴发。所以，生产猪场，特别是种猪场必须将之隔离饲养，否则后果严重。

（二）临床表现

本病病原的传播可通过鼻液、唾液、尿液和破伤皮肤、呼吸道等途径感染。病初猪体温升高到 41～42℃，废食，鼻腔内流出浆液，很快出现神经症状，如前肢高踏、四肢行动不协调、转圈、空嚼、磨牙、倒地不起、四肢抽搐、肌肉颤抖、两耳直竖、头往后仰等症状，有的皮肤充血泛红。最急性的数小时或 1～2d 内死亡，病程长的可拖到 3～4d 死亡。

（三）剖检

病死猪尸检，可见颈、胸、腹、四肢出现紫斑，关节肿大，全身淋巴结红紫，鼻腔内有大量浆液性分泌物潴留，气管内有白色泡沫，肺充血水肿，肝稍肿大色淡呈土黄色，脾脏肿大，肾及膀胱充血，脑膜增厚，小脑充血，暗红色。脑脊髓液显著增多，脑血管充血，有轻度化脓性炎灶。胃有较多黏液，肠道有卡他性炎症，肠系膜有点状充血和出血点。取病理脏器、血液、关节液涂片用显微镜观察，可见有革兰氏阳性短链或长链链球菌，则是本病无疑。

（四）防治措施

确诊后，对发病早，症状轻的患猪，可选用敏感的抗生素进行治疗；对出现神经症状的病猪，宜加注红霉素及磺胺类药物，每 50kg 体重病猪肌注氯丙嗪 2mL，效果较好，如出现好转应继续按时治疗，可治愈。

本病应以预防为主，对 14 日龄、40 日龄的猪分别注射链球菌疫苗 1 头份、2 头份，接种后 7d 可产生免疫力，免疫期 9～12 个月。平常对猪舍和产房定期用 2％火碱水加 5％生石灰水彻底消毒。仔猪出生剪脐带、阉割及作预防注射时必须严格按常规消毒。购进新猪须隔离饲养两个月以上，确实无病方可并入生产猪群内饲养。

（五）值得注意的问题

在最近几年，链球菌、PRRSV 和流感病毒混合感染已经成为猪呼吸道疾病综合征（PRDC）非常普遍的组成成分。链球菌和 PRRSV 混合感染的猪场，10％～25％保育猪的死亡率是很常见的，尽管采取了大剂量的抗生素治疗，并使用了链球菌商品苗或自家苗以及 PRRS 疫苗。在蓝耳病（PRRS）呈地方性流行的猪场，链球菌感染造成的损失特别严重。即链球菌性败血症、链球菌性脑膜炎的发病率更高，母猪更容易发生子宫炎和乳房炎。

1. PRRS 病毒主要感染包括肺泡巨噬细胞和肺脏血管内的巨噬细胞。这些细胞的损伤据认为是 PRRS 病毒诱导促进猪链球菌感染的重要原因。

2. 链球菌在猪口腔、上呼吸道中是正常菌群的组成成分，其在扁桃体中定居至少一种以上。有些猪场因为剪牙操作不规范，导致严重的牙龈损伤，口腔中的链球菌非常容易通过伤口感染，引起哺乳仔猪的关节炎，甚至败血症。

3. 由 2 型链球菌感染造成的生长猪脑膜炎在近几年显著地增加了，成为断奶猪和生长猪临床脑膜炎的主要原因。在肺病综合征中，猪链球菌也是与猪流感病毒混合感染的常见病原体，虽然其普遍性不如多杀性巴氏杆菌，但比猪副嗜血杆菌、胸膜肺炎放线杆菌和支气管败血博代氏菌等细菌普遍。

4. 疫苗在链球菌病控制程序中的作用。

（1）链球菌疫苗接种有助于降低仔猪死亡率，使疾病更容易对付，然而，不可能彻底控制这种疾病。

（2）母猪接种疫苗可以降低仔猪的死亡率，而且比接种仔猪费用低，更省劳动力。

（3）在考虑使用链球菌自家疫苗时，应该进行猪场流行病学调查，以便使疫苗能够包含所需要的链球菌菌株。

（4）由于链球菌疫苗的局限性，抗生素在控制这一病原体方面有相当大的应用范围，特别是在链球菌与 PRRSV 混合感染的情况下。

二、仔猪渗出性皮炎

葡萄球菌是猪体内的一种条件性致病菌，当机体抵抗力降低时，常常引起猪只发病。本菌除可引起全身感染外，还常常发生于猪的某一特定部位，引起局部组织的病变。在规模猪场，本病主要引起哺乳仔猪及断奶仔猪发生渗出性皮炎，发病率和死亡率都很高，给猪场造成了重大经济损失。

（一）致病因素

该病主要发生在猪舍环境卫生条件较差的猪场，如猪舍通风不良；场地普遍较为潮湿；舍内排污不畅，污水滞留，保温板与地面之间积存粪便和饲料，冲洗和消毒困难，为病原菌的繁殖提供了场所；栏舍较为狭窄，且水泥隔板较粗糙，哺乳仔猪经常出现拥挤而擦伤皮肤，为病原菌繁殖和侵入提供了门户。本病主要发生在刚出生不久至断奶前的哺乳仔猪，偶尔也见于 50～70 日龄的猪。哺乳仔猪的发病率平均为 46.2%，病死率平均为 50%。

早期，有创伤的仔猪用红药水或紫药水进行伤口处理，一定程度上可减轻本病发生，但不能阻止本病蔓延。当仔猪体表皮肤出现较严重的渗出性皮炎时，许多治疗方法（包括使用大剂量的抗生素），均未能达到理想的治疗效果。

（二）临床症状与病理变化

仔猪最早于 2 日龄开始发病，最迟的于 7 日龄发病，3 日龄前发病的仔猪病初症状一般从皮肤损伤处或无毛、少毛处（如嘴角、眼圈）出现皮肤炎症。表现为红色斑点和丘疹，持续 1d 左右破溃，然后向颊部、耳后蔓延，经 2～3d 蔓延至全身。3 日龄后发病的仔猪，症状一般从耳后开始，也表现为红色斑点和丘疹，然后向前、向后蔓延，很快遍布全身。呈湿润浆液性皮炎，并形成鱼鳞样痂皮，触摸病仔猪全身呈黏腻感，被毛轻轻一拔即连同皮肤一起拔掉，剥落痂皮后造成红色创面。病初仔猪的精神状态、食欲、粪便及体温均正常，后期病仔猪怕冷、聚堆、精神沉郁、食欲减退，部分病猪出现黄白色或灰色腹泻（与大肠杆菌混合感染），持续 5d 左右开始死亡。耐过猪生长发育不良，饲料报酬低。

剖检变化：腹股沟淋巴结肿大，表现出血；肠充满黄色或白色稀薄内容物。其他病理变化不明显。

（三）实验室检查

1. 涂片镜检。于病初仔猪丘疹处取病料，做成触片，瑞氏染色，发现大量散在、成对或短链状排列的圆形或卵圆形细菌；血液琼脂平板上单个菌落制成的细菌涂片，革兰氏染色，发现大量葡萄球串状阳性球菌。

2. 分离培养。将无菌采取的病料，接种于血液琼脂平面培养基上，37℃ 培养 24h，细菌生长旺盛，菌落周围有明显的溶血环，菌落呈灰白色，40℃ 保存数天后，菌落呈淡黄色。

（四）诊断

1. 根据临床症状，剖检变化与实验室检查，确诊为猪金黄色葡萄球菌性皮炎。

2. 本病的诊断一般可根据病猪的发病年龄及初期的特征性病变，渗出性皮炎进行确诊，但在诊断中应与营养不良所致的皮疹、接触性湿疹和病毒性皮炎区别。为此，可采取渗出液或痂皮下组织微生物学检查，即可区别。

（五）防制措施

1. 在注意保温的同时，适当通风；改善环境卫生和加强消毒的同时，保持舍内的干燥，同时保持设备完好无损，防止皮肤黏膜损伤是预防本病的关键。

2. 治疗。采用内外结合用药的办法进行治疗。

（1）对皮炎型病猪，将四环素片研成粉末和肤轻松软膏（医用）调匀（软膏 20g/支＋0.25 g/片的四环素 5 片），均匀薄层涂擦于病变部位，然后将病猪放于干净的环境中饲养；所有仔猪饮水中按说明用量加入环丙沙星饮水，2 次/d，连用 3d。

（2）对在不同部位初期形成的脓肿，在肿胀部位涂抹红霉素软膏；对于关节部位已成熟的脓肿，利用注射器将脓肿腔内脓汁抽出，然后用生理盐水反复冲洗脓腔，最后灌注呋喃西林溶液；对其他部位形成的脓肿，按常规手术进行局部剪毛、消毒，纵向切开后轻轻挤出脓汁，先用 3% 过氧化氢进行多次冲洗，再用生理盐水进行冲洗，最后注入呋喃西林溶液。

（3）对墙壁、地面等进行处理，使其表面光滑；圈舍和运动场地经常打扫，清除带有锋利尖锐的物品，排除一切可能造成外伤的因素，防止划破皮肤；发现皮肤有损伤者，及时给予处理，防止进一步感染。发现可疑病例及时隔离并采用抗生素治疗。

（4）对猪圈、运动场地等进行定期消毒。

（5）精心护理仔猪，增强猪体的抵抗力，减少各种应激因素的刺激。

葡萄球菌是猪皮肤、呼吸道和消化道黏膜上的常在菌群，当猪的抵抗力降低时，可通过损伤的皮肤和黏膜，或消化道、呼吸道而发生感染。特别是圈舍卫生条件不好，管理制度不健全，缺乏完善的消毒措施，在注射时不消毒，一针到底，更易引发本病。

在进行流行病学调查时得知，在仔猪断牙时若没有对所应用的器械进行消毒，在生后 3d 注射牲血素时，也没有对注射部位消毒，而且是一针到底，可以断定，本病是由于仔猪断牙和注射牲血素时消毒不严格，感染葡萄球菌而发病。

三、断奶猪多系统衰竭综合征

近年来，主要由 2 型猪圆环病毒引起的断奶猪多系统衰竭综合征（PMWS），严重影响了断奶猪生长发育，且致死率很高。此病可引起典型的临床症状和病理变化，临床表现以多系统进行性功能衰竭为特征。

仔猪断奶后多系统衰竭综合征发生也与猪蓝耳病毒、副猪嗜血杆菌、肺炎支原体、霉菌毒素中毒等有关，往往会给猪场造成很大的经济损失。

（一）病原及发病因素

猪圆环病毒（PCV）存在两种血清型，即 PCV-1 和 PCV-2。PCV-1 一般认为无致病性，在实验室感染时免疫荧光显示在淋巴组织、肺和肠道有 PCV-1 存在，因此不能排除感染时对免疫系统的损害作用。PCV-2 是 PMWS 的主要病因，但不是唯一的病原。PMWS 很可能与猪小核糖核酸病毒、猪细小病毒（PPV）、猪链球菌 1 型及非典型 PRRS 病毒等多种病毒的混合感染有关。此外，本病常与工厂化生产方式有关，但与猪场规模的大小无关。饲养管理不善，恶劣的环境，猪群密度过高，不同年龄、不同来源的猪编群、过多的新猪只的引入均可诱发本病。

（二）流行病学

PMWS 流行广泛，猪群中血清阳性率常高达 20%～80%。有人发现仔猪出生后，母源抗体中的 PCV-2 抗体在 8～9 周龄时消失，但在 13～15 周龄时又重新出现，表明这些小猪在 11～13 周龄时又感染了 PCV-2。PMWS 见于 5～16 周龄的猪，但最常见于 6～8 周龄。猪群患病率为 3%～50%，死亡率在 8%～35%（急性暴发时死亡率可达 40%左右）。发病猪中大约有半数于病后 2～8d 内死亡，其他半数猪在衰弱状态下残存数周，几乎没有康复的猪，致死率 80%～100%。病毒随粪便、鼻腔分泌物排出体外，通过消化道而感染，也可能垂直感染。本病发展缓慢，猪群一次发病可持续 12～18 个月。

（三）临床症状

PMWS 的临床表现为病猪发热 41℃左右，呼吸急促、呼吸困难，逐渐消瘦，生长缓慢、缺乏活力，被毛粗乱，喜扎堆，挤拥在一起，精神沉郁，食欲减退，衰竭无力，嗜睡，皮肤苍白或皮肤及可视黏膜黄疸，有时表现为腹泻、咳嗽和仔猪先天性震颤、呈脑膜炎（神经）等症状。体表淋巴结，特别是腹股沟浅淋巴结肿大。再一个特征就是猪群的死亡率增加。许多学者指出，由于发生细菌、病毒的二重感染而使 PMWS 的症状复杂化、严重化。

（四）病理变化

剖检可见肺表面有红色至灰褐色斑点，肺脏的变化为间质性肺炎，肺脏间质增宽，呈棕黄色或棕红色斑驳状，出血，触之呈橡皮样感觉。全身体表淋巴结肿大，包括淋巴结炎，腹股沟、气管、支气管淋巴结呈中度至明显肿大，腹股沟、肠系膜淋巴结可肿大 3～5 倍，有时可达 8～10 倍，外表为灰白色，有时淋巴结皮质出血，使整个淋巴结呈紫红色，切面为灰黄色，有出血点。肾脏苍白。如继发细菌感染，病变将更为复杂，肺脏和淋巴结可见化脓病变，出现心包炎、胸膜肺炎、肝周炎、腹膜炎、关节炎等症状。肾脏肿胀，颜色变淡，表面有大量灰白色病灶，皮质变薄，有时肾脏出血。肾门淋巴结肿胀、充血、出血。

（五）诊断

本病无特征性症状，且易与 PRRS、猪伪狂犬等疾病混淆，应剖检多头病例。组织学检查有助于本病的诊断，确诊需进行实验室检验。

（六）防制措施

由于患猪大量排毒，且病毒对外界环境有很强的抵抗力，猪场一旦被感染，将会造成重大损失。应从以下几个方面采取防范措施：

1. 对早期发现疑似感染猪要立即及早淘汰，防止成为传染源。

2. 目前已有圆环病毒疫苗可有效预防本病的发生。

2009 年 9 月笔者在访美期间，与美国最大的养猪公司——施密斯（Smithfield Foods）公司的兽医专家进行了座谈（图 3-161）。该公司拥有约 120 万头母猪。主管兽医负责种猪核心群及 50 万头以上养猪区的健康管理，下属有 10 多个专职兽医在各场及专门的实验室工作。据这些专家介绍：圆环病毒灭活疫苗非常有效，他们的所有猪只全部进行了免疫；其中核心群仔猪三、五周龄各免疫一次，扩繁场的猪只仅免疫一次。不打圆环苗的猪在生长育肥期肯定会出现问题。

目前，我国许多规模猪场也都用圆环病毒疫苗对猪进行了免疫，降低了猪病的发生率，减少了经济损失。

3. 从饲养管理入手，预防本病的发生。

（1）降低饲养密度，必要时可出售部分保育猪和生长猪。

（2）实行严格的全进全出制，至少同一单元应实行全进全出，最好是同一栋猪舍或全场能做到全进全出。

（3）不要将日龄相差 7d 以上、不同来源的猪混养。

（4）减少环境应激因素，如温度变化，防止贼风和有害气体等。

图 3-161　与美国施密斯公司的兽医专家座谈

（5）避免从 PMWS 发病场引进猪只，严格控制来访者、车辆或其他动物如猫、狗、牛等进入猪场，对老鼠和飞鸟也要进行严格控制。

（6）鉴于 PCV 是没有囊膜的 DNA 病毒，对理化因素有较强的抵抗力，因此，猪场应定期使用有效的消毒剂进行消毒。

（7）仔猪断乳后应原窝转群，圈与圈之间用实墙隔开，合群猪只日龄相差在 7d 以内。

（8）确保断乳仔猪营养水平。大量生产实践证明，对仔猪使用正大猪三宝全价饲料，可增强猪群健康，减少了本病发生，确保仔猪安全度过断奶保育关。

四、仔猪水肿病

仔猪水肿病是由病原性大肠埃希氏菌引起的一种断奶仔猪急性高度致死性、散发性传染病。该病多发于春秋季节断奶 1～2 周后的仔猪，发病率为 5％～30％，致死率高达 90％以上。病猪以突然发病、头部眼睑水肿、胃壁后、肠系膜水肿、全身或局部麻痹、共济失调为主要特征，一旦发病很难救治，是养猪生产中重要的疑难病症之一，给养猪业造成重大的经济损失。

（一）流行特点

该病主要发生于断奶前后的仔猪，以断奶后 1～3 周发病率最高，低营养水平少发。发病个体一般是中上等膘情，同窝仔猪生长发育良好的容易发病，低营养水平少发。发病时间多集中在 3～5 月和 9～11 月。该病发病急，死亡快，呈散发性传染，病程短，致死率高。气温变化大时多发，气温平稳时少发。

（二）发病原因

1. 管理不善，卫生不良，消毒不严，营养缺乏，引起肠道微生物区系的变化，促使致病性大肠杆菌异常生长繁殖导致发病。

2. 仔猪断奶后饲料单一或饲喂大量蛋白质饲料，引起胃肠机能紊乱，有利于致病菌繁殖并产生毒素诱发该病。

3. 仔猪出生后母源抗体的传递是通过小肠吸收母乳而获得，母源性大肠杆菌性抗体在仔猪体内维持时间是 7～35d。

4. 仔猪消化机能不全，胃底腺不发达，体内缺乏淀粉酶和胃酸，影响植物蛋白和淀粉的消化，特别是在肠道内腐败菌分解产生毒素，致使肠道功能异常。

5. 过早断乳、饲料骤换、饲养方式不当、气候变化、阴雨潮湿，以及防疫和阉割等诸多外部应激因素均能诱发此病。

（三）主要症状与病理变化

1. 主要症状。仔猪突然发病，体温不高、精神沉郁、不食、行走时四肢无力、共济失调、步态不稳。倒地后肌肉震颤，全身抽搐，四肢划水状。神经过敏，触之惊叫，叫声嘶哑。上下眼睑、颜面部、头颈部皮下呈灰白色水肿。有的仔猪出现便秘或腹泻，心跳加快，呼吸困难衰竭而死，急性病例几小时至 1d 死亡，病程稍长的可达 2～3d。

2. 剖检变化。尸体外表苍白、眼睑、结膜、下颌部与头颈部皮下水肿，特别是胃的大弯部和贲门部黏膜下层水肿明显，切开水肿部可见透明至黄色的渗出液流出，或呈胶冻状。肠系膜水肿，全身淋巴结水肿，切面多汁。有的可见肺水肿，心包与腹腔积液等。

（四）预防措施

1. 控制好饲养环境。临产母猪进入产仔舍之前，以及仔猪进入保育舍之前一定要将猪舍、门窗、墙壁、地面、通道、猪栏、产床、保温箱、用具、工具等清扫干净，用高压水龙头冲洗，然后用 2% 火碱溶液消毒 1 次，再用清水冲洗干净后，用 1∶2 000 的消毒威或 1∶300 的菌毒敌交叉反复全面喷雾消毒 2 次，空舍 5d 即可进猪。

2. 控制好临产母猪。临产母猪带菌，成为传播本病的主要传染源，控制好母猪非常关键。要实行"全进全出"的饲养方式，母猪临产前 3d 进入产仔舍，用 30℃的温水将其全身冲洗干净，然后喷洒 1∶500 的强效碘或百疫灭溶液全身消毒，上产床待产。母猪产仔后要用 1∶500 的强效碘消毒乳房与会阴部，每天 1 次。产床、猪栏与保温箱要保持清洁、卫生、干燥。这样可有效地杀灭产房的致病菌，减少疫病的发生。

3. 免疫预防。

（1）临产母猪。母猪临产前 40d 和 15d，分别肌注大肠杆菌 K88、K99、987P 三价灭活苗，初生仔猪通过吃初乳可获得保护。

（2）仔猪。仔猪 18 日龄时，每头肌注猪水肿病多价油乳剂灭活苗，每头 1ml；40 日龄时再加强 1 次，每头肌注 2ml，可获得很好免疫效果。

4. 药物预防。

（1）仔猪出生后哺乳之前，给每头仔猪口服 0.1% 亚硒酸钠 0.5～1.0ml，5d 后再口服 1 次。

（2）仔猪 3 日龄时，每头肌注牲血素 1ml，0.1% 亚硒酸钠溶液 0.5ml，补充铁和硒的不足，可防制本病的发生。

（3）对常发生本病的猪场，要在仔猪断奶前1周和断奶后2周，每头肌注组织胺球蛋白2ml，每周注射1次；同时配合每天每头内服磺胺二甲嘧啶1.5g，可有效地预防本病的发生。

5. 仔猪断奶后应转入清洗消毒的保育舍饲养。 全进全出，原窝组群，饲料更换和饲养方式的改变不要突变；保持猪舍的清洁卫生、温度和通风，尽可能防止断奶应激，有利于预防本病的发病。

6. 发生本病时的措施。 采取抗菌消肿、解毒镇静、强心利尿等措施综合施治。

（1）2.5％的恩诺沙星注射液按每千克体重10ml，肌注，每天注射2次，连续注射2～3d。病重者用5％的葡萄糖盐水300～500ml、维生素C 10ml一次静注。

（2）硫酸钠或硫酸镁按每千克体重1kg、大黄末6g拌料喂服，同时每千克体重用土霉素40mg口服，每天1次，连用3d。

（3）新霉素25万～30万IU肌注，链霉素1g加氢化可的松50～100mg口服，或10kg体重用0.1％的亚硒酸钠2 ml肌注。

（4）盐酸环丙沙星注射液按每千克体重1 ml或奥星注射液按每千克体重0.1ml肌注，每天注射2次，连续注射3d。

五、副猪嗜血杆菌

近年来，副猪嗜血杆菌病已给很多规模猪场造成了严重的经济损失。本病只感染猪，可以影响从2周龄到4月龄的青年猪，主要在断奶前后和保育阶段发病，通常见于5～8周龄的猪，发病率一般在10％～15％，严重时死亡率可达50％。

目前，猪副嗜血杆菌病发生呈递增趋势，且以多发性浆膜炎和关节炎及高发病率和高死亡率为特征，给养猪业带来了严重的损失，应引起规模猪场的高度重视。

（一）本病发生原因

副猪嗜血杆菌病可通过呼吸系统传播。当猪群中存在猪蓝耳病、圆环病毒、流感的情况下，该病更容易发生。养猪环境差、断水等应激情况下该病更容易发生。断奶、转群、混群或运输也是常见的诱因。

副猪嗜血杆菌常作为继发的病原伴随其他主要病原尤其是蓝耳病的混合感染，被有关专家称之为蓝耳病的"影子病"。近年来，从患蓝耳病的猪中分离出猪副嗜血杆菌的比率越来越高。因此，做好副猪嗜血杆菌的防控工作，要首先做好对蓝耳病、圆环病毒、猪流感等的防控工作。

（二）临床症状

临床症状取决于炎性损伤的部位，在高度健康的猪群，发病很快，接触病原后几天内就发病。临床症状包括发热（体温升高至40～41.5℃），食欲不振、厌食、反应迟钝、呼吸困难、疼痛（由尖叫推断）、体表皮肤发红，耳尖发紫，眼睑水肿，部分病猪出现鼻流脓液，行走缓慢、不愿站立，出现两侧或一侧性跛行，腕关节，跗关节肿大，共济失调，临死前侧卧、四肢呈划水样。急性感染后可能留下后遗症，即母猪流产，公猪慢性跛行。即使应用抗菌素治疗感染母猪，分娩时也可能引发严重疾病。总之，咳嗽、呼吸困难、消瘦、跛行和被毛粗乱是主要的临床症状。

（三）病理变化

剖检可见：纤维素性胸膜炎，胸腔内有大量的淡红色液体及纤维素性渗出物凝块；肺炎，肺表面覆盖有大量的纤维素性渗出物并与胸壁粘连，多数为间质性肺炎，部分有对称性肉样变化，肺水肿、腹膜炎，常表现为化脓性或纤维性腹膜炎（图 3 - 162），腹腔积液或与内脏器官粘连；心包炎、心包积液（图 3 - 163），心包内常有奶酪样甚至豆腐渣样渗出物，使外膜与心脏粘连在一起，形成"绒毛心"（图 3 - 164），心肌有出血点；全身淋巴结肿大，呈暗红色，切面呈大理石样花纹；脾脏肿大，有出血性梗死；关节肿大，关节腔有浆液性渗出性炎症（图 3 - 165）。

图 3 - 162　腹膜炎

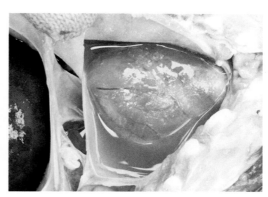

图 3 - 163　心包积液

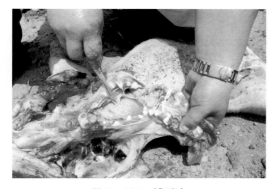

图 3 - 164　绒毛心

图 3 - 165　关节腔有渗出性炎症

（四）诊断

根据本病的流行特点、临床特征和病理剖检变化等，可作出初步诊断，确诊需要进行实验室检验。

（五）药敏试验

实验室药物敏感试验表明，副猪嗜血杆菌对阿米卡星、阿莫西林、头孢菌素、四环素、磺胺甲基异恶唑高度敏感。

（六）平时的预防措施

由于副猪嗜血杆菌对心脏功能危害较大，故在本病表现突出的临床症状后，治疗效果不很理想，应采取预防为主的措施：

1. 加强饲养管理，防止各种应激因素的发生。

2. 按全进全出制度安排生产，隔离饲养，以阻断病原体在猪群中的交叉传播及母子间的水平传播。

3. 做好免疫接种。

（1）做好其他疫病的免疫接种。猪场要按照科学的免疫程序做好猪瘟、伪狂犬病、喘气病等疫病的免疫接种，使猪群常年处于良好的免疫状态，可有效地防止副猪嗜血杆菌病在猪场的继发感染。

（2）用疫苗做好本病的免疫接种

对母猪进行免疫：通常情况下，母猪是副猪嗜血杆菌病毒的携带者，此菌主要影响到断奶后的仔猪，感染主要为4～6周的仔猪。因此，通常对母猪进行免疫，以保护仔猪。后备母猪于配种前免疫接种2次：即配种前6周和配种前3周各接种1次，每次1头份；对经产母猪：对从未接种过该疫苗的猪场，先做2次基础免疫，中间间隔3～4周。基础免疫4周后，对产前4周母猪接种，每次1头份；或普打每年3次，每4个月全群母猪接种1次。

对仔猪进行免疫：6周龄以内发病的场：只需要接种母猪即可；7～9周龄发病的场，需要仔猪在1～2周和3～4周龄分别接种1次，每次1头份。

4. 消除诱因。加强饲养管理与环境消毒，减少各种应激，在疾病流行期间有条件的猪场仔猪断奶时可暂不混群，对混群的一定要严格把关，把病猪集中隔离在同一猪舍，对断奶后保育猪"分级饲养"，这样也可减少蓝耳病、圆环病毒病在猪群中的传播。注意保温和温差的变化；在猪群断奶、转群、混群或运输前后可在饮水中加一些抗应激的药物如维生素C等，同时在料中添加敏感药物可有效防止本病的发生。

第7章 规模猪场生长育肥猪的细化管理技术

第1节 生长育肥猪的饲养管理

生长肥育阶段是猪的营养生涯中最昂贵的一个阶段。猪在这一阶段中吃下的饲料占其一生总采食量的75%。在这一阶段中，提高饲料报酬率可产生显著的经济效益。

一、制订确保生长育肥猪快速生长的营养计划

（一）日粮的蛋白质和氨基酸水平

日粮的蛋白质水平对商品肉猪的日增重、饲料转化率和胴体品质影响极大，并受猪的品种、日粮的能量水平及蛋白质的配比所制约。

为帮助猪场降低饲养成本，提高养猪效益，正大集团的营养专家根据猪的生理和生长发育的需要，利用现代养猪营养新技术成果，为商品猪一生科学地制定了"3-6-9-40"新型营养套餐，促使了商品猪的快速生长发育，150日龄即可使猪只长到110kg，大大降低了商品猪饲养期较长而带来的疫病风险！（目前，许多猪场的商品猪通常在

180 日龄左右时体重才达到 100kg 左右出栏）。

"3－6－9－40" 新型营养套餐是指：以 10 头猪为基础计算，达 90 日龄时饲喂 3 袋正大代乳宝、6 袋正大乳猪宝、9 袋正大仔猪宝后，可使猪体重达到 50kg，之后再饲喂 40 袋正大育肥猪料，150 日龄的猪只体重即可达到 110kg 出栏（图 3－166）。育肥猪全程料肉比在 2.4～2.5：1，取得了非常好的经济效益。

图 3－166　正大育肥猪全价料 150d 长 110kg 的效果展示

（二）抗生素的选择使用

日粮中添加抗生素对仔猪的促生长作用是较大的，当仔猪长大了，它体内的免疫系统健全了，就可以抵御环境中病原微生物的侵袭。因此，在日龄较大猪的日粮中添加抗生素对促生长的意义不大，除非是为了防病治疗。

（三）饲喂管理

自由采食与限量饲喂两种饲喂方法多次比较试验表明，前者日增重高背膘较厚，后者饲料转化效率高背膘较薄。为了追求高的日增重用自由采食方法最好（图 3－167），为了获得瘦肉率较高的胴体采用限量饲喂方法最优。

饲喂环境必须有利于猪能方便吃到充足的饲料，应尽可能地减少同别的个体竞争饲料和饮水，还允许猪在圈内自由走动。猪的采食过程十分简单。猪首先从休息姿势起身，走向饲槽进行采食，然后走向水源去喝水，最后进行排泄或是返回休息处，从而结束采食过程。因此，猪圈的设计必须有利于猪的这些活动。最常见的错误是饲料槽和饮水器的位置设置不当，使得猪从饲槽至水源的路上必须穿过休息区，这就增加了猪只间相互打斗的可能性，既消耗了能量还会引起损伤。

二、确定合理的圈养密度

许多研究证明，随着圈养密度或肉猪群头数的增加（图 3－168），平均日增重和饲料转化率均下降，群体越大生产性能表现越差。因为密度越高则单位时间内肉猪群间摩擦次数增加，说明密度高时，强弱位次对于维持肉猪群正常秩序已失去作用。

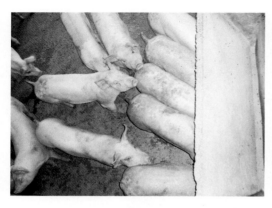

图 3-167　采取自由采食方式时，槽内不能断料

图 3-168　饲养密度大，可降低生产性能

若饲槽栏位允许，每圈 16 头左右生长育肥猪比较适宜。正常情况下，生长猪在体重 20～27kg 转到育肥圈舍所需要的面积如表 3-20。

表 3-20　生长育肥猪所需要的占圈面积

体重（kg）	需要的面积（最好有缝地板）（m²）
20～45	0.37～0.5
46～102	0.84～1.2

三、尽可能做到一次组群饲养

这是根据行为学研究所确定的一条养猪原则。猪是群居动物，来源不同的猪合群时，往往出现剧烈的咬架，相互攻击、强行争食，分群躺卧各据一方，这一行为造成了个体间增重的差异可达到 13％。一次组群，终生不变，形成稳定的群居秩序，就不会出现上述现象，对肉猪生产极为有利。

四、使用全价颗粒料喂猪，减少了浪费，提高了利用率

科学地调制饲料和饲喂，对提高肉猪的增重速度和饲料利用率，降低生产成本有着重大意义，同时也是肉猪日常饲养管理工作中的一项重要工作。特别是在后期，肉猪沉积一定数量的脂肪后，食欲往往会下降，更应引起注意。

正大集团在泰国的所有猪场全部使用了正大集团营养专家研制的全价颗粒料，取得了非常好的养猪效益。其全价育肥颗粒料的优点是：

1. 与使用粉料相比，可减少饲料浪费大 10％以上；

2. 可减少呼吸道病的发生率。饲喂粉料可增加猪舍内的粉尘量，增加呼吸道疾病的发生率，颗粒料就避免了这个问题（图 3-169、图 3-170）；

3. 正大全价料解决了自配料在加工过程中的搅拌不匀的问题，确保了饲料的全价营养；

4. 正大全价颗粒料在高温制粒过程中，杀灭了细菌、有利于猪群的健康；

5. 颗粒料与粉料相比，省时、省力、省事、省工，避免了自配料在加工过程中造成的饲料原料的浪费等。

图 3 - 169　使用颗粒料无粉尘，利用率高

图 3 - 170　用粉料引起的粉尘，可使猪发生呼吸道病

五、公母猪应分开饲喂

去势猪通常比小母猪增重快，同样，去势猪采食量要比小母猪大得多。研究表明，去势公猪的饲料采食量要比小母猪高出 5%，这方面的差别是由体重决定的。已经发现，在去势公猪和小母猪之间的这种饲料采食量的差别通常发生在体重 25～80kg。

六、供给充足的饮水

肥育猪饮水量与体重、环境温度、湿度、饲粮组成和采食量相关。一般在冬季，其饮水量应为风干饲料量的 2～3 倍或体重的 10% 左右；春秋季节，为采食风干饲料量的 4 倍或体重的 16%；夏季为风干饲料量的 5 倍或体重的 23%。饮水设备以自动饮水器较好，或在圈内单独设一水槽，经常保持充足而清洁的饮水，让猪自由饮用。

生长肥育猪的饮水是极为重要的。猪产生渴感就会找水喝。少量饮水足以暂时缓解渴感。如果乳头状饮水器的供水量充足，猪就会饮到充足的水；如果出水率太低，猪就会产生挫折感而离开饮水器。饮水不足可直接减少采食量。一般来说，乳头状饮水器的出水率达到每分钟 2L 就足够了。

有三个因素可影响猪的饮水量：一是圈内饮水槽位不足；二是乳头状饮水器的出水率不足；三是饮水器的位置不合适（图 3-

图 3 - 171　图中安装的饮水器，猪无法喝水，应 45 度安装为好

171）。对猪在热应激期间的行为进行简单的观察就可弄清猪的饮水槽位是否足够。

七、做好调教工作

（一）限量饲喂要防止强夺弱食

当调入肉猪时注意所有猪都能均匀采食（图3－172），除了要有足够长度的饲槽外，对喜争食的猪要勤赶，使不敢采食的猪能得到采食，帮助建立群居秩序，分开排列、同时采食。如能采用无槽湿拌料喂养争食现象就会大大减轻，但要掌握好投料量。

（二）固定地点

采食、睡觉、排便三角定位，保持猪栏干燥清洁。通常运用守候、勤赶、积粪、垫草等方法单独或交错使用进行调教。即当小肉猪调入新猪栏时，已消毒好的猪床铺上少量垫草，饲槽放入少量饲料，并在指定排便处堆放少量粪便，然后将小肉猪赶入新猪栏，若有猪不在指定地点排便，应将其散拉在地面的粪便铲在粪堆上，并结合守候和勤赶，这样，很快就会养成采食、睡觉和排粪尿的三角定位习惯（图3－173）。有个别猪对积粪固定排便无效时，利用其不喜睡卧潮湿处的习性，可用水积聚于排便处，进行调教。在设置自动饮水器情况下，定点排便调教更会有效。

图3－172　限量饲喂要保证所有猪都能　　　　图3－173　成功的三角定位，可保持
　　　　　　同时采食　　　　　　　　　　　　　　　　　猪栏干燥清洁

做好调教工作，关键在于抓得早，抓得勤（勤守候、勤赶、勤调教）。

八、做好防疫和驱虫工作

（一）防疫

预防肉猪的猪瘟、猪丹毒、猪肺疫、仔猪副伤寒、水泡病和病毒性痢疾等传染病，必须制定科学的免疫程序和做到头头预防接种，对漏防猪和新从外地引进的猪只，应及时补接种。新引进的猪种在隔离舍期间无论以前做了何种免疫注射，都应根据本场免疫程序接种各种传染病疫苗。

仔猪在育成期前（70日龄以前）除口蹄疫之外的其他传染病疫苗均进行了接种，转入肉猪群后到出栏前无需再进行接种，但应根据地方传染病流行情况，及时采血监测，防止发生意外传染病。

（二）驱虫

肉猪的寄生虫主要有蛔虫、姜片吸虫、疥螨和虱子等内外寄生虫，通常在 90 日龄时进行第一次驱虫，必要时在 135 日龄左右时再进行第二次驱虫。服用驱虫药后，应注意观察，若出现副作用时要及时解救。驱虫后排出的虫体和粪便，要及时清除发酵，以防再度感染。

九、认真解决猪舍小气候中不利因素对肉猪的影响

在肉猪高密度群养条件下，空气中的二氧化碳、氨气、硫化氢、甲烷等有害成分的增加，都会损害肉猪的抵抗力，使肉猪发生相应的疾患和容易感染疾病。

在设有漏缝地板的肉猪舍里，由于换气不良，舍温 20~23℃时，贮粪沟里的粪便发酵最旺盛，空气中碳酸气含量大大增加，氨气含量比通风良好的肉猪舍最高标准量 0.18% 高出一倍，使肉猪气管受到刺激，增加了呼吸道病特别是肺炎的感染率（图 3-174），直接导致猪只生长速度下降。

肉猪舍内空气中尘埃量的多少也是影响肉猪健康的因素之一。空气中尘埃含量的增加，主要是由于利用低质量的颗粒饲料、把饲料撒地或干粉料所致（图 3-175），使用喷雾消毒设备可以解决（图 3-176）。据测验，87% 患肺炎的肉猪发生于尘埃最多的肉猪舍。另外，尘埃虽不多，但氨气太浓，也会使肉猪发生严重的组织病变。

图 3-174　肉猪舍内潮湿、黑暗，不利健康

图 3-175　舍内尘埃量多，影响肉猪健康

高密度饲养的肉猪一年四季都需通风换气，但是在各季必须解决好通风换气与保温的矛盾，不能只注意保温而忽视通风换气，这会造成舍内空气卫生状况恶化，使肉猪增重减少和增加饲料消耗。在北方地区中午打开风机或南窗，下午 3~4 时关风机或窗户，就能降低舍内湿度增加新鲜空气。密闭式肉猪舍可采取给育肥猪搭建"屋中屋"的方式，充分利用育肥舍饲养密度相对较大的优势，利用猪群自身的散热来达到保温目的，保持舍内温度在 15~20℃（图 3-177），相对湿度 60%~70%。

在肉猪舍内潮湿、黑暗、气流滞缓的情况下，空气中微生物能迅速繁殖、生长和长期生存。微生物在舍内通道和猪床上空分布较多，它与生产活动有着密切关系。凡在生产过程中产生的水雾、尘埃较多时，则空气中微生物数量也增加育肥舍应保持干燥、卫生，有利于防控猪病的发生。

图 3-176　育肥猪舍使用的喷雾消毒设备

图 3-177　冬季给育肥猪搭建"屋中屋"的方式保温

第 2 节　专业育肥猪场如何加强管理提高养猪效益

专业育肥猪场是指将外购仔猪直接育肥出售的猪场。该类猪场具有投资少、周转快、随机性强等特点，普遍为资金较强但养猪技术相对缺乏的养猪专业户所接受。但近年来，随着猪病的日益增多与复杂，仔猪购入后饲养过程中死亡率达 6%～59%，不仅严重影响养猪效益，而且很大程度地挫伤了专业育肥猪场的积极性。

根据外购仔猪疫病特点与存在问题，建议从提高仔猪抵抗力、降低应激、科学规范管理、减少或杜绝发病入手，在饲养管理、药物保健、防疫消毒等环节上采取措施，以提高成活率，最大限度提高养猪生产效益。

一、外购仔猪育肥死亡率高的原因

猪源复杂；营养不足；频繁周转；携带疾病；运输应激；途中感染；环境恶劣；缺乏保健；免疫失败。

二、外购仔猪进栏前的准备

（一）猪舍准备

1. 消毒。准备购进仔猪前，把栏舍彻底清扫干净，按照"清洗——熏蒸——10% 的火碱液喷雾消毒"的程序进行清洁。消毒时要做到认真、彻底，不留死角。猪场生活区场外周边环境也要用 3%～4% 的火碱溶液喷洒消毒。对发生过疫病的猪场，猪栏最好用石灰乳＋5% 火碱水刷 1 遍，粪沟清理干净，彻底用火碱水消毒。

2. 维修。对猪栏、排污设施、温控设备等进行必要的检查维修，做好接猪前的准备。

（二）人员准备

仔猪到场前，要有一定管理经验的饲养人员提前 1 周到场，进行封闭管理，做好接猪前的一切准备。

三、挑选合适的品种

瘦肉型猪苗有长得快，瘦肉率高的优点，专业育肥场应选择此类猪品种。最好能与种猪场或大型商品猪场合作，将种猪场不能作种用出售的猪苗或大型商品猪场多余猪苗买回来，用于育肥。与上述猪场开展合作的好处是，猪苗在出售前就经过了大型猪场的系统免疫，极有利于疫病控制，大大降低了疫病风险。

图 3-178　猪苗市场是疫病的集散场所

虽然猪的饲养强调自繁自养，但由于条件所限，许多专业育肥场仍然习惯从场外购进猪苗进行饲养。从场外购进猪苗时，要注意不要从集散市场上间接购进，应直接从母猪饲养户或正规猪场购进，因为猪苗市场经常是疫病污染严重的场所（图 3-178）。

四、了解猪苗产地的疫病流行情况

对将调运的猪苗进行查验免疫耳号标记，选择在免疫有效期的猪苗。然后检查猪群的精神外貌、行动、呼吸、饮食等状况、可视黏膜、被毛及皮肤、排泄物等方面的情况，注意猪苗是否出现咳嗽、颤抖、嗜眠等症状，以及行动、排泄、采集和饮水状态有无异常，经仔细检查，确认健康猪群后再购买。

五、外购仔猪运输和进栏

在运载猪苗前，应使用高效消毒剂，对车辆和用具进行二次严格消毒，在装猪前再用刺激性较小的消毒剂进行彻底消毒。带上由当地动物检疫部门开具的运输检疫及消毒等证明。

猪苗经过驱赶、运输等过程，到饲养肉猪的专业猪舍里，由于环境、饲料、人员和饲喂方法等均发生明显改变，往往造成猪苗产生应激，机体各系统可能会出现相应的机能紊乱，造成生长速度的缓慢，或诱发高热、便秘、呼吸道和消化道下痢等疾病，引起猪苗大批死亡。因此，对新购进的仔猪，应加强饲养管理，并采取综合性的防治措施，以降低发病率。

猪苗进入猪舍后，应对猪苗进行分栏饲养，可按公母分开、大小分开、强弱分开的原则进行分栏，并使每头猪苗有 0.4m² 的饲养空间、每栏猪苗头数在 16 头以下。

购进猪苗的第一天，应先供给充足的清洁饮水，并在第一天喂给猪苗 1 次 0.1% 的高锰酸钾水溶液，注意准确配好高锰酸钾水溶液的浓度。饮水后，让猪苗自由活动，并逐步调教其在固定的地点排尿和大便。视运输时间的长短，让猪群休息 2～6h 后再提供新鲜、无霉变的全价饲料。应注意适当限饲：以仔猪 7～8 成饱为宜。过食容易引起消化不良而导致腹泻，等仔猪完全适应以后，再让其自由采食。

保证为仔猪提供良好的卫生条件，注意保温，保持猪舍干燥、温暖、无贼风的舒适环境。夏季做好淋浴降温，冬季注意防寒。

六、药物保健方案

（一）饮水加药保健方案

饮水加药目的是减轻运输途中疲劳，净化体内病原微生物，降低细菌性疾病感染，减少应激。

1.98%水溶性阿莫西林 300g/t＋电解多维 400g/t＋口服补液盐 1 500g/t，连用5～7d；

2.98%乳酸环丙沙星 200g/t＋口服葡萄糖 2 500g/t＋电解多维 400g/t，连用5～7d。

如果仔猪发生腹泻，可在饲养中添加硫酸粘杆菌素，对腹泻特别严重的仔猪，应采用口服补液盐加抗生素防治，可采取良好的效果。口服补液盐配方为：氯化钠 3.5g、碳酸氢钠 2.5g、氯化钾 1.5g、葡萄糖 20g，溶于 1 000ml 水中；猪苗不能自饮的，应采取灌服的方式进行补液，每只仔猪灌服 10～20ml。

经 7d 左右的时间的观察，确定仔猪一切正常后，结合当地疫病发生的实际情况，给仔猪接种猪瘟、口蹄疫、猪丹毒、猪肺疫、链球菌等疫苗。

新购的仔猪经 10d 左右单独饲养后，若无其他的疾病发生，应进行驱虫，这是提高饲养效益的关键。

（二）重视消毒工作

不要等发生疫情才知道要消毒，每周应对猪场、猪舍周围环境、猪舍内外进行认真的清洁和消毒工作。同时要封闭猪场，不要让任何闲杂人员进入猪场和猪舍，以免将外面的疫病带入猪场，特别是猪贩子和屠户。

七、选用正大"猪三宝"小猪全价料

许多养猪专业户从猪场购买的仔猪体重在 8～10kg，即小猪断奶后即被猪场出售，由于此时正值小猪断奶应激反应期，导致小猪较难饲养。为提高小猪成活率，确保安全度过断奶后的危险期，专业育肥猪场要使用正大高质量的"猪三宝"小猪全价料将猪喂至 50kg 后，继续使用正大育肥猪饲料喂至出栏。这样饲喂的好处是猪生长速度快，体质健壮，抗病力强，生长周期短，料肉比低，不但饲养成本低，而且可大大降低疫病风险。猪只一般在 100～110kg 左右就要上市出售，不要太迟出栏，不然饲料报酬也不合理。

河南省中牟县官渡镇有很多专业育肥猪场，其中的许多场都是开封正大有限公司的客户。他们全程使用开封正大的饲料，按照正大集团河南区制订的技术规程管理猪群，取得了非常好的经济效益。

第3节　利用无抗菌素促生长剂提高养猪生产成绩

（本文特邀河北威远公司技术部靳治平供稿）

在 2013 年召开的全国人民代表大会上，国家成立了食品医药监督管理局，表明了国家对食品安全工作的监管力度前所未有，养殖业今后将面临更大的食品安全压力。对猪场来说，面临食品安全最大的威胁就是使用"瘦肉精"等违禁药物喂猪及不按规定使用抗菌素导致药残超标。一旦发生这些事件，对养猪企业将是灾难性的。

目前，许多猪场对猪保健和治疗大量使用抗生素已成为一种习惯，面临的食品安全问题日渐突出：一方面不断加大抗生素的使用量，另一方面又在不断寻找新的抗生素，甚至为治病连违禁的药物也照用不误。特别是很多不明成分的兽药复方制剂层出不穷，让猪场应接不暇。这不仅仅是增加了用药成本，更危险的是对猪免疫系统造成了不良影响，导致猪对疾病的抗病力下降。于是乎，猪场不得不使用更多的、大剂量的抗生素用于保健和治疗，从而陷入了一种恶性循环。

为了帮助猪场减少对抗生素的依赖程度，降低用药成本，提高健康水平和养猪效益，河北威远公司的科技人员，经过十多年的潜心研究，终于开发出了一种高效、无抗生素的绿色促生长添加剂——"奥来可"，从而开创了抗菌促生长的养猪新时代。

一、"奥来可"的促生长机理

"奥来可"能保护肠道微生态平衡，激发猪只食欲，通过信息反馈系统有效激活消化酶，加速成熟腔上皮细胞的更新，提高营养吸收能力，促进饲料中营养物质充分吸收；"奥来可"具有营养筛选适配功能，通过调控猪只生长轴的相关激素，有效激发下丘脑分泌生长激素释放激素（GHRH），进而显著提升血浆中 GHRH 的浓度，促进内源 GH 的分泌，最终提高生长速度。

二、"奥来可"的抗菌机理

"奥来可"通过与病原微生物生物膜的结合，增加其通透性，使细胞内容物溢出流失而直接杀灭病原微生物，该过程不会产生耐药性；"奥来可"还可有效阻止线粒体内的呼吸氧化过程，使病原微生物丧失能量供应而死亡。Sivropoulou 等的实验表明，即使在稀释 4 000～5 000 倍时，仍可显著抑制菌株的生长。

三、"奥来可"使用方法

1. 对保育猪。断奶至 60 日龄，1kg "奥来可"拌料 1t，连续使用后，机体非特异性免疫力显著提高，大大降低蓝耳病、圆环病毒病、副猪嗜血杆菌病的发病率；显著降低小猪腹泻的发病率，保育结束平均体重可达 25kg。

2. 对育肥期猪。1kg "奥来可"拌料 1t，145d 长到 100kg 出栏。全程料肉比可达 2.4∶1；肠道病和呼吸道病大大减少。

3. 对母猪。预产期前 20d 至产后 25d，1kg "奥来可"拌料 1t。预防母猪产前不食症；提高仔猪初生重（1.4～1.5kg）；有效降低仔猪黄白痢发病率；可降低母猪体重 10kg 以上，断奶后及时发情。

四、"奥来可"使用效果

1. 河南省西平绿源种猪场，存栏母猪 450 头，使用"奥来可"在 85 日龄至 115 日龄的育肥阶段作对比试验，试验期一个月，结果如表 3-21。

表 3 - 21 河南省西平某种猪场育肥期（85 日龄至 115 日龄）
"奥来可"使用效果对比

项目 \ 处理	实验组	对照组	差异
初试头数（头）	32	33	实验组比对照组少一头
初试头均重（kg）	32.9	32.3	实验组比对照组重 0.57kg/头
终试头数（头）	32	32	对照组淘汰一头
终试头均重（kg）	57.6	55.9	实验组比对照组重 1.70kg/头
平均净增重（kg）	24.7	23.6	实验组比对照组多增重 1.13kg/头
平均日增重（g）	833.3	785	实验组比对照组多增重 48.3g/头
总耗料（kg）	1 743	1 779	实验组比对照组少耗料 36.5kg
每头猪耗料（kg）	54.5	55.6	实验组比对照组少耗料 1.15kg/头
料肉比	2.2∶1	2.36∶1	实验组比对照组料肉比降低了 0.16

该猪场年出栏育肥猪 9 000 头，结合以上数据，料肉比降低 0.16，仅育肥猪每年就可多创效益 25.96 万元。

2. 湖南临武某畜牧养殖公司存栏母猪 480 头，育肥猪全程使用奥来可作对比试验，试验结果见表 3 - 22。

表 3 - 22 湖南临武某猪场育肥猪全程用奥来可试验结果

项目 \ 处理	实验组	对照组	差异
初试头数（头）	500	500	无
初试头均重（kg）	8.05	8.2	对照组比实验组重 0.15kg/头
终试头数（头）	490	470	实验组比对照组少死 20 头
终试头均重（kg）	120.2	110.1	实验组比对照组重 10.1kg/头
平均净增重（kg）	112.15	101.9	实验组比对照组重 10.25kg/头
平均日增重（g）	762.9	693.1	实验组比对照组多增重 69.8g
总耗料（kg）	142 879	139 847	实验组比对照组多耗料 3 031.5kg
每头猪耗料（kg）	291.6	297.55	实验组比对照组少耗料 5.95kg/头
料肉比	2.60∶1	2.92∶1	实验组比对照组料肉比降低了 0.32

该养猪场年出栏育肥猪 11 000 头，结合以上数据，料肉比降低 0.32，仅育肥猪每年可多创效益 90.42 万元。

第4节 生长育肥猪常见猪病的防控

猪的生长育肥阶段是猪场饲养价值最昂贵的阶段。此时的猪只如果发生任何猪病问题，都将给猪场带来大的损失，必须应认真对待。

一、生长育肥猪咬尾行为

咬尾是猪场十分头疼的问题（大多为 20～30kg 的育成猪），是许多猪场中较为常见的一种行为恶癖。近年来，随着养猪饲养密度的增大，这种恶癖的发生有上升趋势。就群体而言，群内一旦出现一头或数头咬尾，其他猪便会模仿这种恶癖，并很快在群内蔓延；就个体而言，被咬尾的猪很容易继发感染，出现脓肿、脊髓炎等，导致败血症和瘫痪，再加上严重的应激反应，这些病猪往往预后不良。从整体管理来看，咬尾行为必然会对生产成绩带来不良影响，使生长速度和饲料利用率都明显降低。因此，对猪咬尾问题切不可掉以轻心。

（一）咬尾行为发生的原因分析

国内外大量试验分析认为，能诱发或促进咬尾行为发生有营养、环境、管理等方面的原因。

1. 营养因素。 许多研究表明，如果咬尾和其他不良因素已经存在，日粮中营养物质的缺乏或比例不当就会加剧咬尾程度，甚至促进咬尾的暴发。

（1）蛋白质。当日粮中蛋白质水平偏低或必需氨基酸（例如赖氨酸）缺乏、蛋白能量比不平衡时，猪体蛋白质代谢会发生紊乱，并会表现出一些异常行为，其中包括兴奋互咬（Plumlee 等，1976）。

（2）矿物质。Hales 等（1987）试验发现，猪如果在生长早期缺乏 Mg、Fe、Zn、Cu、Co 等营养元素，会产生惊厥、敌意增加、不耐应激等异常表现，这些往往会促进互咬和打架；要是这些元素在断奶以后缺乏，也会表现出异常行为，但这些异常行为可以通过在食物中补充这些营养物质来消除。日粮中 Ca、P 不足或比例不当与咬尾也有一定的关系。G-add（1967）在调查咬尾猪群时，发现有的是由日粮中 Ca 缺乏引起，同时他也发现 Ca 在日粮中水平过高也会诱发咬尾。而当猪群严重缺 P 时，猪会经常拱地、啃泥、互相舔咬。

（3）维生素。B 族维生素是体内许多相关代谢的酶和辅酶的重要组成成分，当它们缺乏时，机体就会发生代谢机能紊乱，常导致味觉异常，从而引起异嗜癖。

一般来讲，营养不足可能通过三条途径引起咬尾：第一，通过影响神经系统的发育和功能，增加动物的兴奋性和攻击性。第二，由营养因素引起的味觉异常会导致异嗜癖。猪嗅觉非常灵敏，当日粮中缺乏机体所需要的某种营养元素时，猪会通过嗅觉途径来寻觅。被咬伤的猪尾巴及血液中这些营养物质的浓度含量较高，往往成为猪继续攻击的目标。第三，日粮营养浓度过低会影响体内代谢，尤其会导致内分泌失衡，并引起动物烦躁和改变摄食行为，增加动物的攻击性。

2. 环境因素。 某种焦躁不安或轻度应激状态，是猪发生咬尾的原因之一。在猪的一生中，约有 80% 的时间处于休息状态，剩下的时间则在显示某些兴趣或在到处探究中度过。猪在什么都找不到，感到十分无聊的情况下，就会焦躁不安，会出现咬尾等行为。所以就要想方设法让猪"做点什么"，以避免这种不安状态进一步恶化。

环境长期不适宜或突然变化会影响猪群休息，使得猪群烦躁不安，往往会诱发咬尾。秋冬和冬春交替的气候较大变化会使得猪群感觉不适、烦躁、咬斗；夏季高温闷热会加剧猪群热应激，引起猪群的敏感性增加，从而导致频繁打斗；舍中 NH_3、H_2S、CO_2 等有害气体的浓度过高会引起猪群烦躁，这些应激因素也会刺激咬尾的发生；舍内高温高湿易引起猪体表燥痒，从而诱发互咬；夏天突然停电，会引起猪群烦躁及躁动，打斗活动也会增加。

猪舍采用漏粪地板时比用普通水泥地面时咬尾率高。这可能是因为，采用漏粪地板时粪沟中的污浊气体容易上升到地面上，从而使猪舍环境恶化。

3. 管理因素。 喂料量不足、饲喂时间间隔过长，猪会由于饥饿而互咬。Robertson（1999）观察，料槽不足可能会成为发生咬尾的一个原因。喂料时，猪群围上来争食饲料，但如料槽不足，被挤出或没有挤入的猪只能等在外围。在等待过程中，这些猪就会因饥饿和急躁而寻找东西咬来满足食欲，这时其他猪的尾巴常常也就成了牺牲品。但生产人员若在咬尾的猪圈中挂链锁、绳子或在圈内放置废纸箱、塑料等，供被挤出或没有挤入的猪拱咬、玩耍，让这些猪有事可做，都能有效减轻咬尾现象。

转群、并栏。在每一次转群后，猪群都要通过打斗建立群居次序。转群、并栏过于频繁或方法不当会加剧猪打斗，而且会引起咬尾。

如果猪圈空间过于狭小，猪群对生活空间的竞争也会增加，这无疑会引起打斗。猪群群体过大或密度过大，猪只之间接触的机会就会增多，这样增加了咬尾引发的可能性。而且，一旦在这种情况下出现咬尾，猪相互模仿、学习会加快，易引起大群的暴发而很难制止。所以，生长猪群的群体大小、饲养密度和料槽长度应控制在适宜水平。

4. 其他因素。 猪体表有虱子、疥癣等寄生虫时，由于皮肤刺痒，猪在墙壁摩擦会导致耳后、肋部等出现渗出物或出血而吸引别的猪来舔咬，而体内有蛔虫的猪易于攻击它猪。胃肠炎、贫血、佝偻病、气喘病、狂犬病能促进咬尾行为的延续。长期在日粮中添加药物特别是喹乙醇、痢特灵也会促进咬尾。

猪群在不同的生长阶段，咬尾发生率有明显的差异。体重低于 30kg 的猪较少发生，体重超过 30kg 的猪咬尾发生率急剧上升。

据 Penny 等（1981）报道，阉后的小公猪咬尾的发作频率差不多是小母猪的两倍，而且，从咬伤程度来看，公猪更为严重。

（二）发生咬尾时的对策

许多饲养管理人员面对发生的咬尾可能会显得束手无策。这时，要想搞清问题产生的原因，需要进行细心的观察，但第一步则是必须马上采取如下改善的措施：

（1）马上把被咬尾的猪全部转出；

（2）在分析出的各种原因中，先解决可能性较大的原因；

（3）改善措施每次只实施1项或2项，观察2d，看看有什么效果；

（4）对观察结果要有记录，如日期、猪栏编号、天气变化、有影响的猪只编号等，尤其对改善措施以后的行为变化，更应详细记载。

咬尾暴发后，即使最初引起咬尾的原因消除，咬尾仍将继续甚至还在加剧。因此，咬尾发生时最重要的是要及时发现，立即分析原因，对症下药，才能有效控制。

二、生长育成猪腹泻

猪腹泻是猪育成过程中一种较为普遍的临床症状，该症状的出现表明在猪场中可能存在着致使猪群性能下降的肠道传染病。

3～4周龄的断奶仔猪的腹泻通常在断奶后的第5d出现，5～7d后症状消失，这种腹泻主要（95％以上）是由埃希氏大肠杆菌感染引起的。随着管理水平的提高和环境卫生工作的加强，及在饲料中添加抗生素方法的广泛使用，这种腹泻不再出现，然而在之后的7～8周龄到12周龄的育肥阶段，猪群中常出现一种零星散发的淡灰色黏稠样的"综合征"，或又称为"结肠炎综合征"。这主要是因为许多病原体生长缓慢，需要1～3周的时间在猪只的肠道上增殖并达到致病的水平，导致在育肥阶段的发病率可达10％～30％。

表现为腹泻的结肠炎或大肠炎症，可由猪痢疾密螺旋体、细胞内劳索尼亚菌、沙门氏菌、耶尔森氏菌、大肠杆菌和产气荚膜梭状芽孢杆菌这些病原中的一种引起，也可由两种或两种以上的病原混合感染引起，而混合感染的情况在实际生产中更为常见。

由于造成发病的细菌不同，导致发病的严重程度也轻重不一，从严重的肠道出血与猪的腹泻相混合后表现为血痢的到较为温和的粪便与肠道黏液相混合后表现的灰痢的症状史有可能出现，甚至有可能不表现出可见的临床症状。症状较为严重的猪的生长率和饲料转化率都大为降低，依症状的严重程度和病原的不同常常导致发病猪体重下降10％～30％。由于致病病原的不同导致猪群的死亡率也有所不同。当发生猪痢疾密螺旋体与鼠伤寒沙门氏菌混合感染时，猪只死亡率较高。

盐酸林可霉素和泰乐菌素等均可用于控制引起灰痢的传染病。药物敏感性的研究表明，盐酸万尼菌素是最为敏感的药物，其后依次是泰妙菌素，盐酸林可霉素和泰乐菌素两种药物也可以明显减轻疾病的症状和阻止疾病的发展。

如果在感染中有沙门氏菌、耶尔森氏菌或大肠杆菌的存在，则需要使用硫酸安普霉素、新霉素、甲氧苄啶、硫酸壮观霉素或四环素类药物，以保证疗效。

如果出现了灰痢综合征这样的问题，需要进行粪便检查和尸体剖检来诊断是何种病原菌引起的该病，这项工作十分必要，之后才能用药进行正确的治疗。抗菌素的药敏试验对于治疗也很有帮助，但有多种病原混合感染时药敏试验的结果就不大理想。当混合感染发生时，会有20％～30％的猪出现腹泻，这时在饲料中应添加治疗水平的药物连续2～3周，以对该病进行控制。这不仅降低猪只间的传染，而且能降低外来病原感染和环境污染。一旦疾病得到控制，出于节约开支的目的，用药量可调整到预防用药的水平。

三、生长育肥猪皮炎肾病综合征

近年来，在我国许多猪场的生长育成舍和部分保育舍里，经常可以见到有的猪皮肤上出现急性的红到粉红甚至紫癜性的皮疹，有的猪场兽医开始以为仅是疥螨引进的皮肤病，但单纯使用敌百虫、伊维菌素、阿维菌素等驱虫药物治疗却没有效果。发病猪生长速度缓慢、饲料报酬降低，死亡率上升。经综合诊断为猪皮炎肾病综合征（PDNS）。

（一）病原

普遍认为是一种免疫介导性疾病，在部分皮炎肾病综合征病猪的体内分离到了猪圆环病毒 2 型（PCV-2），病变的形成可能是由于猪圆环病毒感染产生的抗原、抗体结合物沉积在皮肤、肾脏上所致。另外，猪繁殖与呼吸综合征病毒、多杀性巴氏杆菌、胸膜肺炎放线性杆菌、链球菌等细菌和病毒也可引发猪皮炎肾病综合征。近几年发现 PDNS 的发生与 PMWS 有关。暴发的 PDNS 很可能是 PCV-2 所引起的。

（二）流行特点

本病通常发生在 8～22 周龄范围内的生长育成猪和保育后期猪，一般呈散发，死亡率低；发病率约为 5%～50%左右，个别发病严重的猪场发病率可达 80%，病死率约为 10%左右。常与仔猪断奶后多系统衰竭综合征（PMWS）一起发生或在 PMWS 之后发生。

本病的发生有一定的季节性，初春时气温上升，发病率上升，到夏天时发病率达到最高点，随着冬天来临，气温下降，发病率随之下降，冬天时发病猪较少；新建的猪场以及曾经从疫区引进过种猪的猪场较为多发；猪场发生该病后，一般每年都反复出现，较难净化。

（三）临床症状

猪皮上出现非寄生虫病或非坏死性杆菌引起的出血坏死，最显著的症状是皮肤有红到粉红的斑疹。通常稍微突起于皮肤表面，圆形或不规则的红色或紫色的丘疹，有时呈片状形成斑块，最常见于后肢，腰部，会阴部及耳朵，但可延伸至腹部、腹部侧面，以及前肢，最后覆盖全身各处。个别猪出现发热、呼吸急促、喜堆一起、食欲减退、逐渐消瘦、结膜炎、拉黄色水样粪便、甚至衰竭死亡。许多猪场采取驱虫、喷药等方法皆没有效果。症状轻微者可于一周后逐渐康复，症状严重者通常在 3d 内死去，也有一些病猪在出现临床症状后 2～3 周才死亡；当猪场存在本病时，接种口蹄疫灭活疫苗后的生长育成猪的发病率会上升。

（四）病理变化

主要的病变一般发生于皮肤和肾脏。剖检常见淋巴结出血性肿大，关节腔出血，肾脏肿胀，表面有大量灰白色病灶，肾皮质变薄，有时肾脏出血，心包积液、心肌柔软，肺可见间质性肺炎、大叶性肺炎等病变。肾脏的变化可作为诊断该病的主要依据。

（五）诊断

实验室检查：在附红细胞体和弓形体呈阴性而病料及病猪血清均为圆环病毒

（PCV）阳性时，结合临床上病猪出现坏死性皮肤病变和肾病等特征性病变，可作出初步诊断。

（六）防制措施

不少猪场采用下述治疗方法取得较好效果。现介绍如下：

（1）尽量减少各种应激因素，减少猪群转栏和混群的次数；加强环境卫生措施，清除猪舍周围的杂草，加强猪场环境和猪舍的消毒和灭蚊工作，使猪群生活在一个舒适、安静、干燥、卫生、洁净的环境中。

（2）在远离健康猪群的地方，设立病猪隔离舍，将病猪集中隔离治疗、饲养，并及时将病情较严重的患猪淘汰或扑杀作无害化处理；在该病的高发期和雨季或湿度高的季节，要防止饲料中的霉菌毒素危害猪群的健康，使用发霉变质的饲料可诱发本病。

（3）使用癸甲溴铵戊二醛按 1∶250 稀释，对发病猪只病患喷洒，每天 1～2 次，连用 5～7d。

（4）做好驱虫工作，在饲料中投放驱虫药品，连用 1 周，连续 2 次饲喂，每次间隔 7d。

（5）症状较严重的猪，可注射头孢噻呋或长效土霉素。

（6）对发病严重的生长育成猪群，暂时停止猪口蹄疫、猪肺疫等疫苗的免疫接种，等疫情控制后再接种。

（7）做好圆环病毒的疫苗注射，可有效防止本病发生。

四、生长育肥猪的回肠炎（增生性肠炎）

（本文特邀上海诺华动物保健有限公司技术部杨根供稿）

回肠炎又称为猪增生性肠病、区域性回肠炎、出血性坏死性肠炎、肠腺瘤病等，是由细胞内劳森菌（Lawsonia Intracellularis）感染引起的一种顽固性或间歇性下痢为特征的消化道疾病。可以引起保育猪或生长育肥猪的出血性或非出血性腹泻，使感染猪的生长速度减慢，猪群生长均匀度变差，有时引起死亡。猪场由于死亡或淘汰或饲料转化率的降低损失严重。

（一）疾病的病史和分布

由细胞内劳森菌感染引起的猪回肠炎发生于世界各地，特别是在欧美等国家和地区，由于饲料中禁止或限制使用抗生素添加剂，导致发病率逐年升高。欧洲、美国的发病率分别可以达到 50%～70%，丹麦 93.7% 的育肥猪场有该病，30～50kg 猪的感染率为 25%～30%。调查表明，急性增生性肠病在多地点饲养的猪场发病率逐年上升。由于本病相对是一种新病，所以回肠炎在中国的发病率和由此造成的损失尚没有详细的统计。但笔者发现在临床上经常出现疑似的疾病。

（二）疾病造成的损失

回肠炎可以导致发病猪腹泻、生长速度减慢、死亡率或淘汰率升高、猪舍占用时间延长、瘦肉率降低、饲料转化率下降等。估计在美国每头猪的损失在 5～22 美元。英国由于回肠炎造成的损失每年可达四百万英镑，而美国的年损失更高达 9 800 万美元。不同生长阶段的感染阳性率不同，如公猪和母猪的阳性率比较低，哺乳仔猪（0～24 日龄）的阳性率为 1.9％，保育猪（断奶后 10～24d）的阳性率为 22.9％，生长育肥猪的阳性率为 12.9％，而后备猪的阳性率只有 0.9％。

（三）病原学和流行病学

回肠炎的病原是细胞内劳森菌，也有人称之为细胞内劳索尼亚菌，这种细菌严格细胞内寄生，不能在普通培养基上生长，只有在一些细胞系上培养，目前国内尚没有进行分离培养的条件。劳森菌呈短杆状，两端呈锥形或钝圆。在增生的病变组织中尚可分离到很多种细菌，如弯曲杆菌属、猪痢疾密螺旋体、肠病毒和肠道衣原体等。5～15℃，粪便中的劳森菌在空气中 2 周仍有感染力，对一般的消毒剂有抵抗力，但对季铵盐和含碘消毒剂敏感。

断奶猪和生长猪之间的直接接触是最主要的传播方式。其传染源主要是病猪以及病原的携带猪。因为哺乳仔猪有一定的感染率，因此其传染源可能来自于母猪，特别是后备母猪，但早期断奶（10～14 日龄）并不能防止这种早期传播。已经发现病猪、亚临床感染猪可以从粪便中排出大量细菌（10^8/g），污染猪栏和猪场的其他区域，通过粪口途径引起感染。感染猪可间歇性粪便排菌（感染后 7～14d 开始，至少持续到感染后 10 周）。88％的病例发生于断奶、生长和育肥阶段，发病率高于猪痢疾、猪副伤寒和传染性胃肠炎。潜伏期 7～21d（与感染剂量有关），感染剂量越高，潜伏期越短。

除了病猪之外，有一些传播媒介在回肠炎的传播过程中发挥一定的作用。工作人员的服装、靴子和器械携带（衣服和靴子消毒的重要性）均可携带细菌。细菌可在鼠体内繁殖，因此啮齿类动物可为疾病的传播媒介。因此灭鼠有利于控制猪舍之间和猪栏之间的疾病传播。回肠炎主要通过引进后备猪造成感染的。

有些因素可以促发增生性肠病（回肠炎），这些因素包括各种应激反应，如转群、混群、过热、过冷、昼夜温差过大、湿度过大、密度过高等；频繁引进后备猪；过于频繁的疫苗接种；突然更换抗生素造成菌群失调；猪群内存在免疫抑制性疾病（如 PCV-2、PRRSV）等，以及饲料中霉菌毒素的作用造成猪的抵抗力降低；猪场同时存在的其他大肠炎的病原如猪痢疾密螺旋体、结肠螺旋体、沙门氏菌等。全进全出的漏缝地面猪场发病率低于其他形式，猪场规模越大，发病的危险性越高。

（四）临床症状和病理变化

本病主要发生于生长育肥猪（6～20 周龄），临床上主要表现为两种类型，即急性出血型（图 3-179）和慢性型。与其他疾病不同，回肠炎的急性型主要发生于育肥猪、母猪和配种群的后备母猪，而慢性型主要发生于保育猪和生长猪。

急性回肠炎表现为急性出血性贫血。最初的症状是粪便像焦油样、松软（图 3-180）。有些猪可能仅仅表现显著苍白、没有腹泻，但可能发生突然死亡。发病猪的死亡率可达 50％，而剩余的猪可在短时间内恢复，体况变化不大。妊娠母猪有可能流产，大部分流产发生于临床症状出现后的 6d 内。

慢性回肠炎主要发生于保育猪的后期、生长猪阶段，大部分猪症状轻微，表现为同一猪栏内不时出现几头腹泻的猪，粪便软、稀、或不成形。颜色多种多样，有黑色的（图 3-181）、有水泥样的灰色、也有黄色的，内含没有完全消化的饲料成分（图 3-

图 3-179　急性出血型回肠炎

图 3-180　急性回肠炎最初的粪便
　　　　　像焦油样、松软

182）。但猪舍内如果发生轻微的回肠炎，腹泻往往不明显，或仅有少部分猪腹泻，因此难以发现病猪。虽然采食量正常，但生长速度受影响，因此发病猪栏内猪的体重均匀度差别很大。有些猪食欲下降，表现为对饲料感兴趣，但往往吃几口就走。病变严重的猪往往发生严重、持续性腹泻，使用多种抗生素效果均不理想。

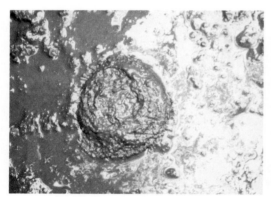

图 3-181　慢性回肠炎粪便呈黑色

图 3-182　慢性回肠炎粪便呈黄色，
　　　　　内含未消化饲料

　　大部分慢性感染的病猪可以在发病 4～10 周后突然恢复，食欲恢复，生长速度加快，但与正常猪相比，平均增重降低 6%～20%，饲料转化率降低 6%～25%。

　　回肠炎的病理变化分为坏死性肠炎、区域性回肠炎、急性出血性增生性肠病和慢性回肠炎。剖检可见主要病理变化发生于小肠的末端 50cm 处和结肠的前三分之一处。回肠的表现可以按病变严重程度计分，分数越高，病变越严重（图 3-183 至图 3-186）。回肠黏膜增厚、有时像脑回，横向或纵向增生。大肠黏膜的变化类似于息肉。整个肠壁变厚、变硬。有时仅表现在回盲瓣前的 20cm 左右，但有时整个回肠都可能有严重的变化，变粗、变硬，就像一条橡胶管。在增生的同时，有些病猪回肠黏膜出现轻度到重度的溃疡，表面覆盖有黄色、灰白色纤维素性渗出物。浆膜下或肠系膜水肿。在急性病例可见回肠内有血凝块或尚未完全凝固的血液，外观似一条血肠。

图 3-183　正常的回肠黏膜

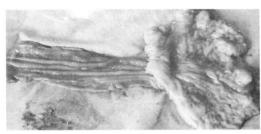

图 3-184　回肠末端黏膜轻微增生，盲肠没有明显变化

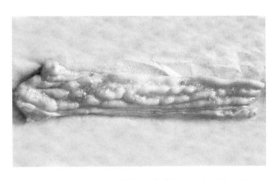

图 3-185　回肠黏膜显著增生，变厚坏死，肠壁也明显增厚

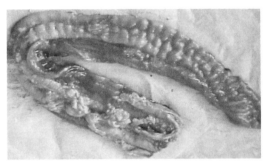

图 3-186　回肠黏膜严重增厚、肠壁也明显增厚，并有轻微的坏死（溃疡）

病理组织学变化主要为感染组织肠腺窝不成熟的上皮细胞显著增生，形成增生性腺瘤样黏膜。这些增生的细胞浆内都含有大量的细胞内劳森菌。

除了回肠的变化外，盲肠和结肠前部也有可能出现类似于回肠的病变，但程度较轻。混合感染时病变更为复杂也更严重。

（五）诊断

回肠炎的初步诊断可以根据典型的临床症状、病理变化（包括肉眼变化和病理组织学变化）作出，但确切诊断必须结合病原体的检出。特征性症状是保育后期和生长猪的慢性腹泻，粪便稀、软，不成形，或育肥猪、后备母猪的血便。特征性病变表现在回肠，特别是回肠的末端 20cm 处的增生、坏死或出血性病变。

特异性诊断包括特异性染色，活体诊断可以采用 ELISA 和免疫荧光或免疫过氧化物酶技术进行粪便染色。剖检后可采用 Arthin-Starry 银染，可将劳森菌染成黑色；或免疫组化染色，如用荧光标记的单克隆抗体染色，或胶体金标记的抗体染成特异性染色。聚合酶链式反应（PCR）检测细菌特有的基因组，可以应用于活体的粪便检测，也可用于剖检后组织样品的检测。目前上海奉贤兽医站可以进行这方面的检测，并对国内很多猪场的样品进行了分析，有很高的敏感性。在病料送检的时候应注意避免污染，可采集粪便，但最好采集回肠末端，将回肠末端两侧结扎，即可避免肠道内粪便被污染。病料采集后可冷藏运输，以防止肠道内容物的腐败。

最好的诊断方法是进行病原的分离，即在培养的细胞上进行分离，但这种方法目前尚不能国内应用，因为还没有这样的细胞系。

回肠炎尚需与其他大肠炎相区别，如与猪痢疾、结肠炎和沙门氏菌性肠炎进行鉴别诊断。猪痢疾下痢除有血液外，尚有黏液和坏死物，严重感染猪如不治疗则有可能死亡，剖检时其病变集中于大肠。而结肠炎的症状是腹泻，粪便有黏液但没有血液，病猪没有死亡。沙门氏菌感染主要发生于大肠，剖检时可见病变主要集中于盲肠和结肠，表现为溃疡，溃疡灶呈灰绿色。但大部分情况下可发生肠道疾病的混合感染，进行鉴别诊断的难度很大，也没有太大的必要。

（六）控制和防治

在国内目前尚无疫苗预防的情况下，回肠炎的控制一般应采取综合性措施。通常在确诊后，隔离并治疗感染猪，并采取措施限制疾病的传播，并预防下一批猪的感染。没有发病的猪也可以通过饲料或饮水给药，预防其潜伏感染。

由于回肠炎主要是通过粪口途径感染的，因而，全进全出、严格冲洗、消毒和坚持一定的空栏空舍时间，将有利于减少细菌的存活或传播。在猪舍的门口放置两个消毒脚盆，其中一个盆加入复合酚消毒剂，另一个添加含碘或季铵盐消毒剂。饲养员和兽医也不要在猪栏间跨来跨去，以免将粪便带到其他的猪栏内。降低应激反应对猪的影响，如减少混群饲养、过度热/冷、运输、重扩（混）群等，因为回肠炎的通常发生于 1 个或更多应激因素后的 2 周后（1～3 周）。引种时一定要有一定的隔离适应期，在隔离期内通过用药减少细菌的排放，降低引进病原体的机会。

可用于回肠炎治疗的药物很多，但关键是诊断出来尽快做出反应，即治疗越及时，治疗效果越好。抗生素应按照疗效、价格和是否容易购买来选择。据研究，泰乐菌素、林可霉素、金霉素、支原净等对回肠炎都有效（表 2-23）。但有时在临床上很难完全将回肠炎、结肠炎和猪痢疾等区分开，而且经常发生这些肠道疾病的混合感染，因此可以选择对三种炎症都有效的药物。如可以用支原净，急性病例支原净注射 10mg/kg 体重，每天 2 次，连用 2～3d，也可用支原净饮水 60mg/L，连用 5d。慢性病例可用支原净 50mg/L，连用 15d。

表 3-23 不同抗生素的体外抑菌试验

抗生素	猪痢疾密螺旋体	结肠螺旋体	细胞内劳森菌	备　注
泰乐菌素	不敏感	不敏感	敏感	美国已发现对泰乐菌素耐药的劳森菌
林可霉素	敏感性降低	不敏感	敏感	对猪痢疾敏感性降低
金霉素	不敏感	不敏感	敏感	
支原净	敏感	敏感	敏感	
埃可诺	敏感	敏感	敏感	目前国内没有注册

有时可发生治疗失败，其原因有诊断不准确、用药时间太晚、用药时间太短、给药方法问题（饮水给药或注射优于饲料给药）、用药量太少，或采食量低导致药物摄入量少、耐药性、存在混合或继发感染的问题（猪痢疾、结肠炎、沙门氏菌感染等）。

控制回肠炎用药必须结合管理，而不是取代管理，所以，更重要的是加强饲养管理，减轻各种应激反应的发生。饲料中添加霉菌毒素吸附剂有利于减轻混合感染的强度。

五、生长育肥猪赫尔尼亚

赫尔尼亚（henia）又称疝或疝气，是腹腔脏器从自然孔或腹肌、膈肌破裂孔脱到解剖腔、皮下或胸腔而形成的疾病。疝是规模化猪场的常见多发病，它不仅影响猪体外貌，降低售价（对种猪场影响更大），而且妨碍生长发育，有时因脱出的脏器嵌顿在解剖腔或破裂孔内导致猪只死亡，给猪场造成一定的经济损失。

随猪只日龄增长，脐疝的发病率升高。育肥猪脐疝的发病率远高于产房仔猪，究其原因主要与下述因素有关。

（一）断脐方法失误

新生仔猪断脐时，不固定脐带近心端，粗暴拽断脐带，致使脐孔受损；或脐带留得过长；或让仔猪自然扯断脐带，这样仔猪后肢在行走时踩在脐带上和强力牵拉，易造成脐孔破损，诱发脐疝。

正确的断脐方法是：先将脐带内的血液捋向仔猪，固定仔猪脐带的近心端，把距仔猪腹部 5～6cm 处的脐带捏断或剪断，若断端渗血，用钳压或结扎止血。

（二）脐部感染

脐部感染化脓，脐部周围组织变性坏死，质地脆弱，这是脐疝发生的主要原因。实践证明，新生仔猪断脐后，将脐带断端浸泡在 2%～5% 碘酊内 1～2s，利用虹吸原理使碘液吸附在脐动脉、脐静脉和脐尿管内，比局部涂布碘酊的常规方法消毒彻底，且脐部感染和脐疝的发病率低得多。

（三）应激因素和腹压骤增

仔猪在惊吓、奔跑、争斗、撒欢、捕捉、便秘、咳嗽时腹压增高，也易造成脐孔的破损，致使腹腔脏器进入引起脐疝，因此进入猪舍的人员不宜穿艳丽的衣服，在喂料、清粪、消毒时动作轻柔，尽量减少响声、噪声，防止猪群惊吓骚动。在剪牙、断尾、注射、转群等需要抓捕仔猪时，要稳、准、牢，并用手托住仔猪腹部，以减少腹压升高。猪群出现便秘、咳嗽，要及时查找原因，早期对症用药。

（四）阴囊疝大多为先天性，与遗传因素有关

调查表明，一些猪场阴囊疝发病率相差悬殊，但以产房仔猪发病率最高。据对某场发生阴囊疝的仔猪进行耳号查寻和追踪调查提示，该场的阴囊疝几乎都与某头种公猪有关。因此，加强种猪尤其是种公猪的选育、选种、选配，果断淘汰带有隐性阴囊疝基因的种猪，是防止和减少本病发生的一项根本措施。

第 4 篇　规模猪场的健康管理技术

在现代规模养猪生产中，环境条件对猪只的生长和疾病的影响程度越来越大。环境管理不到位，将会带来大的损失。

猪场的环境因素包括猪舍温度、湿度、密度、转群、通风状况及环境卫生等。在冬春季节环境过冷、湿度过大、通风不良、密度过大、频繁转群的情况下，都会使猪出现不同程度的应激反应，从而导致猪只生病。

第 1 章　改善生存环境，提高猪群健康水平

第 1 节　预防猪病应从猪的"衣食住行"抓起

目前已进入了精细化的养猪时代。关注猪的"外观、吃喝、住宿、行为"就是关注猪场的基础管理。凡是猪病不断的猪场，其管理工作一定存在着较大漏洞。猪场的管理无小事，预防猪病的办法就在身边，只有不断地提高和改善猪场管理，才能更好地控制猪病。

一、关注猪的"衣"

关注猪的"衣"即外观，是指猪的皮光毛亮和健康皮肤色。

猪的外观直接反映了猪的营养水平，全价平衡的饲料营养不仅是猪正常生长和繁殖的基本保证，更是猪抵抗各种病原侵害的基础。营养物质（包括能量、蛋白、脂肪、矿物质以及维生素、微量元素和氨基酸等）对猪免疫系统的发育、免疫机能的调节和抗应激能力都有极其重要的影响，可以说营养好的猪抗病能力就强。

大家都知道猪营养不良多数表现为"被毛粗糙无光泽，嘴尖、臀削、肚腹大"，但对于营养好的认识可能就不太一致了。好的营养一定要充分满足猪免疫防病的需要。

在疫苗质量过关的前提下，猪打疫苗后会产生抗体，该抗体可保护猪对该种特殊的猪病产生坚强的保护力，从而确保猪不发生该病。然而，很多人不知道的是，抗体是一种特殊的蛋白质（营养物质）。如果猪的营养缺乏、体质瘦弱（图 4-1），就是打了合格的疫苗，也不会产生坚强的抗体，从而导致猪在免疫后仍然发病。另外，玉米中的霉菌毒素含量超标，会导致猪发生免疫抑制，免疫系统关闭，就是打了合格的疫苗，也不会产生坚强的抗体，从而导致猪在免疫后仍然发病！已有生产实践表明，在发生免疫抑制时，打什么疫苗，就会发什么病。——非常遗憾的是，许多养猪人不知道这些！

现代养猪生产过程中，规模日益扩大，猪群密集，猪运动量减少，猪群流动频繁，

猪病泛滥等都给猪带来了新的、更大的应激，造成对疾病的易感性增加，发病率增加，病程延长。猪群普通表现为亚临床的"健康"状态，又使得猪食欲欠佳，消化不良，继而引起营养不良和生长、繁殖机能障碍，逐渐步入了一个万劫不复的恶性循环之中，以至于疫苗保护力不好，药物效果不好，猪生长缓慢和繁殖问题等层出不穷，猪场的管理者、技术员、饲养员等都疲于奔命。

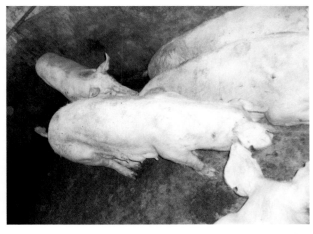

图4-1　断奶母猪营养严重不足，可导致断奶后不发情

　　如有些猪场使用疫苗较多，就要适当增加某些营养物质（如蛋白质、蛋氨酸、硒、维生素 C 和维生素 E 等）的量，以提供产生免疫抗体必需的物质。

　　在猪群健康状况不佳时，因病原及其毒素等因素影响了氨基酸、维生素、矿物质的利用，消耗了大量的营养物质，即使饲料中添加量足够，也引起了部分营养缺乏。因此在治疗猪病时，加大维生素 C、维生素 E、维生素 A 等的用量，可明显帮助猪的恢复。同时应饲喂易消化的饲料，让猪能摄取尽可能多的抗病所需的营养物质。

　　在引进种猪、猪转群、气候炎热或寒冷时，都要考虑增加猪抗应激的能力。夏天哺乳母猪应以高能量、高蛋白、高氨基酸日粮弥补采食量降低带来的营养不足的影响。

　　总而言之，在现阶段猪病极其复杂的情况下，猪的营养不仅仅是维持生长、繁殖的需要，更大程度上是满足猪免疫反应和防病抗病的需要。只有这样，猪才可能表现出精神饱满、体态丰满、皮毛光亮的活泼健康状态。

　　二、关注猪的"食"

　　关注猪的"食"就是让猪尽可能地吃好、喝好、吃得舒服。好的饲料营养要有适合于猪的饲喂方式，让猪能顺利地吃下去，然后通过消化吸收，再转化为猪自身的营养。饲喂方式包括饮水和吃料两个方面。在养猪生产中，水的作用越来越大。饮水的缺乏可引起猪采食下降、中暑、便秘、母猪少乳或无乳、脱水、食盐中毒甚至死亡。因此，给猪的饮水不仅要保证供水的水质、水量，而且要确保猪喝到肚子里去。而不是抱着一种"我的水源很好，我的供水没有问题，猪肯定喝够了水"的态度。同样，猪的吃料也有可考虑的。比如要有足够的料槽，最好是每头猪都有一个属于自己的"饭碗"，这样才会让相当大小的猪在转出时保持个体差异不大。凡不采用自由采食的猪，特别是限料的猪，如果没有足够的料槽，只会让大的猪越来越大，肥的猪越来越肥。而且在争抢过程中，造成各种应激。

　　限喂栏的母猪料槽位置不能太低，且料槽周围不能有妨碍采食的物件等，避免母猪吃得不舒服而影响食欲。

料槽要便于清洗，在猪场可见到很多铸铁料槽生锈，残留的饲料经水一泡，反而成了微生物的良好培养基。

在炎热的夏天，许多猪场对哺乳母猪采取喂湿料的办法来提高采食量。但要注意少喂勤添，以保持饲料的新鲜，因湿料比干料更容易变质，腐败。

在通常的饲喂管理中，下列做法是把人的想法强加给猪，而猪其实并不乐意接受：

（一）猪不喜欢吃湿拌料

就如人们非常不喜欢吃烂饺子道理一样！因为"色、香、味"俱全的全价颗粒饲料，就如人们包的饺子一样，如果长时间被水浸泡或被煮烂，肯定没有味道了（图4-2）。

图4-2　猪不喜欢吃湿拌料

图4-3　猪不喜欢吃粉料

（二）猪不喜欢吃粉料

粉料通常会产生粉尘（图4-3）。而猪在采食过程中通常会有呼吸动作，导致粉料常常被吸入呼吸道而导致呼吸道疾病的发生；许多养猪老板不知道，粉碎过细的饲料还会增加胃溃疡的发生率，从而给猪的健康带来危害。

（三）猪不喜欢吃剩料

就如人们不喜欢吃剩饭的道理一样！因为剩饭没有味道。因此，泰国正大集团猪场要求饲养员在喂猪前，一定要把剩料清理干净后再加新饲料，以增加猪的采食量（图4-4、图4-5）。

图4-4　猪不喜欢吃剩料

图4-5　泰国猪场把剩料倒掉，不让猪吃剩料

三、关注猪的"喝"

水是维持生命活动必不可少的重要因素。输送营养、消化吸收、新陈代谢，以及关节、韧带、皮肤的润滑等都需要水分。然而确保猪只有充足的饮水在实际生产中并未引起重视。

（一）各类猪群对饮水的需要量

1. 哺乳仔猪。通常认为哺乳仔猪仅靠吃奶而不用饮水就能完全满足机体对水的需要，因为奶中含有 80％的水。但事实上，哺乳仔猪出生后 1～2d 内就开始饮水。此外，由于奶是一种高蛋白质、高油脂、高矿物质食物，它的消耗会引起尿排出量增加，进而导致水缺乏。不同窝仔猪对水的用量变异很大，范围在 0～200ml/d，平均为每天每头 46ml。水消耗量的高低与产房内的温度有关，高温产房可导致仔猪水损失增加。研究表明，当产房温度在 28℃时的水消耗量要比 20℃时高出 4 倍。

补充水对降低断奶前仔猪死亡率是有益的。那些体质差的仔猪在分娩后头几天可能易于脱水（尤其是在温暖的环境下），至少其中有一些仔猪必须靠饮水来补充水分才能发育成熟。为此，用一些水暴露面大的容器（如碗和杯子）饮水时要比乳头饮水器效果更好。

哺乳仔猪出生后第一周，主要考虑水在刺激仔猪消耗补料方面的作用。虽然在出生后 3 周内，仔猪采食补料的数量通常很少，但若不供应水，就会使仔猪采食量更少。猪的健康状况也是影响水摄入量的一个因素，发生腹泻的猪要比正常健康猪少饮水 15％。

2. 断奶仔猪。有人测定了 3～6 周龄断奶仔猪的水摄入量，结果表明，断奶后第一、第二、第三周，每头仔猪平均每天水的摄入量分别为 0.49L、0.89L 和 1.46L。采食量与水消耗量之间的关系如下：

水摄入量（L/d）＝0.149＋3.053×每日干饲料采食量（kg）

研究发现，断奶仔猪摄取水时，采取两种明显不同的方式：在第一阶段水的摄入量依赖于生理需要，且与生长、采食量或腹泻程度无关，这一阶段在断奶后持续 5d；在第二阶段为恒定的模式，水的摄取量与生长和采食量平行增长。研究者认为，在断奶后头几天，由于采食量少，为了获得饱感，此时仔猪对水的摄取量可能是高的。在猪舍光照强度不变的情况下，断奶仔猪在 8：30～17：00 这段时间要比在 7：00～8：30 这段时间对水的摄取量高。

3. 生长肥育猪。对于生长肥育猪来说在料槽附近自由饮水是可行的，且通常用于干饲喂法。许多因素诸如采食量、日粮组成、环境温度、湿度、健康状况及应激敏感性均会影响水的需要。研究表明，在通常情况下，水的消耗量与采食量和体重呈正相关。对于体重 20～90kg 的猪，每千克饲料最低需要约 2kg 水。自由采食时，生长猪的自由摄水量为每千克饲料 2.51kg，而限饲时摄水量为每千克饲料 3.7 kg。自由采食与限饲间的区别在于，限饲时饲料供给量不能满足猪的食欲需求，只有靠饮水来填充。

猪只在 10～22 周龄时，水与饲料的比平均为 2.56∶1。在饲喂期，水摄取量的高峰在早饲后的 2h 和午饲后的 1h，当采食量受到限制时，生长育肥猪总的水摄取量有升高的趋势，这可能是为了使腹部充盈。水温本身也会影响饮水量，因为当水温低于体温时，需要额外的能量来使消耗的液体升温。在凉爽猪舍中，当水温为11℃时，猪日饮水量为3.3L，当将水加热到30℃时，饮水量达到了4.0L。相反，在炎热猪舍中，当水温为11℃时，日饮水量为10.5L，当水温30℃时，饮水量仅为6.6 L。

在湿法饲喂系统下，水与饲料比为1.5～3.0∶1时，应注意供给猪额外的新鲜水源，以保证在猪舍温度或饲料组成（如高盐或高蛋白水平）突然变化的情况下，猪能够摄取充足的水。

4. 妊娠母猪。妊娠母猪水摄入量随干物质采食量的增加而增加，对未配种母猪来说，发情期间的采食量及摄水量均减少。未妊娠青年母猪日消耗水量为11.5L，而妊娠后期青年母猪日消耗水量则为20L，有人认为母猪的尿液异常很普遍，这与摄水量低有很大关系。妊娠母猪限饲时，通过增加摄水量使肠道充盈。增加妊娠日粮的粗纤维含量可增加水的摄入量。

5. 泌乳母猪。泌乳母猪需要相当数量的水，这不仅为维持每天7～10L的产奶需要，也是经尿排出大量代谢终产物的需要。泌乳母猪摄水量为12～40L/d。

6. 公猪。有关公猪水需要量的报道很少，但供给充足新鲜的饮水是必须的。对70～110kg的公猪而言，在25℃时摄水量达15L/d，而15℃时为10L/d。

（二）做好对猪饮水系统的日常检查

检查饮水和供水系统是饲养管理中最重要的工作。因为常常受到饮水器损坏或被加药饮水的药渣、水中钙质、泥沙等堵塞影响猪的饮水，所以，饲养员每天必须检查饮水系统2次，如发现饮水有问题，要停下手中的一切工作进行抢修。猪场管理者要重视猪的供水系统的检查，每月可定期检查3次，及时发现及时解决（图4-6、图4-7）。特别是使用铁管供水的猪场，2～3年管内就会生锈，锈斑与水中钙质及泥沙结合生成混合物，堵塞在供水管内，对供水支管和饮水器都会造成堵塞，造成供水压力不够，或局部猪舍缺水，或发生间接性缺水。随时提供充足清洁的饮水是养好猪最基本的前提。

图4-6　检查猪的供水系统　　　　图4-7　要经常检修猪的供水系统

（三）做好对猪的饮水管理

1. 公猪的饮水管理。公猪采用饮水器给水，但饮水器要正确安装，否则满足不了公猪的需水量（图 4-8）。通常，公猪饮水不受限制，因而认为它们的饮水得到了满足。不过，热应激对公猪生产性能产生的不利影响可能来自于脱水。在炎热的夏季，有时会发现公猪的采食量和精液品质不明原因突然下降，这有必要检查公猪的饮水管道是否曝晒于阳光下。管内水温升至 50～70℃，公猪拒绝饮水，而发生缺水。

图4-8　图中安装的饮水器无法满足公猪饮水需要

图4-9　孕猪使用的通槽饮水效果好

2. 妊娠母猪及其他猪的饮水管理。配种妊娠母猪一般都采用食槽给水。妊娠母猪喂料后即给予足量的饮水（图 4-9），断奶与未妊娠母猪（含后备母猪）先查情后给水。配种妊娠母猪给水从视野上感觉似乎不会发生饮水问题，但是，已发现限位栏的母猪饮水次数和饮水量少于自由运动栏；还发现，尽管饮水槽盛有水，工作人员驱赶母猪起来后，大多数母猪才有饮水行为，不驱赶，很少有母猪自然站起来饮水。所以，食槽盛有水，不等于母猪不缺水。

3. 哺乳母猪的饮水管理。哺乳母猪的饮水显得尤其重要，往往由于饮水器的流量不足，而发生间接性缺水或水量提供不够。哺乳母猪需饮用大量的水用于产奶。根据产仔数不同，母猪每天产奶 7～10L（Aulduist 等，1994），含水量 81%（Darragh 和 Moughan，1998）。在整个围产期和哺乳期，保证母猪的饮水量至关重要（图 4-10）。在热环境和圈养下，母猪的活动减少，会导致饮水减少。饮水减少后果之一是粪中干物

图4-10　饮水器安装过高，母猪饮水困难

图4-11　饮水器安装过低，仔猪饮水不便

质的增加，引起便秘，可能诱发母猪患子宫炎、乳腺炎、无乳综合征，哺乳期的奶量降低。因此，产仔前后保证母猪充足的饮水量很重要。

研究表明，为解决哺乳母猪饮水不足问题，在饲槽上方安装水龙头，在饲喂时将水滴入槽内，中午加满，此法效果明显，每头猪每天饮水量增加到 27.8L，较不安装水龙头增加 5 倍多。同时发现，除了滴加到饲槽内的水，母猪仍从饮水器饮水 4.6L。许多场也证实了这种现象。看来母猪宁愿在短时间内从槽中吞入大量的水，也不愿意长时间从饮水器慢慢饮水。

哺乳母猪采食量与其饮水系统有着很强的正相关。常常因不同情形的缺水而发生哺乳母猪采食量下降。如水流量不足使哺乳母猪间接缺水，或发生饮水器堵塞使哺乳母猪直接缺水。为此，要求饮水器流速应为 2L/min。

4. 哺乳仔猪的饮水管理。哺乳仔猪使用杯式饮水器，压力不能过大。对哺乳仔猪的饮水要高度关注（图 4-11）。实际上仔猪出生后就有饮水行为，这时应让刚出生的仔猪饮到水，这一点不能忽视。仔猪教槽，常常因未能供给充足的清洁饮水，而以失败告终。所以，仔猪的饮水器要使用杯式的，安装高度和压力适宜于仔猪饮水，使仔猪容易找到水是非常重要的。在仔猪管理中往往只重视其教槽，而忽视饮水的调教，对仔猪饮水的调教实际上比教槽更为重要。若杯式饮水器弹力过大，刚出生的仔猪力量不足以抵开，所以，要给予调教，经常检查，确保杯中有水。现在大部分场使用鸭嘴式饮水器，存在压力过大和易堵塞的问题，使刚出生仔猪饮不到水。

5. 保育及生长育肥猪的饮水管理，本书已有详述，不再多述。在保育及生长育肥猪的饲养中，投料后常常观察到排队饮水的现象，这可能是饮水器的数量少、水流量小、饮水器堵塞等所致。

四、关注猪的"住"

在现代养猪的五个技术资源中，利用先进的技术设备来改善猪的生存环境，也就是关注猪的"住"是养猪生产中不可缺少的重要条件。通过改善猪群的生存环境，对提高猪群健康水平意义重大，也是猪场提高养猪效益的重要条件。正大集团提出了"人养设备、设备养猪、猪养人"的现代养猪新理念，也说明了利用先进的养猪技术设备，改善猪的生存条件，对提高养猪效益的重要性。

关注猪的"住"就是关注猪舍的内外环境，就是要能安居乐业。安居才能乐业，住的环境好一些，猪会快乐一些，猪病会少一些，猪的生产性能也会高一些。对猪而言，较好的环境应是清洁、干燥的猪舍，清新的空气、适宜的温度、密度，较小的应激原（含病原）等。

猪喜欢清洁，不在吃睡地方排粪尿，有一定的排泄规律。当猪圈过小、猪群密度过大、环境温度过低时其排泄习性就会受到干扰或破坏。所以猪栏应建成有明显方位感的长形，便于猪只区分"餐厅、卧室、厕所"（图 4-12、图 4-13），如能在每个猪栏修一个厕所，以滴水方式吸引猪到该处排泄就更好了。正大集团发明的"水厕所"，在夏季炎热时还提供了猪的一个打滚、降温的场所（图 4-14、图 4-15）。

图 4-12　小猪正在厕所小便

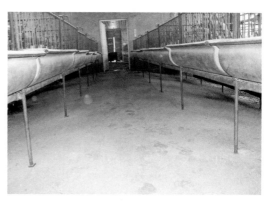

4-13　经过猪"三定点"训练的猪舍干净卫生

图 4-14　猪厕所可使猪舍保持卫生干净

图 4-15　猪在厕所排泄、玩耍

水又成了夏天制约养猪生产的主要因素。目前多数猪场的防暑降温主要还是依靠水，喷雾或滴水降温、冲洗栏舍、水厕所等都需要大量的水。同时，电也要得到充分保障。因此，在夏季最好有一个后备蓄水池，以保证水的连续供应。

部分猪场冲洗猪栏后，栏舍长时间湿漉漉，猪拉稀的现象较多。这确实是个头疼的问题。冲洗后，应该想办法让栏舍尽快变干，比如用吹风机等；要么就选择在气候干燥、阳光灿烂的时候冲洗猪栏。

再如，现在的猪场大多是很长一栋的大单元，转群时不利于进行空栏消毒，容易出现疾病状况，因为猪群之间相互影响太大。应把长栋猪舍应改成小单元，以自然窝为一栏进行一对一转栏，避免混群应激。每一批猪都在独立的单元内，单元之间无走道、粪沟及空气的互通，有利于舍内环境及疾病的控制。

保温和通风这对矛盾在寒冷的冬季表现得特别突出，猪场在这个问题上的看法各有心得，可能完全是两极端。但凡事有个度，不能过分强调保温或通风而牺牲猪的健康，而且也不能说保温就一保到底，说通风就一通到底，完全不顾气候、喂料、猪群的实际情况。

风扇是猪场常用的通风和降温设备，遗憾的是，风扇只是固定在屋顶或墙壁上，所吹到的地方有限，形成了很多的死角。能不能让风吹遍猪舍内的每个角落呢？值得思索。

保温箱、保温灯是不是起到了应用的作用？有没有及时修复或更换破损了的设施？

周边环境的绿化、锄草、驱蚊、灭蝇等也不应是一种应付式的工作，而要以人们自己的居所环境一样去对待。

引进种猪是防病的重中之重，是防止疾病传入猪群的最为关键的一个环节。讲到引种的隔离、适应，大多数猪场都十分清楚，但总是不能做到。通常的理由是没有舍栏、隔离舍不够、生产计划紧张、人员安排不过来，等等。这实际上和猪场的引种计划有关，往往是到了老龄淘汰母猪太多，没有后备猪可用时才突然想起"要引种了"。这样，引种回来的时候，可能正是生产繁忙之时，可能正是栏舍奇缺之时，可能正是猪病流行之时，可能正是人员紧张之时……

五、关注猪的"行"

"行"是指对猪的管理行为，包括猪的驱赶、运动及转群等。日常管理要尊重猪的生活习性，尽量减少对猪的伤害。

规模猪场常见的咬尾、咬耳、咬阴户、咬包皮、拱肚、咬栏、啃墙、吃粪尿等异嗜现象，可能形成恶癖。它的产生多与猪所处的环境中的有害刺激有关（包括活动受到限制、长期高密度圈养、饲料营养的不平衡等），并不是剪牙、断尾这种治标不治本的办法就能解决的。

由于猪的视觉范围较广（达300°），对周围事物的变化很敏感，容易受到惊吓。这就要求饲养员尽量以猪熟悉的方式去接近猪和管理猪，每一批猪也尽量安排固定的饲养员。

断奶猪的转群对猪的应激很大，一是混群，二是运输，三是饲养员的粗暴行为。在转群时可见到饲养员抓住仔猪的耳朵或腿将猪扔到转猪车上，然后再将猪扔进不同的猪栏里。这实在是极不可取的。

第2节 关注猪群生存条件，善待猪只

一、各类猪只最基本的生存要求

生猪总的生存要求是：尽可能避免阴冷潮湿、闷热与不透气环境；不采食变质饲料；保持干净充足饮水；不被雨淋；不被曝晒；有病应医，不被活埋；严禁任何方式的殴打；尽可能避免蚊虫叮咬等。

（一）公猪的一般生存要求

不低于 $10m^2$ 的单间；有外运动场可供逍遥；夏天有水池（大于 $2m^2$）可供嬉水；温度 $15\sim25℃$，相对湿度 $50\%\sim70\%$；可安装空调；户外运动，享受阳光；软沙土地坪或水泥地坪上垫锯木屑（15cm 以上）；饲料营养均衡，适量的青饲料；无体内外寄生虫；享受皮毛挠摩（每周不少于 1 次）；每周配种或采精不超过 3 次；不能和母猪长期

隔离（不超过 1 个月）。

在许多猪场，种公猪都被单独关养在狭小的圈内，缺乏运动，没有伙伴，难以与母猪交流和亲密接触，长此以往会导致种公猪体质衰弱、性欲下降、精神抑郁。

（二）怀孕母猪的一般生存要求

孕前期（2 个月）依性格饲养，每圈不超过 4 头，每头母猪占地不低于 3m²；孕中期（60～90d）每圈不超过 2 头，每头母猪占地不低于 4m²；孕后期（90～110d）每圈 1 头，每头母猪占地不低于 6m²；不进行限位或半限位饲养，有外运动场可供逍遥；饲料营养均衡，按需给量；有新鲜青饲料供应，每天不低于 1.5kg；软沙土地坪或水泥地坪上垫锯木屑/稻草（厚度不低于 20cm）；气温 12～22℃，相对湿度 60%～70%；产前三周驱体外寄生虫；给予适当抚摸和挠摩；提供深层红土，满足其拱土习惯等。

（三）哺乳母猪的一般生存要求

单栏水泥地坪喂养，不低于 10m²，有干净垫草和悬挂小草把（关照含草筑窝习性）；高床饲养要求起卧方便，适当加宽至 65cm；木制床面；铁制床面应无尖突起；产前产后专人护理，将产程调控在 150min 以内；及时处理难产；慎用催产素，产前产后供应干净温水（可加红糖）；气温 15～23℃，相对湿度 60%～70%；尽可能稀料饲喂，少喂多餐；饲料营养均衡且适口性佳，尽可能少加味苦的药物；给予足够的抚摸与挠摩；可享受轻音乐，断奶时先行离开，减少直观分离之痛苦；采取各种措施减少哺乳期失重（≤10kg）；断奶后 2～4 头合群，通过栅栏可见到公猪；断奶后一周饲料同哺乳期。

野生怀孕母猪在产前要衔草筑巢，并于产后一段时间内安静地呆在窝内专心给仔猪哺乳，享受母爱的欢乐，而在当前的规模猪场内不断受干扰，尤其使母猪感到痛心的是人们随意对待仔猪，引起仔猪阵阵凄厉的叫声（源于剪牙、断尾、打耳号、去势、打防疫针、打保健针等），这不仅直接伤害仔猪，也侵犯了母猪的母爱权、护仔权。更有甚者，有人竟将刚出生的弱仔、死胎任意甩在母猪的眼前，这对母猪的精神伤害是很大的，有人观察到这种现象能导致母猪的食欲、泌乳量下降，并且影响到母源抗体的产生，受害的则是仔猪。

（四）哺乳仔猪的一般生存要求

1. 温度为第一福利要求（见表 4 - 1）。

表 4 - 1　哺乳仔猪的温度要求

出　生	温　度
1～3d	33～34℃，吃乳处温度 31～32℃
4～7d	31～32℃，吃乳处温度 29～30℃
7～21d	28～30℃
21～28d	25～27℃
断奶后头 15d 内	比断奶前温度高 3～5℃左右

2. 出生 1h 至 18h，吃好初乳；出生时与吃初乳时额外吊一盏红外灯保温，以减少温差应激；放置小滚球，悬挂铁链、铁球、石球等，以供玩耍。

哺乳仔猪要求吮到足够的母乳，为此饲养员应检查、了解母猪的奶水能否满足仔猪的需求，产房内的环境要安静，不能随意去骚扰仔猪，因母猪放奶大概只有 20s 的时间；错过一次哺乳机会，对仔猪的健康是不利的。

断奶后的保育仔猪活泼好动，猪圈要留有活动的余地，圈内可投放一些玩具如皮球、旧车胎、木头等供仔猪活动，同时饲料中应尽量少添加药物，以便提高食欲，避免各种应激，增加仔猪的欢乐。

（五）生长肥育猪的一般生存要求

首先要提供足够的空间，每头猪不少于 1 m² 的面积，同时要训练、调教猪群，创造条件将猪睡觉、采食饮水与排泄三个区域分开，改善猪的生活条件。

生长猪混群易发生斗殴，每个圈内的猪要保持稳定，每栋猪舍要有隔离圈，以便安置那些有异常行为或体弱的猪只。禁止棒打、脚踢猪体，不准对猪施暴。

二、规模养猪要树立"善待猪只"的新理念

澳大利亚动物行为学家保罗·海姆斯伍斯曾在猪场调查多年，他调查后认为：如果饲养员善于和母猪进行交流，包括抚摸、按压、声音传递、从不施暴等（图 4-16），那么和饲养员喂完料就走的对照组比较，前者饲养的母猪每年至少可多成活 2 头以上合格的断奶仔猪。这说明关爱母猪能提高仔猪的成活率。

某猪场产房内曾发生了这样一件悲剧：饲养员在给母猪接生时，按规定应将初生体重低于 800g 的仔猪做淘汰处理。但该饲养员在对仔猪作淘汰处理时不是悄悄地进行，而是当着母猪的面将仔猪活活摔在地上，小猪在死亡前发出了非常凄惨的叫声，惹

图 4-16　员工对猪施暴，会降低生产性能

得该栋舍的十多头母猪一起发出了"嗯嗯"的愤怒的抗议声。之后几天，该栋舍的母猪泌乳量逐渐减少，直至无奶，导致了该舍的仔猪死亡率达 80% 以上！

第 3 节　冬春季节猪场安全生产的管理措施

冬春季节是疫病的高发期。不少猪场每年到这个季节或多或少都会出现一些问题，从往年的情况来看，往往是上半年猪场形势较好，生产正常，下半年因疫病问题而导致

效益较差，甚至造成了重大损失。因此，采取措施确保冬春季节规模猪场的安全生产非常重要。

一、为猪群提供适宜的生存温度

在养猪生产的诸多环境因素中，温度是排在第一位的。谁把握了温度，谁就把握了养猪赚钱的关键！因此，为猪群提供适宜的生活温度对提高养猪效益非常重要！

养猪专家已对猪的最适温度范围作出了结论（表4-2），可是温差与养猪生产的关系并未引起重视。实践中，温差对养猪生产带来的影响远比超适应范围造成的损失严重，更应引起重视。

表4-2　各类猪只的适宜温度

猪　别		适宜温度（℃）
哺乳仔猪	生后第一周	34
	生后第二周	34～32
	生后第三周	32～30
	生后第四周	30～28
断奶后第一周		28～30
断奶后第二周		28～25
保育后期猪		25～17
生长猪		17～21
育成猪		15～18
妊娠母猪		14～20
哺乳母猪		18～20
公猪及空怀母猪		13～18

二、防寒保暖对策

(一) 猪对寒冷的反应

当遇到寒冷的环境温度时，不论是新生仔猪还是成年猪，均采取挤作一团，互相取暖御寒的群体行为，这样可以有效地防止体热散失（图4-17）。

猪遇寒冷可通过改变姿势来减少热量损失。据试验，外界气温低于10℃时，猪则改变其在温暖环境中的舒展姿势而表现出四肢贴近躯体的御寒姿势，这就减少了本身热量损失。当猪伏卧在

图4-17　温度低时，猪将会压堆取暖

自己四肢上时，减少了传入地面的热量。受冷仔猪常采取蜷曲身体的姿势来减少体表面积，或通过寒战而产热，采食时亦表现出紧凑的姿势。采食 30min 后由于食物的增热而表现出舒展姿势。

低温时，猪还可以表现被毛竖立，增强被毛的绝热作用，或寻找避风的向阳处，侧身安静站立，活动减少，行为迟缓，在窝内排粪便、尿的次数明显增加。

（二）防寒保暖措施

冬春季节保温对确保北方猪场安全生产特别重要。

一是全封闭猪舍，采用现代化的畜禽专用中央空调或暖气（图 4-18、图 4-19）。适用于大型现代化猪场产房与育仔舍。虽然温控性能稳定，但投资较大，目前使用者并不多。

图 4-18　猪场使用的自动控温设备

图 4-19　猪场使用的热风炉保温设备

二是开放式猪舍覆盖塑膜。最好是覆盖双层塑膜，虽然成本比单层塑膜覆盖高些，但保温效果较好，使用单层塑膜上面最好覆盖草栅子，增强保温效果（图 4-20）。该办法适宜于空怀配种舍、怀孕舍和肥猪舍，投资相对低些且采光好，目前使用较多。

三是开放式猪舍暖气供热加塑膜覆盖；

四是以上建筑工艺与取暖设施外加电热器，适宜于哺乳母猪舍和保育舍（图 4-21、图 4-22）。

图 4-20　冬季北方猪场单层塑膜上覆盖草栅保温效果好

图 4-21　产房使用的保温箱＋保温灯

图 4-22　保育舍使用的保温灯

　　五是在生长育肥舍、空怀配种舍的猪床上适当铺些稻草（图 4-23），可使局部温度提高 5℃，不但可减缓冷应激，而且保护种猪肢蹄。这种方法简单易行，效果也不错。

　　六是采用土炉、地炕烧煤和碳等取暖的方法。

　　1. 烧煤和碳取暖设备。条件简陋，散热不均，易导致舍内空气不均，产生人体感觉不到的空气流速，使猪只感到寒冷，起不到应有的保温效果，而且易导致舍内空气污浊，严重者可引起煤气中毒（图 4-24）。

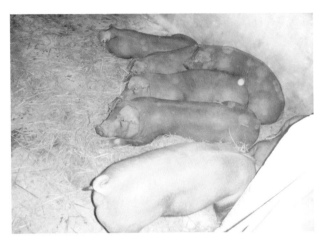

图 4-23　猪床上铺的稻草可增加保温效果

图 4-24　明煤取暖应带烟囱

图 4-25　猪场使用的地炕取暖设备

2. 地炕取暖设备（图 4 - 25）。明煤取暖安全，但温度不易控制，易使舍内环境过于干燥，若不增加湿度，可使猪发生呼吸道病。

七是使用新型燃气热风炉保温设备。使用新型热风炉（图4-26）把分娩舍和保育舍内的温度控制在 18℃左右（对刚断奶一周内的仔猪还应采用保温箱＋保暖灯使局部温度达到 28℃）。这种保暖方法科学、实用、干净，适合高床式分娩舍和保育舍，其他类型的猪舍也可以使用。

冬季分娩舍保暖采取热风炉＋红外线灯＋保温箱相结合的方式，热风炉可提高整个猪舍温度，而红外线灯和保温箱则可提高仔猪局部温度，合理照顾到了母子双方各自所需温度，效果更佳。

图 4 - 26　天花板下吊的四方快为自动控温的新型燃气热风炉

在集约化养猪生产的条件下，过去采用土炉、烧煤和碳等取暖的方法已产生了许多不良后果，突出表现为产生的 CO、SO_2 等有害气体与猪只排泄物产生的水汽、NH_3、CO_2 等汇聚在一起，不但导致猪只咳嗽、流鼻涕、眼泪等，而且易造成舍内潮湿，诱发皮肤病、下痢等疾病；同时土法取暖的办法因无法使舍内环境温度保持恒定而易引起猪只发生流感、肠炎等疾病，严重影响了猪只的健康，最好不要使用。

三、冬春季节要防止煤气中毒事件发生

2004 年 1 月，某万头猪场一栋分娩舍内母猪突发产大量死胎，死胎率为 46.5%，据发病情况、临床症状、剖检变化、实验室诊断、病例复制等综合诊断，确诊为临产母猪煤气中毒，导致临产胎儿缺氧而形成死胎。究其原因是冬季分娩舍门窗封闭，每小单元用 3 个直径约 80cm 的圆形大煤炉烧明煤取暖，教训深刻。

寒冷冬季养猪场只重视保温而忽视通风，使舍内有害气体浓度超标，影响猪只健康，采用大煤炉烧煤作为供暖设备的密闭圈舍表现尤为严重。他们在煤炉上面加湿煤封火，以避免夜间煤炉熄灭。但这样会使煤燃烧不充分，也容易产生大量 CO 等有害气体，在通风不良的情况下，尤其在夜间，容易造成临产母猪 CO 中毒。因此猪场生产管理人员应因地制宜，采取相应合理措施，避免因管理不当造成损失。

妊娠后期母猪氧气需要量较大，对空气中的 CO 浓度特别敏感，母猪吸入 CO 后造成机体急性缺氧，母猪缺氧导致对胎儿的供氧不足，使胎儿在子宫内缺氧窒息死亡，而母猪本身仅仅表现为精神、食欲差，如果 CO 浓度过高，也可使母猪死亡。在空间不够大密闭较好的产房，即使供暖炉子有盖有烟囱，无有害气体逸出，也会引起临产母猪产生死胎，其原因是火炉燃烧会消耗舍内空气中的氧气，导致舍内空间相对缺氧。

在临产母猪发生煤气中毒而产生大量死胎的情况下，因发病急、损失较大，多数猪场技术人员往往先考虑传染病，而忽视对周围环境等具体情况进行综合分析，给疾病的诊断造成误导与延迟。

四、认真做好冬春季节猪群的管理工作

（一）保障饲粮营养水平

1. 自配饲料容易导致冬春季节的猪群营养不足。冬春季节的猪群很容易发生营养不足的严重问题，导致猪群生长缓慢、生产水平低下。这种情况很容易被猪场老板忽视。因为多数人认为这是寒冷的天气所致。事实上，这些问题多数情况下出在饲料配方上面，使用正大公司生产的全价饲料，就可解决这些问题。

下列几种情况可严重影响自配成品料的质量：一是加工料时不过称；二是缺乏某种原料时，轻易用其他原料代替；三是原料以次充好，如用湿玉米代替干玉米等；四是搅拌不均匀。以上四种情况都会破坏饲料配方的合理性，影响饲料的利用率。

2. 不能饲喂腐烂、发霉、变质、有毒、冰冻和污染的饲料，以免影响猪群健康。

3. 增加喂料次数。增加喂料次数的目的是相对增加采食量，以填补由于温度低造成猪体内脂肪、肌肉代谢产热造成的体重亏空。冬春季节最好采取自由采食，定次饲喂的猪场，因冬天夜晚时间长，可在晚上增加一次喂料。

4. 坚决不能使用发霉变质的饲料。

（二）保持舍内清洁干燥

冬春季节猪的饲养密度普遍增大，由于畏寒，就地拉、撒，使圈舍潮湿脏乱，这样会抑制猪体内水分的代谢，同时也能造成大量体热的散失，使细菌和其他微生物繁殖，从而引发诸如大肠杆菌病、病毒病、寄生虫病等疾病。因此，应当勤扫猪舍，做到当天粪当天清，将粪便污水及时排除，清扫干净；尽量将饮水溢出的排水管道和排粪尿管分开，以减少粪尿中含水量；分娩舍尤其需要干燥，采用条状或网状地面或将产床的床面距离地面提高 50cm；不能让怀孕母猪卧在潮湿的禁闭栏内；尽量减少用水冲圈次数，防止舍内过潮；对舍内垫料、垫草要经常更换、添加；但应注意不能十分干燥，否则尘埃增多会诱发慢性呼吸道疾病。

（三）增加仔猪保温设备

一般采用仔猪专用保温箱，挂红外线灯 125～250W 或白炽灯 60～100W，挂于离地面 40～50cm 的高度，还必须防止摇晃与温度忽高忽低。我国北方采用暖炉、暖气或煤炭等保温设施，产房和保育舍的网床上最好铺上木板、竹板、加厚纤维板等温暖性床板，没有条件的地方可铺设水泥预制板（上铺麻袋片或橡胶片等保暖），乳猪的前膝关节应贴医用胶布，防止关节炎发生。

（四）适量饮水

虽然是冬季，但并不能忽视猪的饮水问题，否则会由于缺水而引起慢性呼吸道疾病。在保育舍内安装饮水加药系统，不要让猪饮用冷水，要把冷水烧成温水后再让猪饮用（冬季对断奶后一周内的保育猪饮用温水很重要）。

（五）保持空气清新

在做到保温的同时，应保持舍内空气对流，定时通风换气（特别是对于密度较大的保育舍更应注意），做到使人进入舍内时不至于感到气闷，没有刺鼻及让人流泪的感觉。

（六）增大猪舍采光面积

在猪舍初建时，就要考虑猪舍采光面积，开放式猪舍要有较大的开放面积，封闭式猪舍要在南墙和猪舍顶部预留窗口，以备冬季安装玻璃。

（七）做好冬春季节人工授精室的温度控制和清洗消毒工作，提高配种受胎率

（八）加强猪舍门窗管理，防止孔洞、缝隙形成贼风

猪舍外围墙壁要厚实严密，猪舍的后墙、山墙、前墙在冬季要增加保温设施。最好是在猪舍初建时，就把外围的四面墙体做加厚处理。陈旧的猪舍要及时封严墙体、门窗的残留间隙。可以堆放作物秸秆，也可以临时砌泥土坯。

（九）避免应激

应激反应给养猪场造成的损失是不容忽视的。由于冬春季节天气寒冷，能引发各种应激反应，会造成猪的采食量、生产性能、饲料利用率及产品质量的下降，使其生长缓慢，造成损失。要加强管理，避免应激反应的发生。

五、做好防疫灭病工作，确保冬春季节安全生产

冬春季节是一些病原体如大肠杆菌、链球菌、丹毒杆菌、口蹄疫、猪瘟、传染性胃肠炎、流感以及寄生虫等侵袭猪机体的季节。充分做好防疫灭病工作，对减少疾病的发生和传播非常关键。

六、冬季要克服舍内空气湿度的不利影响

猪舍的湿度常用相对湿度表示。猪舍水汽主要来源于猪体蒸发排出的水汽、舍内饲养管理用水、粪尿蒸发的水汽等，其中饲养管理用水对湿度的影响最大。

不论在何种温度下，高湿均有利于各种病原微生物、寄生虫的繁殖，猪易患疥癣、湿疹等皮肤病，使猪抵抗力减弱，发病率增高，有利于传染病的发生和蔓延，并使病程加重。尤其在冬春季节，猪在低温高湿环境比在低温适宜湿度环境更易患各种呼吸道疾病，易患感冒、风湿症、关节炎、肠炎、下痢及母猪无乳综合征（子宫炎、乳房炎、缺乳症）等疾病。低湿又使猪的皮肤和黏膜干裂，引起皮肤和呼吸道疾病。据研究，高湿对猪的繁殖不利，长期饲养在潮湿阴暗的环境中，怀孕母猪易脱肛，产仔数减少。

为了给猪群创造一个干燥、卫生的好环境，应采取相应措施将各类猪舍内的湿度控制在生产中允许的范围内（表4-3）。

（1）安装自动饮水器供水，及时排除多余的水。

（2）要把分娩舍和保育舍修建在地势高、干燥的地方，同时要在地面和墙基设防潮层。

（3）冬季要加强保温，并尽量减少用水量。

（4）对猪的粪尿和污水，应及时清除，以防在舍内积存。

（5）保证通风系统良好，及时将舍内过多的水汽排出去，封闭式猪舍要注意设置天窗。

（6）猪舍铺设垫草，可有效地防止舍内潮湿，但必须经常更换。

表 4－3　生产中允许的湿度范围

类　别	适宜湿度（%）	最高湿度（%）	最低湿度（%）
种公猪	60～80	85	40
空怀及孕前期母猪	60～80	85	40
孕后期母猪	60～70	80	40
哺乳母猪	60～70	80	40
哺乳仔猪	60～70	80	40
培育仔猪	60～70	80	40
育成猪	60～80	85	40
育肥猪	60～80	85	40

七、冬季要重视舍内不良空气质量的严重危害

猪舍内的空气卫生状况直接或间接地影响猪的健康和生产力的提高，当猪舍通风不足时，有毒有害气体、灰尘及微生物就会在舍内过多积存，可导致猪的慢性中毒，生产力下降，发病率和死亡率升高等，常常给养猪生产带来很大的危害，而人们在查找病因时却往往未顾及这些危害。应采取的相应措施有：

1. 冬季不能单纯追求保温而关严门窗，必须保证适量的通风换气，使有害气体及时排出。

2. 氨和硫化氢易溶于水，在潮湿的猪舍，氨和硫化氢常吸附在潮湿的地面附近，舍内温度高时又挥发出来，很难通过通风而排出，因此，猪舍内做好防潮、保暖和采取靠近地面开地窗方式，将其用风扇排出。

3. 安排适宜的饲养密度，有利于猪只健康生长。

4. 垫草具有较强的吸收有害气体的能力，猪床铺设垫草可减少有害气体。

5. 采用热风炉而非烧煤炭取暖；使用喷雾消毒设备；舍内应及时清除粪污和清扫圈舍；合理通风换气等。

第 4 节　夏季猪场安全生产的管理措施

猪的散热性很差，所以猪对热更敏感。环境高温可导致猪采食量下降，应激反应增加，引发一系列的不利因素发生，直接影响到生产性能的提高。从而给规模猪场的生产造成了重大损失。

一、夏季的防暑降温措施

（一）保持适当通风

猪舍内空气流通即可使猪只保持凉快，也可维持较健康的环境。尤其是高温又潮湿

的夏季里，若要提高淋浴的降温效果就应加强通风。

1. 在猪舍安装吊扇降温（图4-27）。为猪提供流经其身体的足够的空气流速，把空气向下吹到猪体，每隔15m安装一个。同时，向猪舍地面、墙壁处喷洒冷水降温。据报道，高温酷热期间每日喷冷水3~4次，每次2~3min，可降低舍温3~4℃，降温效果较明显。

2. 运用纵向湿帘降温系统。即在猪舍的一端装有几台大型抽风扇，而在猪舍的另一端设置安装水帘。经过湿润的空气以高速沿密闭猪舍的长轴流动，犹如冷

图4-27 淋浴加吊扇的降温效果会更好

气流穿越隧道一样。当这种气流穿越猪舍长轴时，它带走了热量和污染物，从而达到降温目的。纵向降温系统只对无分隔间、且任何横断猪舍宽度的隔栏均应用栅栏制作的长猪舍最适用（图4-28、图4-29）。使用水帘降温设备时，应将朝阳面的水帘用防晒网遮盖，以免阳光照射引起水温升高，降低水帘使用效果。

图4-28 猪舍一端安装的水帘

图4-29 猪舍另一端安装的抽风机

3. 个别通风。对圈养的种公猪、怀孕母猪及泌乳母猪也可采用个别通风措施保持凉快。通风管（半径10cm）可悬于个别栏前端上方，每分钟以2 m³、1.5 m³及1m³的风量分别吹送于泌乳母猪、种公猪及怀孕母猪的鼻部，送风管口离猪愈近则效果愈佳（图4-30、图4-31）。风管内的空气宜保持清新、凉爽及干燥，如此也可减少各种传染病的发生。

图 4 - 30　个别通风的制冷设备

图 4 - 31　通风管悬在猪栏前上方对准猪鼻部，
适用于泌乳母猪

（二）使用喷淋/滴水降温系统

1. 喷淋系统。当生长肥育猪舍的气温到 27℃，或配种舍气温达到 24℃ 以上时，应启动喷淋系统（图 4 - 32）。操作时应让喷水器开启仅约 2～3min，接着关闭半个小时，任水蒸发。每个猪圈用一个喷淋器，置于离地面上方约 1.75m 处。位置放在能使多余的水容易排走的地方，如漏缝地板上面。对于养 10 头猪的圈要用一个每分钟喷水 1.7L 的喷嘴；20 头猪圈，用每分钟喷水 3.4L 的喷嘴。

图 4 - 32　夏季肥育舍安装的喷淋系统

图 4 - 33　猪场产房使用的哺乳母猪滴水降温设备

2. 滴水可使泌乳母猪凉快。泌乳栏内不宜喷水或洒水，因容易溅及仔猪；改用颈背部滴水的方法，也可舒解母猪的热紧迫。颈部有大量的热血流过，颈部是猪降温的非常有效的部位。水滴必须要大，滴水速度应该是以保持猪的颈部湿润，却又不至于使过量的水流淌到地板上，至关重要的是多余的水应尽快自圈中排出（尤其是带仔的母猪圈）。长期潮湿的地板会导致疾病蔓延或使幼小的仔猪寒战。水滴管口应置于距离猪栏前端 50cm 之正上方 30cm 处（图 4 - 33），水量每小时 2～3L。水滴管的大小、水滴数的多少等应调整至不湿前蹄为原则，若湿至地面则应即刻终止或调整滴量和滴数。保持地面干燥、不可滴水入耳、避免溅湿腹部乳房区，是采用滴水法的三点基本要求。

3. 对断奶母猪可在运动场上设水池，促其降温（图 4 - 34）。

（三）有条件的猪场可给公猪舍安装空调

做好公猪舍的通风降温，是夏季搞好配种工作的中心环节，然而该环节往往被生产单位所忽视。由于持续高温，公猪生产不出优质精液，要想恢复到正常水平，约需 40 多天时间，不但影响 7～8 月份配种率的提高，也影响到 11～12 月份的活产仔数，因而，于 7～8 月份有条件时给公猪舍安装空调并不过分（图 4 - 35）。

图 4 - 34　断奶母猪戏水降温　　　　图 4 - 35　夏季公猪舍使用的立式空调降温设备

（四）使用防晒网或在猪舍的朝阳面种树遮蔽阳光照射（图 4 - 36、图 4 - 37）

图 4 - 36　防晒网降温　　　　　　图 4 - 37　猪舍朝阳面种树遮光

（五）种植绿色植物，避免阳光直射，效果好（图 4 - 38）

（六）在猪舍顶开天窗，及时将猪舍内的热气排出（图 4 - 39）

（七）在猪舍朝阳面的前墙和屋顶喷白灰，减少传入猪舍的热量（图 4 - 40）

（八）清除猪舍间的杂草和低矮树木，以利通风（图 4 - 41）

图 4-38　猪舍外圈种植的绿色植物

图 4-39　猪舍顶部开天窗

图 4-40　朝阳面喷白灰，可将阳光反射出去　　图 4-41　低矮树木挡窗，不利猪舍通风

二、夏季高温下对猪只的饲养管理措施

1. 提高日粮浓度，特别是能量、蛋白质和维生素水平。高温中猪采食量下降，而体内产热增加，致使体内摄入的能量明显不足，会严重影响到猪生产性能的发挥，尤其是对母猪的影响更大。建议全程使用正大全价颗粒料来提高生产成绩。

2. 夏季猪以蒸发散热为主，饮水量大增，应提供充足的饮水。

3. 猪群过大和饲养密度过高，均可加重热应激，因此，在可能情况下，夏季应适当减小饲养密度。

4. 尽量利用早晚温度较低的时间饲喂。因为早晚温度相应较低，猪的食欲相对旺盛，此时喂料，既可提高采食量，又可避免中午高温上料，人为地搅动猪只活动，增加其产热量。因此，高温季节应在早上7点以前喂料，下午6点以后再喂料，以减轻热应激对采食量的不良影响。

5. 在运动舍上方搭凉棚，避免阳光直射。一是在猪圈外种植葡萄、丝瓜等藤蔓类植物攀爬猪圈房顶，以利用绿色植物阻断烈日直接曝晒；二是猪圈顶外壁覆盖白色物质，以增强光的反射作用；三是若气温骤然升高，可采取房顶喷水降温。据报道，种植植物遮荫，室温可降低 $1 \sim 2 ℃$；用凉水喷顶可降低 $2 \sim 3 ℃$。

6. 猪舍房顶开天窗，尺寸为 $1.2m \times 1.0m$，可封闭或开启，增加空气对流，每 20m 一个。

第5节　重视有害气体、尘埃及微生物对猪的危害

猪舍内的空气卫生状况直接或间接地影响猪的健康和生产力的提高，当猪舍通风不足时，有毒有害气体，灰尘及微生物就会在舍内过多积存，可导致猪的慢性中毒，生产力下降，发病率和死亡率升高等，常常给养猪生产带来很大的危害，而人们在查找病因时却往往未顾及这些危害。

冬春季节，猪舍内封闭严密（图4-42），由于密度大而造成通风差，导致空气浑浊，大量有害气体如 NH_3、SO_2、CO 等病原微生物充溢其间，易使猪只生产性能下降，引发诸如萎鼻、喘气病等多种呼吸道传染病的发生，甚至导致咬尾、咬耳等恶癖的出现。因此，在做到保温的同时，应保持舍内空气对流，定时通风换气（特别是对于密度较大的保育舍更应注意），做到使人进入舍内时不至于感到气闷，没

图4-42　北方猪场冬季对猪舍严密封闭，导致舍内空气浑浊

有刺鼻气味及让人流泪的感觉。

一、猪舍内的有害气体

猪舍内的有害气体通常包括 NH_3、H_2S、CO_2、CH_4、CO 等，主要是由猪只呼吸、粪尿、饲料、垫草腐败分解而产生。

1. 氨气（NH_3）。比空气轻，易溶于水，常易溶解在猪只呼吸道黏膜和眼结膜上，使黏膜充血、水肿，引起结膜炎、支气管炎、肺炎、肺水肿，长期作用于猪，可导致猪的抵抗力降低，发病率和死亡率升高，生产力下降。

2. 硫化氢（H_2S）。易溶于水，比空气重，靠近地面浓度更高，易溶附在呼吸道黏膜和眼结膜上，发生结膜炎、咳嗽，支气管炎和气管炎发病率很高，严重时引起中毒性肺炎、肺水肿等。长期处于低浓度硫化氢环境中，可引起猪只呕吐、腹泻等，使猪的体质变弱、抵抗力下降、增重缓慢。

3. 二氧化碳（CO_2）。二氧化碳无毒，但舍内含量过高时，氧气含量相对不足，会使猪只出现慢性缺氧，精神萎靡、食欲下降、增重缓慢、体质虚弱，易感染慢性传染病。

4. 一氧化碳（CO）。冬季用火炉采暖时，常因煤炭燃烧不充分而产生。它极易与血液中运输氧气的血红蛋白结合，可使猪体缺氧引起呼吸、循环和神经系统病变，导致中毒（图 4-43）。

若妊娠后期母猪、产房和保育猪舍出现上述情况，可导致流产、死胎、泌乳下降和仔猪死亡率增高等。这种影响不易觉察，常使生产蒙受损失，应予以足够重视。

二、尘埃和微生物对猪的危害

猪舍内的尘埃和微生物少部分由舍外空气带入，大部分则来自饲养管理过程，如猪的采食、活动、排泄、清扫地面、换垫草、分发饲料、清粪、猪只咳嗽、鸣叫等。

图 4-43　煤炭燃烧不全可发生煤气中毒，
明煤保暖时应使用烟囱

1. 尘埃。猪舍尘埃主要包括尘土、皮屑、饲料和垫草粉粒等。尘埃本身对猪有刺激性和毒性，同时还因它上面吸附有细菌、有毒有害气体等而加剧了对猪的危害程度。尘埃降落在猪体表，可与皮脂腺分泌物、皮屑、微生物等混合，刺激皮肤发痒而发炎。尘埃还可堵塞皮脂腺，使皮肤干燥易破损，抵抗力下降。尘埃落入眼睛可引起结膜炎和其他眼病，被吸入呼吸道，则对鼻腔黏膜、气管、支气管产生刺激作用导致呼吸道炎症，小粒尘埃还可进入肺部，引起肺炎。

2. 微生物。舍内空气中病原微生物可附在尘埃上进行传播，也可在猪只打喷嚏、咳嗽或鸣叫时附着在猪只喷出的飞沫上传播，多种病原菌存在其中引起病原菌传播。通过尘埃传播的病原体如结核菌、链球菌、绿脓球菌、葡萄球菌、丹毒和破伤风杆菌、炭疽芽孢等，一般对外界环境条件抵抗力较强；通过飞沫传播的，主要是呼吸道传染病，如气喘病、萎缩性鼻炎、流行性感冒等。

三、应采取的相应措施

要减少猪舍空气中的有害气体、尘埃和微生物，应注意做到：

（1）冬季不能单纯追求保温而关严门窗，必须保证适量的通风换气，使有害气体及时排出（图 4 - 44）。

图 4 - 44　猪舍内使用的自动通风设备

（2）氨和硫化氢易溶于水，在潮湿的猪舍，氨和硫化氢常吸附在潮湿的地面、墙壁上，舍内温度升高时又挥发出来，很难通过通风而排出，因此，猪舍设地窗可适当减少舍内有害气体含量（图 4 - 45）。

图 4 - 45　猪舍设地窗可适当减少　　　图 4 - 46　国外猪场日常使用的简易
　　　　　舍内有害气体含量　　　　　　　　　　　　带猪喷雾消毒器

（3）垫草具有较强的吸收有害气体的能力，猪床铺设垫草可减少有害气体。

（4）采用热风炉而非烧煤炭取暖。

（5）舍内应及时清除粪污和清扫圈舍。

（6）定期进行带猪喷雾消毒（图 4-46）等。

第6节　高密度饲养对猪只健康非常不利

在规模化生产中，饲养密度对猪只生产性能的影响已逐渐受到人们的重视，饲养密度一方面影响猪舍的空气卫生状况，若舍内饲养密度越大，猪只呼吸排出的水汽量越多，导致粪尿量大，舍内湿度也会增高，同时，舍内的有害气体、微生物、尘埃数量也会增多，使空气卫生状况变差；另一方面，对猪的采食、饮水、睡眠、运动及群居等行为有很大影响，如饲养密度过高、猪群过大时（图 4-47），猪的活动时间明显增多，休息时间减少，咬斗行为更频繁，增大了营养性消耗，并随地排粪尿。在猪采食时的争斗行为明显增多，延长了采食时间，进而影响增重。而适宜的饲养密度和群体大小对猪的生长有利，如群饲猪比单饲猪吃的快、吃的多，增重也较快。

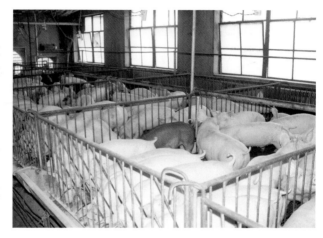

图 4-47　密度过大，不利于提高生产成绩

条件许可时，生长育肥猪每头猪占圈面积应在 $1\sim1.2m^2$ 以上，每圈饲养猪 18~20 头为宜。应注意每个圈应提供至少两个饮水器，以防止某头猪独霸一个饮水器。对于体重达 34kg 的仔猪，每个圈应安装足够的饮水器，应使每个饮水器负担的猪不超过 10 头。对于体重 34~100kg 的，每个饮水器负担的猪不超过 15 头。

第7节　消灭鼠害和苍蝇，减少疾病传播

老鼠是一种并未引起猪场应有重视的哺乳动物，在疾病传播方面是重要的媒介，如猪口蹄疫和伪狂犬病等 20 多种疾病，常造成场内疾病流行；一只老鼠每年可吃掉 12kg 粮食，排泄 2.5 万粒鼠粪，污损粮食 40kg，再加上污染水源及环境等，往往给猪场造成大的损失。因此，消灭鼠害是猪场提高经济效益不可忽视的工作。

在有食物存在时，老鼠的活动范围一般在 50m 以内，并都沿鼠道活动，老鼠出洞寻食的时间高峰是在每天的傍晚天刚黑时。了解上述鼠群的生态行为，是猪场合理安排灭鼠时间和投放毒饵的地点，获得理想灭鼠效果的前提。

苍蝇可传播多种疾病是人所共知的，但如何消灭之却又使许多规模化猪场颇费心

机。据观察，在自然界发现当年第一批卵的时间，是在全天温度不低于17℃，即在越冬成蝇开始飞向室外的2～4周内，并在2个月后形成家蝇繁殖数量的第一个高峰。所以，春季（4、5月）的灭蝇，是控制夏天苍蝇密度的最重要时期。然而，人们往往由于看不到大量苍蝇的活动而忽视春季灭蝇工作，这是错误的。

良好的环境可减少苍蝇大量滋生。若舍内粪便处理不及时，或舍外排污沟附近有杂草堆，或粪便存有腐烂的猪尸体等导致生产区内环境肮脏时，均能滋生大量蝇蛆。因而，苍蝇数量的变化，不仅反映了气候状况，同时也反映了猪场在环境卫生管理方面存有严重问题。

对每天从猪舍清除出的粪便，要有序地存放在固定而又有人管理的露天粪场，不必计较粪场上苍蝇多少，要从第一次倒入的粪便计起，到7～10d时，将这堆粪集中堆积并向粪便上撒些干杂草或草木灰，吸收部分粪中的水分，便于粪便堆积成形，然后将其集中堆积成梯形粪堆，长8m，底宽2m，高1.1m，然后用薄膜盖，周围用土将薄膜压紧，阻止蝇蛆钻出，一般春夏季封存26～30d即可开封。这样处理的粪便，尽管在封存前已有大量蝇卵、蛆，均可在封存后的高温下死亡。开封后的粪堆，粪便已矿质化，苍蝇不会再到这种粪堆上产卵，从而达到灭蝇之目的。

第8节　改造危害猪群健康的设施，提高健康水平

关注猪群的生存条件，就是关注猪的福利。在猪福利没有保障的猪场不仅其生产性能下降，生产成本增加，而且不科学的饲养方式可造成猪只恐惧和应激，使其分泌大量肾上腺素，在引起肉质下降的同时，对猪只的健康造成伤害。

一、限位栏内饲养不符合猪的福利要求

不少规模化猪场的妊娠母猪采用了限位栏，平均待栏时间约105d。结构上几乎是清一色水泥地坪加固定钢管制作，虽然限位栏具有减少建筑投资，便于观察与管理等优势，但大多数猪场多数妊娠母猪在长达3个多月的时间里，因限位栏设计缺陷导致：一其后躯（腰部后）长期与粪、尿、水为伴（图4-48）；二是限位栏长度不够，猪休息

图4-48　母猪在限位栏中与粪尿为伴，危害健康

图4-49　限位栏长度不够，猪休息困难

困难（图4-49）；三是设计没有考虑到排水，猪床潮湿（图4-50）；四是禁闭栏猪无法饮水（图4-51）等，均违背了让猪享有正常表达行为自由的基本原则，造成种母猪体质下降，使用年限缩短，肢蹄病严重，以致有的猪场种母猪在生产3～4胎后就因站不起来、配不上种、难产、死胎增多而不得不提前淘汰。

图4-50 猪床潮湿，有损健康

图4-51 猪饮水困难

为提高母猪的体质，最好能让怀孕母猪在带有活动场地的猪舍里饲喂，怀孕85d后转入禁闭栏饲养，效果会更好（图4-52）。

二、饲养密度过大不利于猪的生长

有的商家在建万头商品猪场时，猪舍间隔不足10m，一间不足20m² 的猪栏内养20多头育肥猪（图4-53），这种高度密集饲养，不仅造成大量粪尿、臭气、噪声污染，也使猪只产生了打斗、咬尾、咬耳等行为恶癖，最终导致生长速度缓慢，肉质下降。

图4-52 孕猪在带有活动场地的猪舍饲养可提高体质

图4-53 饲养密度过大不利于猪的生长

三、过早断奶应激造成的损失

母猪哺育仔猪，仔猪在母猪身边自由自在地生活，这是猪的天性，是一种康乐。然而，现在有些集约化猪场为了片面追求高产，将仔猪断奶日龄从28d提早到14d，需知这种不顾生产环境条件的盲目追求，不仅显著增加了生产成本，而且因断奶引起的心理应激、环境应激、营养应激造成的损失也非小数。

四、种公猪运动量不足导致精液品质低下

种公猪运动量不足在多数集约化猪场是常见的，导致公猪过肥司空见惯（图4-54）。畸形精子增多，活力低下，品质不良，使母猪受胎率不高，造成了大的损失。

五、饲养管理不力，导致猪只生病

对于许多传染病来说，如果没有饲养管理恶劣的因素存在，就不会加重病情（图4-55）。腹泻、地方性肺炎、生长参差不齐和仔猪断奶后生长不良等问题可以是传染病的结果，但更是经常的拥挤、槽位不足或饮水不足、饲料选用不当、气温和通风管理不当（在全封闭式管理的猪舍及冬季更为严重）等因素影响的结果。在许多情况下，解决这些问题是不能依赖抗生素和其他药物的。从长远来说，房舍设计和管理措施对于疾病防制的作用远比单纯依靠药物重要得多。

图4-54 多数猪场存在种公猪
运动量不足的现象

图4-55 断奶母猪在粪场运动会
导致不发情或猪病发生

在规模养猪的条件下，各类猪群均处于高强度的生产状态下，环境条件对其生产力和健康状况影响极大。甚至可以说直接决定着猪场的成与败。从2006年发生的"猪高热病"临床实践来看，应激较大的环境条件，成为诱发"猪高热病"发生的主要因素之一。南方夏季高温、高湿、猪舍通风不良，猪的应激反应大，所以南方多在炎热的夏季发生；而北方多发生在秋末冬初，原因是北方在这个季节气温变化大，尤其是昼夜温差的大幅度增加，导致了猪群产生强烈的应激反应所致。

第2章 规模猪场的健康细化管理技术

第1节 采用多点式养猪新技术，切断疾病在猪群间的传播

2006—2007年对"猪高热病"的防控实践已证明，我国目前采用的防疫灭病（含保健）体系，已不能有效适应当前养猪业的发展需要。要想有效地防止蓝耳病等传染病

侵入猪场十分困难，而那些新型的、多点式饲养的疫病防制模式，能有效地控制急性烈性传染病，净化一些危害严重的慢性型传染病，使规模化猪场在较少疫病干扰的条件下健康发展。这些新技术、新方法特别值得我们借鉴。

一、多点式养猪有利于控制疫病

众所周知，传染性疾病的流行必须具备三个相互联系、同时存在的基本条件，即传染源、传播途径和对该病易感的猪只。传染病防制的主要方法是消灭传染源、切断其传播途径和提高猪群抗病力。传统的防疫体系根据这一原理所采用的系列措施，在规模化养猪业对疫病的防制作用是明显的，但其缺陷也十分突出。

西方国家发明的高密度、工厂化养猪方式传入我国后，使猪群长期处于亚健康状态，对疫病的易感性增强，同时也带来了环境污染、猪病猖獗等严重问题。实践证明，现行的工厂化的养猪方式存在下列弊端，导致了规模养猪的疫病防控体系不能有效防控疫病。西方国家已充分认识到这种饲养模式的弊端，已通过使用分胎次饲养、多点式养猪等现代养猪新技术予以改进，而在我国并未引起很多猪场应有重视。

我国一般养猪企业年出栏商品猪数量少的在三千到五千头，多则在一万头至几万头，甚至十余万头。猪只数量的增加，在有限的面积范围内易导致疫病在猪群中传播流行的速度增快。有文献指出，在一个只有 10 头猪的群体与一个拥有 100 头猪的群体中，疫病流行的速度相差 100 倍以上。

规模养猪的另一特点是实行集约化经营。高密度的集约化饲养，使猪只彼此间距离变小，一些接触传播性疫病极易发生（如口蹄疫、蓝耳病等），那些在传统养猪业中不易流行的疫病常常暴发流行。最典型的例子要数猪疥螨、猪痢疾。

（一）猪舍的大型化设计不利于防疫

大多数规模猪场的猪舍采用的是长通间、单列、双列或多列式结构，如在空怀配种舍多实行单栏小群饲养，每栋猪舍常饲养几十到几百头母猪；在妊娠舍多采用限位栏实行限位饲养，一栋猪舍常饲养数百头母猪；分娩舍母猪多在产床上分娩，每一栋常有几十到一二百头母猪同时在舍内待产、分娩或哺乳，舍内有处于不同生理状态的各类母猪、不同年龄的未断奶仔猪数以百计；而保育舍、肥育舍内也同样有几百头、上千头不同年龄的猪混合饲养在一栋猪舍内。舍内通风换气、排污、喂料、清扫及其他生产活动均由一侧向另一侧进行。这种密集型猪栏圈最大的问题则是病原微生物在舍内可通过猪只间的密切接触、空气、污水及人员活动等传播，使疫病在极短的时间内在一栋猪舍内或全场范围内流行。

（二）"流水式"生产管理方式不利于防疫

许多规模化猪场已采用了五段式（空怀配种、妊娠、分娩、保育、育肥）的生产管理方式，由于这种大空间、高密度、大群体的饲养与管理方式，在一般的万头规模的猪场中，猪只在各段间的转群移动只能实行流水式作业。即在第一、二、三阶段多按照先进先出的方法转移猪只，第四、五阶段则多实行提大留小、新进小猪分别补进各栏的办法转群。同时，各阶段的僵猪大多是隐性带毒的，是内源性疫病的温床，而保育舍内最易出现僵猪，将其留下无疑是给下批新猪只留下了传染源。这种流水式作业管理易于传染病的水平传播，即由较大猪向小猪的传播易于实现。

（三）防疫技术滞后，不能适应规模化养猪的需要

1. 隔离距离过小。 多数猪场与周围环境中的村庄、交通主干道、其他畜牧场等的隔离距离不够理想，场内生活区、管理区与生产区的相互间的隔离距离也不符合卫生防疫要求，生产区内猪舍间距不符合起码的隔离与通风要求。不同用途、不同年龄的各类猪群的混群饲养也不符合防疫的基本要求，而许多猪场根本没有隔离舍，猪只发病或引进的种猪常与本场的正常猪只饲养在同一栋舍内，人为导致了疾病的传播。

2. 不能进行彻底的卫生消毒。 在消毒技术上，由于许多规模猪场采用流水式作业和大通间式猪舍，无法实行全进全出和彻底空栏，各类猪舍基本上只施行载猪条件下的日常消毒或局部的空栏清洗消毒，不能进行必不可少的定期空栏大消毒。除了有限的通风换气外，对猪舍内空气的消毒则基本不能施行；人员车辆的进场消毒也完全不能符合大型集约化猪场的卫生防疫要求；需转群移动的猪群在进入其他猪舍时基本不进行消毒，从而导致疫病的扩散。

3. 对环境污染的控制滞后。 养猪业的环境污染主要是粪便、污水和有害气体。目前，许多规模猪场因建场较早，设计不合理，导致场内杂草丛生，粪便成堆，污水横流的现象随处可见，致使粪便中的大量病原菌对猪场环境造成了极大的污染，有利于疾病的发生和扩散。有害气体对猪舍内空气的污染更未引起重视，尤其在冬季保暖的情况下，许多猪舍内臭气扑鼻，氨味刺眼，导致了呼吸道病的不断发生，严重影响了猪只的健康生产。

（四）防控疫病的观念落后

药物和疫苗的滥用不但害死了很多猪，还造成了耐药性的增加。大量注射疫苗，可导致重要疾病免疫失败甚至散毒。目前的大量用药如饲料加药、饮水加药，有病多投药、无病投保健药等，导致猪成了离不开药的"药罐子"。人们习惯"加药"的目的是预防疾病发生，但药物在杀灭或抑制病原菌的同时，也会对有益菌"下手"，从而对维系肠道正常的微生态菌丛产生不利影响。同时，长期或阶段性预防性加药（有些猪场长期在饲料中添加治疗量的药物）均会产生不同程度的抗药性，这常使生猪染病时的治疗用药显得束手无策。

疫病的模式已发生了巨大变化，我们目前传统的且已成型的、连续性的生产模式，在未来的生产中要想获得成功难度很大，如果不加改进，会导致一系列不良后果。对猪"高热病"的防控效果较差就是一个显著例子。

上述分析说明，在规模化猪场如能在生产中对不同的猪舍、不同的猪群之间采用合理的时间和空间距离的方法，是可能控制与净化一些在规模化养猪业中危害严重的疫病的。而这种管理模式就是采用多点式的方式将不同类型的猪群分开饲养。

二、多点式养猪防疫体系实施策略

建立多点式新型防疫体系的基本途径主要包括多点式分散建立专业性猪场、采用独立单元式猪舍，仔猪实行早期隔离断奶，各生产阶段严格执行全出的生产工艺，定期进行疫病监测与检验，按照生物性安全的原则制定并规范防疫保健等新技术。

（一）多点式专业性猪场建场模式

1. 我国规模化养猪场一般都采用一点（也称为单区）五段式（空怀配种、妊娠、分娩、保育、育肥）的流水线生产模式（图 4-56），这种综合型模式在生产管理中具有管理方便、占地面积较小、投资略小等优点。其缺点是由于群体规模大、密集度高，随着使用年限的增加，疫病的发生会越来越复杂，一些慢性型、亚临床感染型疫病难以控制与净化，必须不断增加药物和疫苗的用量，加大了生产成本，大量粪便与污水难于得到及时处理，从而会对环境造成极大的污染，其结果将严重影响到猪场自身的经济效益。

图 4-56　一点式猪场模式图

2. 多点式猪场规划模式可以为两点五段式和三点五段式两种（图 4-57、图 4-58）。这种模式的点和点之间的距离以多远为宜并无定论，有人认为 3～5km 最理想，近期的研究认为 100～500m 的距离较为合适。

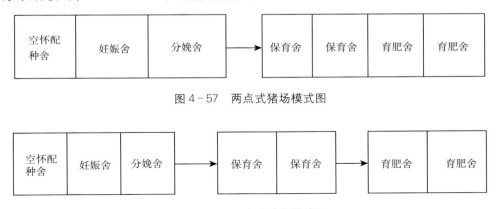

图 4-57　两点式猪场模式图

图 4-58　三点式猪场模式图

多点式猪场建设方案的最大益处在于，与一点式猪场相比，可降低每一点内的猪只数量，将不同年龄的猪有效地分隔开来，防止猪群之间疫病的水平传播，是控制疫病流行和净化猪群内已有疫病的基础，在规模化养猪业防疫保健体系中可发挥重要的作用。多点式猪场的另一优势是比较适合当前我国许多地区实行的"公司＋农户"的生产方式，规模猪场有较强的技术力量，可作为龙头企业，负责生产工艺流程中的前三个或四个关键阶段的生产，由农户承担后一个或两个阶段的生产，保育或肥育阶段可分散在多个点上进行，形成繁殖、保育场、肥育场等专业性养猪场，是目前我国规模化猪场扩大规模的一条捷径。由此可也解决多点式猪场占地面积大、与一点式猪场相比前期投资大、转群运输带来的管理难度增加等问题。

传统大通间式猪舍的弊病十分明显，主要是不利于疫病的控制。因此，在今后的猪舍建设中应尽可能地采用多单元独立式隔离型猪舍。多单元独立式隔离型猪舍的建设要点在于每个单元之间完全独立，在猪舍外由一条走道相通，分别有各自的通风、排污、供水、供暖、电力等系统。在猪舍的修建过程中，必须考虑到建筑物的防鼠、防鸟等因素。多单元隔离式猪舍是保证猪群采用全进全出的生产工艺，使猪只在一个相对洁净的环境中产仔、哺乳和生长的基本条件。

（二）实行完全的全进全出管理程序

全进全出是减少或控制传染病的主要方法之一。"全进全出"的含义是在同一单元中猪群在同一时间内转入或转出猪舍，每次全进全出，必须全面清洗消毒包括用具、衣服、鞋等，而且每栋猪舍专用。不能做到全进，也应做到全出，这对空置猪场消灭疫病非常重要。决不能将本批的掉队猪与下批猪混养。

（三）采用超早期药物隔离断奶的技术选留后备种猪

超早期药物隔离断奶（SEW）技术是最有效和最经济的防止大部分疫病传播的技术，包括PRRS。表4-4列出的是对仔猪有效的排除疾病的断奶日龄。

表4-4 对仔猪有效的排除疾病的断奶日龄

病　名	断奶日龄
胸膜肺炎放线杆菌（APP）	15
猪繁殖与呼吸道障碍综合征	21
猪肺炎支原体	21
猪伪狂犬病	21
细小病毒	21
传染性肠胃炎	21
猪霍乱沙门氏菌	21
钩端螺旋体	10
多杀性巴氏杆菌	10～12
猪萎缩性鼻炎	10
猪链球菌Ⅱ型	5

国外的研究结果表明，采用同期断奶（14d断奶）及全进全出技术时平均日增重860g、料肉比2.66∶1、出生至达上市体重仅需140d，死亡率2%。这些都说明猪群的健康水平得到了提高，可有效改善生产性能。目前，仔猪在21日龄或18～21日龄的早期断奶技术在我国已有成功的范例。

正大集团河南区南召试验猪场，用正大代乳宝对22日龄断奶的仔猪饲喂试验的效果表明（表4-5），如果使用科学的营养配方再加上良好的管理，就可确保早期断奶仔猪生长良好、健康发育。

表 4-5　正大代乳宝对早期断奶仔猪饲喂效果

试验日期：2011 年 6 月 9 日至 6 月 15 日，22～29 日龄，单位：kg

代乳宝试验数据					
料号	初重（22 天）	日采食量	日增重	料肉比	末重（29 天）
A	7.07	0.261	0.266	0.979	8.93
B	7.07	0.286	0.310	0.925	9.24
C	7.07	0.289	0.287	1.007	9.08
D	7.07	0.297	0.315	0.943	9.27
E	7.07	0.286	0.301	0.951	9.18
平均值	7.07	0.284	0.296	0.961	9.14

（四）实行部分清群，阻断蓝耳病等传染病的传染链

目前，大多数集约化猪场的生产是以生产"周"为单位的连续生产过程。病原微生物就是通过这个循环感染而周而复始。实行部分清群，就是切断了这个感染循环。因此，在猪病连年不断的猪场应实行每年 1～2 次部分清群。

当保育猪感染 PRRS 最严重时，应实行部分清群，也就是切断传染源（包括其他病原微生物），在同一时间把所有的保育猪出售或转移到育肥舍饲养（最好是转移到另一个猪场），对腾空的猪舍彻底清洗后空置 1～2 周（最好是 2 周）。每次清群，应分别用三种不同的消毒药，进行三次消毒，消毒分别于猪移走后的第 1、7、14d 进行，这是清除 PRRS 和其他疫病的有效措施之一。

（五）规范化的防疫程序

见本章第 4 节的有关内容。

（六）利用血清学检测手段，控制和清除疫病

定期监测猪场免疫情况是制定免疫程序和疫病清除方案的主要措施。见本章第 6 节的有关内容。

疫病监测是多点式养猪新技术的一项重要的配套技术，也是当前我国规模化养猪业的一个弱项。在大型规模化猪场有必要建立起自身的疫病检验与监测系统，在猪群中进行传染病的流行病学调查，监测猪群中主要传染性疫病（包括寄生虫病）的感染与免疫状况，开展药物敏感性试验指导临床用药，对各项防疫措施的实施效果进行检测，以评价新型防疫保健体系的效果，发现其不足和研究改进方法等。

第 2 节　做好猪场封闭管理，防止疫病传入

养猪场作为特殊的工厂化生产企业，对做好防疫灭病有其特殊要求。其中，认真做好猪场的封闭式管理，严格控制人员和车辆进出猪场，是防止外疫传入猪场的最基本要求。

一、必须建立严格的活畜禽出入场管理制度

为了防止疫病传播，安全生产，从安全防疫的大局出发，特制定出活畜禽出入场管理制度如下：

（1）猪场内不养猫、狗、鸽、鸟等畜禽；

（2）猪出场时，需用猪场自己的拉猪车和上猪架拉出生产场区后再装入外来车辆；

（3）猪出场后，无论任何原因，一概不许再入场；猪场的拉猪车及上猪架在装完猪后须冲洗消毒后再进场；

（4）外引种猪须在生产场区外经严格消毒后再由猪场的装猪架装入本场的拉猪车，外来拉猪车辆禁止入场；

（5）种猪引进后，须有专人在隔离舍饲养观察至少两个月并注射疫苗后再并入生产群；

（6）外引种猪在观察舍内，须 2d 对隔离舍消毒 1 次；

（7）饲养隔离舍的人员无特殊情况 1 个月内不许出舍，各项费用由猪场补贴。以上各条款如有违犯，对各责任人予以相应罚款，出现严重问题者甚至给予辞退。

二、把好四道防线的消毒工作

猪场大门口、生产区门口、猪舍门口及日常消毒工作，详见本章第 3 节的有关内容。

三、严格门卫管理制度

要求认真做好门卫监督工作，认真履行门卫管理制度，加强对出入人员、车辆的消毒和安全检查，确保公司的生产和财产不受损害；严格执行考勤制度，做好出场人员登记。

（1）服从领导，坚守岗位。

（2）作好门卫收发传递工作。

（3）监督进场人员消毒和生产区人员出入场自行登记及消毒。

（4）对出入场的一切物料、设备、工具（包括借出，谁借出谁出具证明）认真查看出门证。没证明一律不准出入场。

（5）定期（2 天 1 次）更换门口消毒池（同时冲洗场大门前），确保消毒药水有效，大门前干净卫生。

（6）对出场人员要凭领导批条，没有批条的一律不准出场。

（7）打扫责任区公共卫生。

（8）早六点开门，晚十点大、小门落锁。

（9）对外来人员问明原因，需找谁的应事先征求当事人的同意后方允许进场，经消毒合格后方可进入（需进生产区人员必须换鞋穿工作服）。

（10）正常门卫应在场坚守岗位，未经同意不准擅自离岗。

第 3 节　做好消毒天源，彻底杀天病原微生物

（本章特邀湖南坤源生物科技有限公司技术部杨洪战供稿）

规模猪场防止传染病发生的三个基本环节是：切断传播途径、保护易感猪群、消灭

传染源，三者缺一不可。其中，切断传播途径和消灭传染源均与能否做好消毒有很大关系。因此，对规模猪场来说，消毒工作的成败，直接决定疫病的防控效果，希望能引起规模猪场的高度重视。

一、消毒及消毒的概念

消毒是指利用物理、化学或生物学的方法杀灭或清除外环境中的病原微生物及其他有害微生物，从而切断其传播途径，防止疫病的流行。这里所说的"外环境"是指无生命物体的表面，体表皮肤、黏膜及浅表体腔。在对"消毒"一词含义的理解上，需要注意两点：其一，消毒是针对病原微生物和其他有害微生物的，并不要求清除或杀灭所有微生物；其二，消毒是相对的而不是绝对的，它只要求将有害微生物的数量减少到无害程度，并不要求把所有的病原微生物全部杀灭。

二、消毒的分类

按照消毒的目的可分为疫源地消毒和预防性消毒两大类。

（一）疫源地消毒

疫源地消毒是指对存在着或曾经存在传染病的场所进行的消毒，主要指被病原微生物感染的动物群及其生存的环境，其目的是杀灭这些感染动物排出的病原体。疫源地消毒又可分为以下两种：

1. 随时消毒。也叫紧急消毒，指当疫源地内有传染源存在时所进行的消毒。如正在流行猪瘟的猪群和猪场进行的消毒。目的是及时杀灭或消除感染或发病动物排出的病原体。

2. 终末消毒。指传染源离开疫源地后，对疫源地进行的最后一次消毒。如发病猪群因死亡、扑杀等方法清群后，对被这些病猪所污染的环境（猪舍、各种物品、空气、分泌物及排泄物等）所进行全面彻底的消毒。规模化猪场要想长远、健康、平稳地发展，终末消毒是必不可少的重要措施。

（二）预防性消毒

对健康的动物群体或隐性感染的群体，在没有被发现有某种传染病或被其他疫病的病原体感染或存在的情况下，对可能受到某种病原微生物或其他有害微生物污染的畜禽饲养的场所和环境物品进行的消毒，称为预防性消毒。另外，畜禽养殖场的附属部门，如门卫、运输车、兽医站等部门的消毒也是预防性消毒。

三、消毒的作用及方法

（一）消毒的作用

1. 切断病原体的传播途径，控制传染病的发生和流行。在传染病发生和流行过程中，病原微生物不仅在动物体内生长、繁殖导致动物发病，而且还以一定的方式不断地从传染源向易感动物转移，造成疾病的流行。而消毒就是要把病原微生物消灭在转换宿主的过程中，这个过程有两种方式：一种是垂直传播，主要是通过生殖道，消毒工作的实施有一定难度。另一种是水平传播，对于水平传播的传染病，消毒是杀灭病原体的主要方法。水平传播又分为两种方式：①经饲料、饮水由消化道传播，搞好环境消毒对预防以此方式传播的传染病有重要意义。②通过空气和飞沫经呼吸道传播，对空气和环境中的物品消毒，可以有效地预防以此方式传播的传染病。

2. 防止动物源性病原微生物的感染。 有些病原微生物及其毒素引起的疾病，不是传染病。如手术感染等，这些疾病因子来自于外界环境的污染，来自于动物体表，所以，对外界环境和动物体表采取经常性的预防消毒措施，对于预防此类传染病具有重要意义。

3. 防止畜禽群体及个体的交叉感染。 有些传染病具有种的特异性，同种间的交叉感染是传染病发生和流行的主要途径。有些是共患病，可以在不同种群间流行，因此，建立正确的常规的消毒制度，是防止畜禽疾病交叉感染的重要措施。

（二）消毒的方法

1. 物理消毒法。

（1）机械性清除。用机械的方法如清扫、通风、冲洗等清除病原体，是最常用的方法，也是消毒工作的第一步。机械性清除不仅可以除去环境中的85％病原体，而且由于除去了各种有机物对病原体的保护作用，从而可使随后的化学消毒剂对病原体发挥更好的杀灭作用。清除前，应根据环境是否干燥，病原体危害大小，决定是否先用清水或某些化学消毒剂喷洒，以免打扫时尘土飞扬，造成病原体散播，影响人和动物健康。清扫出来的污物，应根据病原体的性质，进行堆沤发酵、掩埋、焚烧或药物处理。消毒很重要，清洁卫生比消毒更重要。

通风换气可在短期内使舍内外空气相互交换，减少病原体的数量。在养殖过程中，温度很重要，通风换气比温度还重要。通风时间随温差大小适当掌握，一般不少于30min。有经验的养殖场，无论温差有多大，都会保证屋顶上通风口24h不关闭，只是通过关闭门窗的大小来调节通风量。只有通风换气比较良好的猪舍，猪群才会比较健康，呼吸道疾病的发病率才会降低，甚至消失。

（2）阳光、紫外线和干燥。阳光是天然的消毒剂，其中的紫外线有较强的杀菌能力，阳光的灼热和蒸发水分引起的干燥亦有杀菌能力，一般病毒和非芽孢性病原菌在阳光直射下几分钟至几小时可被杀死。

革兰氏阴性菌对紫外线最敏感，革兰氏阳性菌次之。紫外线对芽孢无效。紫外线的消毒作用受很多因素的影响，如物体表面的光滑度、空气中的尘埃、照射时间等。从理论上讲，紫外线是一种很好的消毒方法，而实际运用中效果非常差，所以，大部分规模化猪场都取消了门卫紫外线消毒而改用门卫喷雾消毒系统。

（3）高温是最彻底的消毒方法之一。①火焰烧灼及烘烤：用于废弃物及耐热物等的消毒。②煮沸消毒：大部分非芽孢病原菌在100℃水中迅速死亡，芽孢15～30min内也能致死。③蒸汽消毒：相对湿度在80％～100％的热空气能携带许多热量，遇到消毒物品凝结成水，放出大量热量，从而达到消毒的目的。

2. 化学消毒法。 该法主要用于猪场内外环境中，猪舍、饲槽、饮水及各种物品表面消毒。通常有浸泡、拭擦、喷雾、熏蒸等方法。其消毒效果受环境、温度、病原体的种类、消毒液的浓度等因素的影响。

3. 生物热消毒法。 主要用于污染的粪便、垃圾等的无害处理，在粪便堆沤过程中利用粪便中的微生物发酵产热，可使温度达到70℃以上，经过一段时间，可以杀死病原体，但不能杀死芽孢。

4. 带猪喷雾消毒法。

（1）使用带猪喷雾消毒法的好处。目前，规模猪场所采用的消毒方法一般是，在猪舍外主干道及所有需要消毒的场所采用喷洒全保净或农可福或卫可安等消毒剂，或在主干道及猪舍内走道地面撒火碱水或生石灰的方法消毒；在猪舍内主要使用喷洒式消毒技术，向猪舍地面和猪群喷洒氯、碘和复合酚类消毒剂。这种平面式消毒方法无疑在预防和控制疫病的发生和流行上起到一定的作用，但采用喷洒消毒时消毒液的雾滴直径通常在 $100 \sim 200 um$ 左右，只能对被消毒对象的水平面具有消毒作用，对空气及环境的垂直面无法进行消毒，消毒的针对性不强，不能有效杀灭猪舍空气中的病原菌，特别是不能阻断口蹄疫等气源性传播。

图 4 - 59　产房喷雾消毒

图 4 - 60　猪场使用的喷雾消毒机

在冬春季节，猪舍因为保暖而处于一个相对封闭的环境中，会使室内的 CO、CO_2 及可吸入颗粒物含量大大增加。这些有害物质会导致猪体呼吸系统的刺激性伤害和免疫

图 4 - 61　保育舍喷雾消毒

图 4 - 62　生长育肥舍喷雾消毒

力的下降，增加了呼吸道疾病的机会，也会使已有的疾病症状加重而难以治愈。此外，冬季舍内空气过于干燥，飘浮在空气中的细菌和病毒吸附于机体的几率也大大增加了，容易造成微生物、病菌的大量繁殖，所以适时采取雾化消毒技术就显得非常重要（图4-59至图4-62）。

（2）规模猪场冬春季节使用的猪舍内雾化消毒技术。

所谓气雾消毒是使用新型的喷雾器械将全保净1∶300或农可福1∶300或卫可安1∶200或安比杀1∶150等无毒消毒剂以细小的微粒喷洒至空气中，形成消毒剂的气溶胶，从而对猪舍内环境进行全方位的消毒。气雾消毒效果与消毒剂形成的气雾颗粒直径有密切关系，当雾滴直径减小一半时垂直面上的雾滴密度可增加1.5倍以上；而且由于微小雾滴在空气中的运动，也可沉附在养猪设备的腹侧面。由此可见，气雾消毒在使用同样体积的消毒液时，对消毒对象的作用更为彻底。为了对舍内空气消毒，必须使雾滴在空气中滞留时间尽可能的长，雾滴微粒为$10\mu m$、$50\mu m$、$100\mu m$时，雾滴的降落速度分别是$0.37cm/s$、$7.0cm/s$、$26cm/s$，后二者的沉降速度分别为前者的35倍和80倍以上。有人认为，如果将雾滴直径控制在$1\sim5\mu m$以内，对空气和猪舍内环境表面的消毒将更为彻底，并且可大大减少消毒剂的使用剂量。雾化颗粒在空气中作无规则的运动，就会与空气中携带病原微生物的颗粒碰撞融合在一起，从而杀灭其中的病原体。此外，在密闭猪舍内口蹄疫通过呼吸器官感染的可能性较高，猪感染口蹄疫后病毒的复制部位在肺的深部，使用对猪呼吸道刺激性较低的消毒剂气雾，猪在吸入时对呼吸道中病原微生物也有一定的杀灭作用。研究表明，通常$60\mu m$以上的粒子只能到达气管，$2\mu m$的粒子在细支气管、终末细支气管、肺泡管沉积，只有小于$2\mu m$的粒子才能到达肺泡。还有报道认为，雾化微粒直径大于$10\sim25\mu m$时滞留于动物的鼻腔、咽喉、气管内，在$10\sim15\mu m$时沉降于肺泡内，小于$0.5\mu m$的微粒明显表现为在呼吸道内的扩散作用。猪的呼吸器官与人的相似，如果在口蹄疫流行期于猪舍内使用这一技术，就可减少猪通过呼吸道感染口蹄疫的几率。

在使用雾化技术时，应购置气雾发生器或电动喷雾装置，也可用机动喷雾器，但应将普通喷头换为弥雾喷头。计算需消毒猪舍的容积，确定在常规喷雾时需要使用全保净、农可福或卫可安、安比杀等消毒药物的剂量，然后按药物/水的比例稀释，将稀释的消毒液装入消毒器械中即可开始消毒。喷雾时应尽可能地将消毒液向舍内空中喷出，观察雾滴的大小和其降落的状况，调整流量使雾滴达到需要的细度。在疫病高发季节，根据疫情的发展可按每日一至数次来进行舍内的载猪消毒。

四、规模猪场各环节的消毒要点

（一）进入猪场大门的消毒

1. 消毒池。消毒池的宽度应该与大门等宽或略宽，长度应为最大车轮周长的1.5倍，深度不得少于10cm，其上应有遮蔽阳光和防止雨水落入的遮阳棚，该棚四周应低于消毒池的外沿高度，防止雨水流入消毒池。消毒池中使用的消毒剂以使用菌疫灭（1∶300）、农可福（1∶300）为最佳，因其腐蚀性较低、对人畜的毒性相对较低、有效作用时间较长、受环境因素的影响较小、性价比较高。菌疫灭、农可福在池中可维持有效消毒作用的时间在一周左右。

图 4-63　标准门卫消毒系统

图 4-64　简易门卫消毒系统

2. 车辆出入可采用喷雾消毒（图 4-63，图 4-64），农可福、卫可安为最佳。人员出入可采用淋浴喷雾消毒（图 4-65），没有疫情时用优普诺、卫牧（1∶500）；有疫情时可用全保净（1∶300）或卫可安（1∶200）。

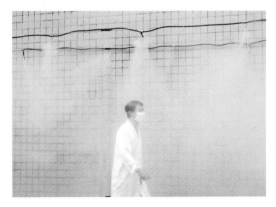

图 4-65　人员进场可采用喷雾消毒措施

图 4-66　人员进生产区采用淋浴消毒措施

（二）进入生产区的消毒

做好人员进入生产区的消毒工作非常重要！对规模猪场来说最好采取淋浴消毒措施（图 4-66）。之后穿上生产区内的工作服和胶鞋才能进入生产区（图4-67、图4-68）。

猪场生产区工作人员的工作服和工作鞋要达到以下要求：

（1）工作服要做到每天更换、清洗、消毒（图 4-69）；

（2）不同工作岗位工作服的颜色要不同，便于管理（图 4-70）。

图 4-67　人员进生产区穿白色胶鞋

图 4-68　人员进猪舍穿黑色胶鞋

图 4-69　猪场供清洗工作服的洗衣机

图 4-70　岗位不同，工作服不同，便于管理

（三）装猪台消毒

（1）猪场的装猪台及其周边要用警戒线将拉猪车和外来人员隔离封锁在规定的活动区域，便于拉猪车走后有的放矢进行消毒，消毒用 1：200 农可福，每平方米喷洒400～500ml 药液。

（2）拉猪车要求彻底清洗干净，有条件的还要彻底消毒。

（3）拉猪车上的所有工作人员一律不得进入猪场内，只能在装猪走道的警戒线外活动。

（4）凡是参加装猪的本场员工，工作完成后一律要洗澡、换工作服并彻底消毒才能回自己的工作岗位工作（保育舍工作人员不得参与装猪工作，因为保育舍的猪大部分处在免疫空白期）。

（四）场区消毒

场区消毒指场内通道（净道与污道）、办公区域。一般要求每 7d 进行一次场区大消毒，不留消毒死角。适宜使用的消毒剂有农可福、菌疫灭、复方戊二醛、力农、力保净等，农可福、菌疫灭一般可按照 1：300 的浓度配制，复方戊二醛按照 1：200～300 的浓度配制，力农按 1：800 的浓度配制，过氧可安按照 1：200 的浓度配制，每平方米使用已配制好的消毒液应不少于 300ml，必要时还应加大消毒剂的使用浓度和使用剂量，例如，农可福在口蹄疫流行期按照 1∶100 的浓度配制，力农按 1∶800 的浓度配制，使用剂量可增至 400～500ml/m²。

（五）产房、保育舍、育肥舍消毒

（1）产房、保育舍、育肥舍要坚持全进全出的原则。猪场在设计时严格按照生产节拍来设计，只有这样设计猪场才能真正做到全进全出，也只有做到全进全出，猪场才能做到长治久安。

（2）要严格按照终末消毒操作规程要求做好产房、保育、育肥舍的消毒工作。

（3）带猪消毒时产房、保育一般选择安比杀（1∶150）或过氧可安（1∶200）或卫可安（1∶150～200）消毒，同时地面、保温箱等要撒力保生。育肥舍夏季可选用全保净（1∶300）或卫可安（1∶200）或农可福（1∶300）消毒；冬季可选用过氧可安（1∶200）或卫可安（1∶200）或农可福（1∶300）消毒。

（4）消毒喷雾时喷嘴要尽量向上，让雾状的药液自由下落，这样的消毒才是有效的消毒，并且对猪的刺激最小。

（六）种猪舍消毒

（1）种猪舍夏天要做好降温工作，冬季要做好通风工作；

（2）要严格按照种猪各个阶段营养要求选择饲料，建议大家把母猪的饲料蛋白降低一些（因为能量做不够），增加一点采食量来弥补蛋白的不足，这样既照顾了能量不足，又解决了蛋白过剩的问题，使种猪更健康。

（3）带猪消毒夏季一般选用全保净（1∶300）或卫可安（1∶200）；冬季一般选用卫可安（1∶200）或过氧可安（1∶200）。

（七）配种间消毒

配种间消毒一般不能选择刺激性强的消毒剂，只能选择安比杀（1∶150）或全保净（1∶300）或卫可安（1∶200）消毒。

（八）饲料车间消毒

饲料车间可定期用烟克或烟营熏蒸消毒。

（九）猪舍空气净化

随着温度降低，猪舍要采取保温措施，这势必造成猪舍内空气污浊，氨味、臭味很浓，对猪的健康造成很大影响，呼吸道病尤为严重。解决这一问题的办法很简单，可用过氧可安（按与水 1∶1 比例混合）盛在茶杯中（茶杯的材质不能用金属的），每个窗台放一杯即可，一年四季都可以用，猪场购买的过氧可安不要放在仓库内，要放在猪舍内。这个办法既解决了空气净化问题，又消毒和增氧，一举三得。

（十）终末消毒

第一步：清扫。清空所有猪只，拆移围栏、料槽、垫板等设备，移走畜舍内所有物品，清除排泄物、垫料和剩余饲料，确保清扫干净。

第二步：清洗（关键控制点）。低压喷雾器对高床、垫板、网架、栏杆、地面墙壁和其他设备充分喷雾湿润。30～60min 后用高压水枪冲净粪便，有效除去黏附在栏杆垫板地面上病原体（寄生虫卵等），反复操作几次，彻底清洗干净。能拆下的垫板、网架等最好拆下放进清洗消毒池中进行浸泡清洗，消毒池内的浸泡液可用瑞农（1∶500）或优普诺（1∶500），浸泡时间30～60min，浸泡结束后可用刷子刷洗干净并用清水冲洗干净，晒干后安装回原处。

第三步：栏舍干燥。干燥是很好的消毒方法，同时保证消毒效果。各种设备消毒干燥后放回原处安装。

第四步：栏舍、空气消毒。栏舍用喷雾枪喷雾消毒，消毒液要淋湿所有物表（包括墙壁和屋顶）。消毒剂可选用：农可福（1∶200，特殊情况可用到1∶100）；冬季首选力保净（1∶150）；高热病首选全保净（1∶150）。空气用汽化喷雾消毒机高压喷雾消毒，可触及屋檐、通风口和不易触及的角落、缝隙等处。用高压汽化喷雾机时，因用量太省，为保证消毒效果，故浓度必须加倍。有条件的最好紧紧跟着采用熏蒸消毒，烟克（2g/m³，如果猪舍封闭不是太严，可以适当增加烟克用量）。

第五步：饮水系统清洁、消毒。将供水系统中剩余水排空。尽可能清除水箱、水管内的污物及藻类（可用瑞农清洗管道和水箱）。 清理完成后重新补充新水。

第六步：当天进猪前再进行一次彻底常规消毒。消毒剂可选全保净1∶300、过氧可安1∶200、卫可安1∶200、安比杀1∶150或农可福1∶300（表4-6）。

表4-6　猪场消毒程序表

序号	消毒部位	推荐使用消毒剂及使用浓度	备　注
1	车辆消毒	农可福1∶200或菌疫灭1∶200或全保净1∶200或卫可安1∶150	消毒持续达7d，杀寄生虫卵
2	洗手消毒	安比杀1∶150或优普诺1∶500、卫可安1∶200或卫牧1∶300	对皮肤无刺激
3	门卫喷雾消毒	优普诺1∶500或卫牧1∶300、全保净1∶300或卫可安1∶200	安全、无腐蚀、无刺激
4	工作服清洗消毒	优普诺1∶500或卫牧1∶300	安全、无腐蚀
5	大门口消毒池及脚踏盆（池）消毒	菌疫灭1∶300或（农可福1∶300）	消毒持续达7d
6	大环境消毒	农可福1∶300或过氧可安1∶200、瑞农1∶800、菌疫灭1∶300或全保净1∶300或卫可安1∶200	使用方便，成本低
7	运载工具、养殖器具消毒	全保净1∶300或优普诺1∶500或卫牧1∶300或卫可安1∶200	广谱高效、无腐蚀
8	手术部位及器械消毒	聚维酮碘溶液原液	广谱高效、无腐蚀
9	种猪带体消毒及配种间消毒	全保净1∶300或卫可安1∶200、安比杀1∶150、聚维酮碘溶液1∶50	无刺激，对圆环病毒有特效

（续）

序号	消毒部位	推荐使用消毒剂及使用浓度	备　注
10	产房及产床、保温箱消毒	安比杀 1∶150 或过氧可安 1∶200、卫可安 1∶200 和力保生	无刺激、安全高效
11	育肥舍带体消毒	全保净 1∶300 或农可福 1∶300 或卫可安 1∶200 或安比杀 1∶150	无刺激，对圆环病毒有特效
12	保育舍带体消毒	安比杀 1∶150 或全保净 1∶300 或卫可安 1∶200 或过氧可安 1∶200 和力保生	无刺激、安全高效
13	饮水消毒及供排水系统消毒	卫可安（0.5～1kg/t 水）或瑞农（100～200g/t 水）	杀藻，清除管道生物膜，无氯味
14	熏蒸消毒	烟熏宝或烟营 1～2g/m³ 或过氧可安 10～15g/m³ 或卫可安（卫可安∶丙二醇∶水＝1∶5∶20，专用熏蒸消毒机熏蒸消毒）10～20ml/m³	彻底、完全、无残角留（严禁带猪熏蒸消毒）
15	终末清场消毒	农可福 1∶100～200	杀病毒、细菌、寄生虫卵
16	高热病多发季节消毒	全保净 1∶300 或卫可安 1∶200	对高热病、圆环病毒有特效
17	口蹄疫、流感等重大疫病流行季节消毒	农可福 1∶300 或过氧可安 1∶200 或卫可安 1∶200	对口蹄疫病毒有特效

备注	①常规消毒：每周 2～3 次，扑疫期消毒：每天 1～2 次。②夏季定期使用农可福对场地及猪舍消毒可有效驱除蚊蝇等有害昆虫；冬季使用农可福、过氧可安可以有效降低猪舍内氨氮气味。③产床、保温箱、保育床上长期使用力保生，可有效防止仔猪腹泻，提高仔猪成活率，同时降低猪舍氨氮气味
流行性腹泻、传染性胃肠炎等腹泻性疾病的有效防控措施	①消毒：安比杀 1∶150 倍或过氧可安 1∶200 倍；②干燥：力保生全舍撒 50g/m²；③升温：保证猪舍温度在≥25℃（温度以温度计下端与猪背平的读数为准）；④防止脱水：饮水中添加补液盐；⑤寄养：凡是怀孕母猪产前一个月内患有腹泻症状的，所产小猪一律不能吃它的奶，要寄养到健康母猪那里，同时，母猪上产床时要彻底消毒；⑥淘汰：对已发病的仔猪（尤其是不会料的仔猪），早发现早淘汰
口蹄疫的有效防控与治疗措施	①消毒预防：农可福 1∶200 或过氧可安 1∶200 带猪消毒；②治疗：第一次用农可福或安比杀原液直接涂抹患处，第二次、第三次农可福（1∶50 倍）或安比杀原液涂抹患处，同时地面撒力保生，连用三天，五天痊愈。对没有患病的健康猪和猪舍用农可福（1∶200）或过氧可安（1∶200～300）带猪消毒，每天 2 次
圆环病毒引起的皮炎肾病综合征的红斑、红点治疗措施	①卫可安 1∶150～200 倍稀释，然后每千克溶液加 10～20mg 地塞米松，每天 2 次，连用 5～7d 即可痊愈；②全保净 1∶20 倍稀释，每天 2 次，连用 5～7d 即可痊愈
疥螨、真菌性皮炎、葡萄球菌性皮炎等治疗措施	农可福 1∶20～50 倍稀释，全身或局部涂抹，每天 1 次，连用 3～5d

五、规模猪场在消毒过程中常见的误区分析与总结

（一）误区一：空栏消毒前不进行彻底有效的清洁

许多养殖场只是空栏清扫后用大量的清水简单冲洗，就开始消毒，这种方法不可

取。因为消毒药物作用的发挥，必须使药物接触到病原微生物。经过简单冲洗的消毒现场或多或少存在甚至不易被火碱清除的有机物，如血液、胎衣、羊水、体表脱落物、动物分泌物和排泄物中的油脂等，这些有机物中藏匿着大量病原微生物，而消毒药是难以渗透其中发挥作用的。这样，本栋猪舍上批猪遗留下来的病原又给下一批猪带来安全隐患。因此，彻底的清洁是有效消毒的前提。

（二）误区二：消毒池用火碱消毒，且一星期只换水加药一次

许多养殖场门卫消毒池用火碱，浓度根本没有仔细称量换算，有效浓度达不到3％，也不考虑空气、阳光这些因素对其消毒效果的影响，更没能做到2d更换药水1次。因为，火碱的水溶液只能维持2d的有效消毒效果，2d以后药已失效，根本达不到消毒效果。所以说这种消毒池是形同虚设。

其原因是，空气中的CO_2与火碱起反应，迅速降低了池中起消毒作用的氢氧根离子浓度。有人曾做过试验，从上水加药开始，每天用试纸测定pH值2次后得知，池中3％的火碱水已失效。

（三）误区三：不注意对饮水的消毒

畜禽疾病传播的很重要途径是饮水，较多畜禽场的饮水中大肠杆菌、霉菌、病毒往往超标。也有较多场在饮水中加入了维生素、抗菌素粉制剂，这些维生素和抗菌素会造成管道水线堵塞和生物膜大量形成，影响畜禽饮水。所以消毒剂的选择很重要，有很多消毒药说明书上宣称能用于饮水消毒，但不能盲目使用。我们应选择对畜禽肠道有益且能杀灭生物膜内所有病原的消毒药作为饮水消毒药。

（四）误区四：未考虑环境温度对消毒剂的影响

一些消毒剂，尤其是含有醛或碘的消毒剂，在寒冷的季节（20℃以下）对同一病毒的有效消毒作用大大下降，且达到有效消毒时间即与病原接触的时间越来越长。

（五）误区五：对猪舍喷雾消毒没必要

在寒冷的冬季，通风和保暖常常是有矛盾的。据调查，在空气不流通的室内，空气中的病毒、细菌飞沫可飘浮30多个小时。如果常开门窗换气（担心冷空气进入，导致舍内温度下降），则污浊空气可随时飘走，而且室内也得到充足的光线，多种病毒、病菌也难以滋生与繁殖。如果不常开门窗换气，则猪舍内的病毒、病菌飞沫会很快滋生与繁殖，当其聚集到一定程度时就会诱发猪只发病。因此，在寒冷的冬季无法做到通风换气的情况下，要消灭猪舍内、空气中的病原微生物，喷雾消毒措施就显得非常重要。

（六）误区六：认为消毒药的用量越大越好

有些消毒剂对人畜有副作用，消毒药的用量过大，不但会造成不必要的浪费，而且长期使用会造成病原菌的耐受性，还会对环境造成二次污染。因此，在对猪舍消毒时要根据说明而定用量，不要擅自加大剂量。要注意消毒前一定要彻底清扫，消毒时要使地面像下了一层毛毛雨一样，不能太湿（猪容易腹泻），也不能太干（起不到消毒的作用），每个角落都要消毒到。消毒时要让喷头在猪的上方使药液慢慢落下，不要对着猪消毒。

在猪场进出口消毒工作中，常见下列疏忽之处，表现在重视了前门的消毒，忽视了后门的消毒；重视了脚的消毒，忽视了手的消毒；重视外来人的消毒，忽视了本场人的消毒；在猪舍的消毒工作中往往重视了全进全出的大消毒，发现病猪后忽视了临时开展的局部小消毒；重视猪舍地面的消毒，忽视了舍内空气和猪体的消毒等，应引起场长们高度重视。

第4节 制定科学合理的免疫程序，做好有效免疫

一、正确认识和落实猪群的疫苗免疫

造成猪免疫失败的原因很多，但以疫苗质量不好造成的免疫失败最常见，可以认为疫苗质量是决定免疫成败最为重要的物质基础。

（一）疫苗本身质量

含有特定抗原（细菌或病毒等）接种于畜禽后能使之产生主动免疫，以预防发生相应疾病的生物制剂称为疫苗。含细菌的称为菌苗，含病毒的称为疫苗，但一般通称为疫苗。疫苗中的核心物质是毒种（细菌或病毒等）。预防同一种疾病的毒种，可因毒力强弱、血清型的不同、免疫原性的差异等而有数种。我们选用疫苗时应考虑毒种的血清型对号、免疫原性好、稳定、安全、覆盖面大等几个主要因素。毒种或菌种是由国家专门机构管理和发放的，而且只准许使用几代之后即应作废，再重新发放以保持良好的性能。有的疫苗生产厂家设备和技术达不到标准，所以国家机构不会给它们发放毒种或菌种，但他们往往通过不正当手段或途径获取毒种，甚至从其他厂家生产的商品疫苗中分离毒株作为种子使用，这样所生产的疫苗必然是劣质的，它的效价不高、抗原含量不够，甚至带有强毒或毒力不稳定，使用这种疫苗时，往往不用苗不发病一用苗就发病。另外在种毒培养和生产过程中，许多原料也常存在不合格的问题，主要是质量不纯或被其他微生物污染。如生产猪瘟疫苗用的犊牛血清中往往带有牛病毒性腹泻病毒，它会严重影响猪瘟疫苗的免疫效果。

冻干弱毒苗装瓶后将会制成真空干燥状态以保证它的效力，但由于冷热交替的变化和震动等因素可使瓶口松动而进入空气，称为疫苗失真空，失真空后会使疫苗变质或有效期缩短，所以不能使用。每瓶冻干疫苗在临用前要用玻璃注射器吸取 5 ml 稀释液从橡皮塞处刺入，真空良好的疫苗会立即自动将稀释液吸入，否则是失真空的疫苗，不要使用。

（二）用户使用疫苗需要严把的三个关口

用户要想详细知道疫苗从生产的毒株、生产原料、生产工艺、检验，直至成品的保存运输等一系列情况是十分困难的，尤其是了解它一些背景情况更是不可能，但使用疫苗一定要把好三关。

1. 疫苗生产厂家要正规。要购买通过 GMP 认证验收的正规厂家生产的品牌疫苗，产品要有批准文号、生产批号、失效期等，不要买非正规厂家、没有生产许可证、没有批准文号以及临时文号、中试产品甚至是假文号的疫苗或劣质疫苗，特别注意不要购买自称某某变异株或多价、多联以及"高效苗"，或国家根本没有批准过生产如猪附红细胞体疫苗等。

2. 要把好不同类疫苗的不同温度储运关。疫苗的贮运及使用时的温度：弱毒苗要求在真空干燥、-15℃以下状态贮运，外界温度不同，有效期也不一样。以猪瘟弱毒苗为例，从制成日期计算，在-15℃可保存一年，在 0~8℃ 可保存 6 个月，在 10~25℃

保存期不超过 10d，所以在拿到疫苗时，应计算它已在不同温度下贮运的累积时间，防止用的是已失效的疫苗。有少数弱毒苗加有保护剂，允许在 2～8℃暗处保存。弱毒苗经稀释后，效价迅速下降，如猪瘟弱毒细胞苗经稀释后在 15～27℃时，有效时间仅有 3h。应使用指定的稀释液，如猪瘟苗应用生理盐水稀释，不能用蒸馏水，更不能用"凉开水"，以免加快疫苗的失效或混入微生物及杂质。在稀释的同时，注意疫苗有无"失真空"现象，"失真空"的疫苗不要使用。灭活苗加有佐剂或稀释液，呈液体状态，不少人称它为"常温苗"，以为病原体已被灭活，放在任何温度都行，这种认识是错误的，应放在 0～8℃、少数疫苗不应超过 15℃，均应在阴暗处保存。灭活苗不能冻结，冻结会造成病原体蛋白变性，或铝胶失去胶体性质以及油乳分层等问题，导致疫苗质量下降以至完全失效。灭活苗在用前应升温到 25～30℃，并充分摇匀，但避免产生气泡。任何疫苗对忽冷忽热的温度变化都很敏感，它会加速疫苗的失效。

3. 警惕"送苗到家"。 近年有些兽药门市部或销售人员常常"送苗到家"。上门服务应该说是一件好事，但国家为保证疫苗质量建立了各级疫苗供应中心，实行了疫苗专项经营，所售疫苗是正规厂家的合格产品，并建立了储运的冷链系统，配备有冷库、冷藏车、冷藏箱等，以确保疫苗所需的温度。兽药门市部及个人送去的疫苗难以保证是合格的，更难保证储运温度的要求。送去的疫苗有时也可见带有冰块或从冰瓶中取出，但冰瓶中的温度是多少，在此之前的若干天内这些疫苗都是在什么温度之下储运的，都无法查清，仅从疫苗外观难以看出疫苗是有效或已失效，所以强调使用的疫苗一定要从专营单位正规渠道购进。

（三）重视疫苗免疫的副作用

1. 除疫苗可直接引起程度不同的体温升高、减食、精神不振等应激反应外，还不可忽视因捉猪、注射等造成的应激。

2. 免疫抑制与诱发疫病不仅发生在不同疫苗之间，单纯用某些佐剂注射也可促使或诱发疫病，如佐剂可引起圆环病毒的发病，注射腹泻性疫苗诱发蓝耳病等。

3. 造成局部病变及废弃注射疫苗造成注射部位的炎症、坏死以及脓肿常有发生，不仅增加饲料消耗，且在屠宰时因胴体存在病变，需将局部割除废弃。

4. 增大成本。免疫种类和次数越多，疫苗费用和人工消耗越大，因应激造成的损失更大。

5. 存在隐患使用背景不明或技术不够成熟的疫苗，以及大剂量、多数注射等，均存在隐患。某些疫苗的保护力不好，但可在猪体内长期存在，有的还可通过胎盘进入胚胎，短期虽未见不良反应，但应警惕，近年繁殖障碍病的增加应考虑与其有无关系。超大剂量注射猪瘟疫苗与其免疫效果不好或失败不无关系。

6. 自家组织灭活苗是用病猪的某些组织捣碎经灭活后制成，它生产周期短，制备较简便，常用作某些血清型或病原体暂查不清的急性、烈性传染病的紧急预防，在有些场、群使用已取得良好效果，但因它免疫效果不够稳定，且在制作中可发生散毒，以及增加确诊难度等问题，所以可认为是迫不得已的办法，并非上策。

（四）制定一个少而精、适于自己的免疫程序

给猪进行免疫，应首先按危害程度排列出当地可能发生的传染病，然后确定疫苗种类、剂型、剂量、次数以及免疫时间等。免疫的原则一是要"少而精"：选出必须要免疫而且免疫有效的；根据疫情和可能发生的激发因素安排次要的；排除可免可不免或免疫效果不好或不能肯定的。二是要制定适合于本猪群情况的所谓"个性化"免疫程序，避免盲目模仿。规模化猪场参考的免疫程序如下：

1. 商品猪防疫程序（表4-7）。

表4-7　商品猪防疫程序

日　龄	疫苗名称	剂　量	免疫方法	备　注
吃乳前1.5h	猪瘟细胞苗	1~2头份	肌内注射	猪瘟阳性场使用
2~3日龄	猪伪狂犬基因缺失活苗	1头份	滴鼻	TK/gG缺失苗
7日龄	喘气病苗	1头份	肺内或肌注	
14日龄	猪链球菌病疫苗	2ml	肌内注射	
	猪水肿病多价苗	2ml	肌内注射	可选
20日龄	副猪嗜血杆菌苗	1ml	肌内注射	受HP威胁场使用
25日龄	猪瘟细胞苗或组织苗	4头份或1头份	肌内注射	
30日龄	仔猪副伤寒苗	1头份	肌内注射	可选
35日龄	猪伪狂犬基因缺失活苗	1头份	肌内注射	间隔一个月加免
40日龄	猪链球菌活疫苗	2头份	肌内注射	
	胸膜肺炎多价苗	2ml	肌内注射	受APP威胁场使用
45日龄	五号苗	1~2ml	肌内注射	合成肽或"206"佐剂
50日龄	猪丹毒肺疫二联苗	1~2头份	肌内注射	配合A型肺疫免疫
60日龄	猪瘟细胞苗或组织苗	4头份或1头份	肌内注射	
70日龄	五号苗	1ml或3ml	肌内注射	合成肽或"206"佐剂
出栏前1个月	五号苗	1ml或3ml	肌内注射	合成肽或"206"佐剂

2. 后备猪防疫程序（表4-8）（前期免疫参考商品猪的免疫程序）：

表4-8　后备猪防疫程序

配种前45d	伪狂犬基因缺失苗	2~3ml	肌内注射	3周后加强一次
配种前40d	细小病毒疫苗	2ml	肌内注射	3周后加强一次
配种前35d	乙型脑炎活疫苗	1.5头份	肌内注射	3周后加强一次
配种前30d	五号苗	1ml或3ml	肌内注射	合成肽或"206"佐剂
配种前25d	猪瘟细胞苗或组织苗	4头份或1头份	肌内注射	

3. 生产母猪防疫程序（表4-9）。

表 4-9　生产母猪防疫程序

3、9 月份中旬	猪丹毒肺疫二联苗	2 头份	肌内注射	空怀期使用
4 月上旬	乙型脑炎活疫苗	1.5 头份	肌内注射	5 月上旬加强一次
产前 45d	五号苗	1ml 或 3ml	后海穴注射	合成肽或 "206" 佐剂
产前 40 d	大肠杆菌多价苗	1 头份	肌内注射	视生产环境而定
产前 35d	链球菌疫苗	2 头份	肌内注射	
产前 21d	猪伪狂犬基因缺失苗	2～3ml	肌内注射	视疫病流行情况而定
	猪胃流二联苗	4ml	后海穴或肌注	
产前 15d	大肠杆菌多价苗	1 头份	肌内注射	
产后 15d	细小病毒疫苗	2ml	肌内注射	
产后 20d	五号苗	1ml 或 3ml	肌内注射	合成肽或 "206" 佐剂
产后 25d	猪瘟细胞或组织苗	4 头份或 1 头份	肌内注射	
产后 30d	猪伪狂犬基因缺失苗	2～3ml	肌内注射	

4. 种公猪防疫程序（表 4-10）。

表 4-10　种公猪防疫程序

3、9 月上旬	猪丹毒肺疫二联苗	2 头份	肌内注射	注意间隔一周免疫
	猪链球菌活疫苗	2 头份	肌内注射	
每年普防三次	猪伪狂犬病基因缺失苗	2～3ml	肌内注射	间隔 4 个月免疫一次
3、9 月中旬	猪瘟细胞苗或组织苗	4 头份或 1 头份	肌内注射	
每年普防三次	五号苗	1ml 或 3ml	肌内注射	合成肽或 "206" 佐剂
3 月中旬	细小病毒疫苗	2ml	肌内注射	
4 月上旬	乙型脑炎活疫苗	1.5 头份	肌内注射	5 月上旬加强一次

5. 特殊疫苗的防疫参考程序及注意事项：

（1）本程序仅供参考。实际生产中可以根据养殖场的具体情况而定。

（2）在具体的生产实践中疫病（特别是细菌性疾病、免疫抑制性疾病以及混合感染等）的控制需要采取隔离、消毒、疫苗免疫、驱虫及药物治疗等综合管理措施方能得到有效的防控。

（3）部分特殊疫苗的参考免疫方法：① 蓝耳病阳性猪场对蓝耳病防疫可根据该病在猪场流行的情况参考以下程序：母猪配种前半个月或配种后两个月左右免疫，蓝耳病灭活苗 3～4ml/头；仔猪的免疫按蓝耳病冻干苗说明书使用。② 存在猪萎缩性鼻炎的猪场可以参考以下程序：母猪产前 20～30d；公猪一年两次；后备猪于配种前间隔 28d 免疫两次。③ 存在衣原体病的猪场可以参考以下程序：公猪一年两次防疫；母猪于配种前半个月、配种后一个月进行两次免疫。④ 仔猪及育肥猪病毒性腹泻疫苗免疫程序的制定应根据母源抗体、季节变化及疫病流行情况而定。

6. 在注射疫苗后，若出现局部红肿、化脓现象，应考虑重新免疫。为避免因注射方法不当而导致免疫失败，建议在免疫注射时参考以下注意事项：

（1）肌内注射：耳后靠近耳根的最高点松软皱褶和绷紧皮肤的交界处。不同体重的猪只，针头大小不一样：10kg 以下，用 1.2～1.8cm 长的 9 号针头。10～30kg，用 1.8～2.5cm 长的 12 号针头。30～100kg，用 2.5～3.0cm 长的 12 号针头。100kg 以上，用 3.5～3.8cm 长的 12 号或 16 号针头。

（2）皮下注射：使用较短的针头（1.2～2.5cm），于耳窝的软皮肤下部，用一只手的大拇指和无名指提起皮肤的皱褶，以一定的角度刺入针头，确保针头刺入皮下。

（3）胸腔注射：猪右侧胸腔倒数第六肋骨至肩胛骨后缘部位或肩胛骨下缘两寸垂直刺入（忌回针）即可注射。30kg 以下的猪，用 3.8～4.4cm 长的 12 号针头。

（4）后海穴注射：即在尾根与肛门中间凹陷的小窝部位注射。进针深度可按猪龄大小为 0.5～4.0cm，2 日龄仔猪为 0.5cm，随猪龄增大则进针深度加大，成猪为 4cm，进针时保持与直肠平行或稍偏上。

7. 疫苗注射过程中注意事项：

（1）疫苗为特种兽药，应安排专人采购、运输及保管，在疫苗购回后，请及时咨询相关技术人员，再行决定疫苗的冷冻或冷藏保存。

（2）疫苗免疫接种前，应详细了解被接种猪只的健康状况。凡瘦弱、有慢性病、怀孕后期或饲养管理不良的猪只不宜使用。

（3）在进行疫苗免疫接种时，疫苗从冰箱内取出后，应恢复至室温再进行免疫接种（特别是灭活疫苗）。

（4）气温骤变时停止接种。在高温或寒冷天气注射疫苗时，应选择合适时间注射，并提前 2～3d 在饲料或饮水中添加抗应激药物（如氨基维它、复方多糖等），可有效减轻动物的应激反应。

（5）有的疫苗因为在制备过程中需要加入必不可少的物质，如营养素、动物血清、动物组织、异源蛋白等物质，或使用佐剂的限制等原因，在免疫后能引起过敏反应，故在注射后应详细观察，若发现严重过敏反应时，应立即使用适当药物进行脱敏，必要时需进行个别治疗，以免引起不必要的损失。

（五）掌握疫苗使用的关键技术

除了疫苗必须是合格产品外，还应严格掌握疫苗的使用技术。

1. 关于疫苗注射操作技术。注射器及针头在使用前应加水煮沸消毒 15min，要使用软水、蒸馏水或凉开水煮沸，许多地方水中含矿物质较多，煮沸后的注射器和针头上往往附着一层白垢。不准用任何化学药物浸泡消毒注射器和针头。注射部位的皮肤用 75% 酒精涂拭，待干燥后再刺入注射，不要用 5% 碘酊消毒皮肤。每注射一头猪换一个消毒针头，以避免交叉传染。养猪者都知道通过注射针头可传播疫病，但在现实中用一个针头给许多猪注射的现象普遍存在。要根据猪的大小选用不同型号的针头，不要将疫苗注射到皮下脂肪层中；任何疫苗注射于脂肪层中都不能产生免疫保护力，并可造成脓肿。应根据要求注射于肌肉或皮下，不要打"飞针"。

2. 理念要正确，细节要落实。用疫苗免疫看似简单的"打一针"，实际涉及到许多科学理论和严格细致的使用技术。要做好猪群有效的免疫接种，必须有正确的认识。目前免疫的种类和次数太多、太滥，因而造成了很大的损失、浪费和副作用，不要见了疫苗就用，搞"礼多人不怪"的形式，要研究每次的免疫是否产生了真正的作用？是用什么方法证实的？要尽量做好免疫监测，以确定和修正免疫程序。免疫的细节决定成败，免疫知识和技术仅仅是知道不行，知道不等于做到，只有落实才有实效。要牢记：不免疫是不可能的，但免疫不是万能的；没有任何一种疫苗可百分之百地保护不发病。免疫只是预防发病的一个重要方面，它必须有生物安全等相应的若干技术配合，才可减少和控制猪的发病。良好的免疫效果必须建立在良好的饲养管理基础上，在条件恶劣时，把所有的疫苗都用上去也无济于事。

二、免疫和治疗时应认真坚持做到"一猪一针头"

谈到免疫和治疗时要做到"一头猪使用一根针头"，很多猪场的第一反应就是"这是不可能的！"甚至在很多猪场中还有"一根针头打天下"的情况，特别在小猪场尤其多见。这种情况在目前猪疾病横行之时，"一根针头打天下"的做法更是应当坚决反对的。

一头猪使用一根针头是猪场千百个细节管理中的一个关键细节。古语说："千里之堤，溃于蚁穴。"大家都知道细节决定成败的道理，而在养猪疫病防控中一头猪使用一根针头是非常科学合理的，它往往决定了疫病防控的效果，但是在很多猪场中都忽略了这一点。

1. 如在对仔猪进行免疫时，要保证每头仔猪使用一根针头，保证每窝仔猪使用一把注射器。因为如果母猪感染某些疾病时，疾病会通过胎盘屏障传染给胎儿，而感染疾病的母猪所产的同窝仔猪不是每头均先天性感染疾病，仔猪感染疾病的比例与母猪感染程度有关。因此，如果前面注射的仔猪刚好带毒或隐性感染，而这窝仔猪共用一根针头则很可能造成仔猪间的人工交叉感染，这是一定要避免的。

2. 注射器在重复使用过程中会造成玻璃管污染，在下一次稀释注射疫苗时可能造成人工交叉感染。

3. 在治疗过程中病猪打针的次数是最多的。病猪体内的病原菌含量又是最高的，注射过病猪的针头病原菌污染是严重的，而这些针头如果不换将是疫病传播的导火线。

4. 施行"一头猪使用一根针头"的做法，可以根据不同猪只大小选择针头型号，以达到最佳注射效果。在具体操作时，建议猪场用小容量的一次性塑料注射器，以达到精确的目的，或同时多购买几把注射器，按每窝使用一把注射器，然后就进行消毒的原则。针头用不锈钢针头，每头猪使用一根针头，用后回收消毒再使用。在针头选择上还要注意：要根据猪个体大小来选择针头型号；对于针头出现松动，针尖变钝、出现倒钩的要淘汰，以减少注射剂量不准及增加猪体肌肉损伤和疼痛感。

第5节 主动淘汰老弱病残猪，及时消灭传染源

随着猪场规模的不断扩大、集约化程度的提高，导致了病情复杂，混合感染增多，生产性能和经济效益由此下降。人们在滥用抗生素防制（治）猪病的同时，往往忽视了对场内病原菌的控制，即淘汰老、弱、病、残猪。由于病弱猪的存在，使场内持续感染、交叉感染成为可能。因此，病弱猪是场内病原菌长期存在的原因之一。

及时淘汰病弱猪是为了减少病原菌在场内的繁殖和水平传播，再严格的消毒措施对病猪也没有治疗作用，因此消毒工作应和淘汰病弱猪相结合，淘汰病弱猪和消毒的作用是同等重要的。

为了消灭传染源，猪场要走出埋头治病的误区，该淘汰的一定要淘汰。要有一套完整的老、弱、病、残及生产性能较差的猪只的主动淘汰制度，包括公猪的淘汰、后备母猪的淘汰、生产母猪的淘汰和生长商品猪病弱猪的淘汰。

一、公猪的淘汰

有的公猪不一定到了猪场规定的淘汰年龄，但精液品质差，性欲低下，在每年3～4次对每头公猪进行猪瘟和猪伪狂犬等检测时发现野毒呈阳性，以及患有肢蹄病和感染了乙脑等疫病的公猪，要尽早淘汰。通过淘汰不符合标准的公猪，可拥有性能更高的种公猪群。

二、后备母猪的淘汰

引进的后备母猪不是100%都能留作种用。人们往往舍不得淘汰外购的后备母猪，要知道后备母猪也要淘汰。选择后备母猪时不仔细、缺乏经验和后备母猪初配提早，是造成淘汰的因素之一。

推荐后备母猪的引入体重为50kg；后备母猪在引入后的隔离、适应、免疫、诱情培育过程中，对那些有遗传缺陷、生长不良、体格较差，腿部、乳头、阴户发育不良的后备母猪在配种前应予以淘汰；淘汰280日龄以上仍未有初情的后备母猪。

新的后备猪群的引入，是猪病传播的主要途径之一。引种时还要进行某些疫病的实验室检测，如猪瘟和猪伪狂犬等。不引进或淘汰那些野毒呈阳性的后备种猪，确保补充到生产群的后备种猪的某些疫病（如猪瘟和猪伪狂犬）是呈阴性的，使整个生产群的某些疫病（如猪瘟和猪伪狂犬）野毒阳性率呈逐年下降的趋势。通过母仔免疫，抑制再感染。净化疾病，要从后备种猪引种和进入母猪群前开始。

尽可能地淘汰那些整窝分娩死胎、木乃伊胎的初产母猪。

初产母猪还在生长，但泌乳相对于生长来说具有优先地位。如果初产母猪在哺乳期采食量不足以满足泌乳的需要，母猪就会动用体蛋白储备来保持泌乳量，初产母猪将会消瘦，有可能在断奶后因瘦弱而不发情，或造成第2胎的产活仔数下降而被淘汰。

后备母猪培育是猪场提高生产水平的限制因素，如果初产母猪的窝产活仔数和分娩率较低，那么母猪群的生产率就会降低。

三、生产母猪的淘汰

经产母猪淘汰率过高，会增加生产成本；淘汰率过低，会直接降低生产成绩，间接增加生产成本；也不希望猪场胎龄过于整齐，如低胎龄和高胎龄。母猪群的胎龄结构，对猪场的生产成绩（如窝产活数和分娩率）和经济效益的影响都非常大。理想的胎次结构为 1 胎占 20%，2 胎占 18%，3 胎占 17%，4 胎占 16%，5 胎占 14%，6 胎占 10%，7 胎以上占 5%。母猪到了一定的使用年限（如 7~8 胎）后，难以维持正常的生产性能，就应淘汰。要使胎次分布达到最佳，就需要主动淘汰母猪。

依胎龄结构，在断奶、返情、流产、空怀或患病时，均要考虑是否要淘汰母猪，以确保生产母猪群的正常循环，使之具有较大的生产能力。下列是淘汰母猪的参考依据：

（1）首先要淘汰连续 2 个繁殖周期产仔少的母猪。若猪场的母猪繁殖性能一直低下，找出 10% 繁殖性能低的母猪淘汰掉，繁殖性能就提高了。

（2）其次考虑淘汰问题母猪，如不发情、恶性子宫炎、流产、空怀的母猪，以及用激素处理仍未发情的母猪。

（3）对屡配不孕、连续三个情期配不上种的母猪要淘汰。

（4）然后考虑淘汰 7~8 胎以上的老龄母猪。

（5）最后考虑淘汰那些患肢蹄病而影响配种的、泌乳力差的、体况过肥的（>4分）、过瘦的（<1.5 分）的母猪。淘汰的原因大多与极端体况有关，特别与体况过差有关。极端体况反映了猪场的管理问题和营养问题。母猪之所以体况差，是因为在配种后机体储备不足，而后又因泌乳期采食不足，从而不得不动用有限的储备来维持其泌乳。

检测、淘汰某些带毒（如猪瘟等）母猪，以净化猪群。母猪的持续感染或带毒，是仔猪发生疫病的最大威胁。通过监测种猪群的感染与免疫状态，淘汰感染或带毒母猪是控制仔猪发病的最佳途径。每年 3~4 次的常规血清学检测，母猪按胎次进行某些传染病（如猪瘟和猪伪狂犬等）检测，淘汰野毒呈阳性的母猪，或加强免疫以抑制排毒和抑制再感染，使整个生产群的某些疫病（如猪瘟和猪伪狂犬）野毒阳性率呈逐年下降的趋势，从而拥有健康无野毒感染的种猪群。

四、生长商品猪病弱猪的淘汰

对产房的病弱猪坚决不留给下一批和不转至保育舍；保育舍不接受产房的病弱猪，也不转出病弱猪；育肥舍也不接受保育舍的病弱猪；确保全场做到全进全出。淘汰病弱猪，算不算死亡率的考核指标，猪场应有明确的规定和专人负责。

在生产过程最常见的是混养，如不同日龄体重的猪只混养、不同批次的猪只混养、不同健康水平的猪只混养。混养是生产过程中的一大错误。对一头猪来说，最大的疾病感染威胁是来自另一头猪。混养将使疾病难以控制，发病率提高，药费支出增加。不淘汰病弱猪，病弱猪会越来越多。

病猪舍必须远离健康舍，清洁、温暖、干燥、专人管理。而现实情况是，病弱猪隔离后的饲养条件更差，很多病弱猪死在隔离舍。与其死在病猪隔离舍，还不如早点淘汰掉。病猪舍若没有专人管理，会有交叉感染的可能。已经移入病猪栏的猪，即使康复了也决不返回原猪群混养。笔者访问的一个猪场，保育舍转至保育隔离舍的病弱猪70%死亡了。育肥舍转至育肥隔离舍的病弱猪78%死亡了。以此来看，转出环节可能是多此一举。因此，场内应实行快速淘汰无治疗价值的病弱猪，以切断场内病原的循环。

所有死猪必须尽快处理掉，死猪是传染源，死猪可以坑埋或化制，确保老鼠和其他动物不会接触到死猪。2005年爆发的猪链球菌病，已敲响了公共卫生的警钟。管理漏洞，是最大的安全隐患。

至于为了做自家苗而保留病弱猪，可以这样认为：一是所留的病弱猪不一定具有代表性；二是由于病弱猪的存在，猪场将始终处于不稳定状态。

五、重视淘汰工作，有利于整体生产水平的提高

多数猪场往往舍不得淘汰病弱猪，只算淘汰病弱猪损失多少，或只算病弱猪养活了还值多少；不算病弱猪对整个猪群的危害，它可能威胁着母猪的繁殖效率和生长商品猪的生长速度和饲料报酬，或影响着猪只遗传潜力的发挥。由于病弱猪的存在，病原体通过猪与猪的接触在猪场中传播开来，影响着整个猪场的生产成绩和经济效益。及时淘汰病弱猪是降低猪场风险和提高生产成绩的措施之一。在"猪高热病"发生和流行期间，一些猪场已从主动淘汰病弱猪中受益匪浅。

通过主动淘汰，公猪和母猪群的生产性能更优良了。

通过消毒和淘汰，可以降低疾病感染的压力和水平传播的风险。场内的病弱猪减少了，猪群整体健康水平提高了，猪场兽医的工作重点由治疗转向防治。

场内的病弱猪减少了，健康猪只增加了饲养空间，有利于健康生长。

通过淘汰病弱猪，就解决了健仔和病弱猪的混养问题和售后猪只的不同批次和不同日龄体重的混养问题，有利于全进全出和提高猪舍的周转率。

场内的病弱猪减少了，场内抗生素的添加、药物使用也相应减少，抗生素的残留问题也可避免。最终，猪场的生产水平和经济效益得以提高。

第6节　对猪群定期采血化验，及时掌握疫病发展动态

一、规模养猪为何要开展疫病监测工作？

免疫是猪场一项重要的日常工作，是保证猪场正常生产的有力措施，所以免疫对养猪人来说都非常熟悉。但就是这个非常普通的工作环节，却一直存在很多问题。猪病种类多，感染途径复杂，所以很多猪场使用疫苗十几种，小猪一出生就要各种疫苗的"辅佐"，并且跟随其一生。疫苗能有效地防止疫病发生，但是增加的应激也着实不少，因此产生一个极端反向观点，认为猪病太多了，我也不知道到底应该打哪些苗，如果都打，不但投资大，而且可能产生副作用，所以什么苗也不打。另外一部分猪场比较重视防疫，请专家制订免疫程序，这其中有饲养管理各个方面措施到位的，生产平平安安，而有些猪场虽然制订了免疫程序，也用了疫苗，却没能把疫病赶走，追究原因错综复杂，难辨是非。猪场抱怨疫苗质量不过关，疫苗厂家倍感冤枉。因为猪场没弄明白猪群到底感染哪些病，更不知道这些病是什么时候感染上的，不能对症下药，做不到有的放

矢，更谈不上正确免疫。

要解决上述问题，只有对猪群进行病原学与血清学动态监测，对猪群定期采样化验，对发病猪及时诊断与病原检测，所有疫情都在人的掌握之中。那时候，自然知道需要接种什么疫苗，疫苗接种后的效果如何，最终控制疫病并将某些疾病净化。

国外养猪业之所以能够有效控制几种重大传染病的发生，正是采用了监测技术作为后盾，成本虽高，却物有所值。

二、关于疫情的动态监测

不同猪场需要注射哪些疫苗应该根据自己情况而定，一般来说目前几种猪病必须使用疫苗免疫，如猪瘟、伪狂犬、细小病毒病、口蹄疫等。一些细菌性疾病也可以使用疫苗，比如大肠杆菌病，但是一些传统的猪病在很多猪场不必使用疫苗免疫，比如猪丹毒、猪肺疫，因为很多广谱性药物都可以间接控制。

正确使用疫苗在很多猪场没有做到，因为猪场在使用疫苗时往往不知道猪场里到底有多少种疾病；不知道猪群在什么时候感染上的这些疾病，这些疾病的严重程度有多大；不知道使用疫苗的时候猪群潜伏了哪些疾病，这些疾病对疫苗使用将产生什么影响。三个不知道使疫苗免疫效果下降，而且有时会增加猪群的应激反应。

要解决如何正确使用疫苗的问题，只有发挥实验室的作用，对猪群进行动态监测。猪场应对不同阶段的猪进行定期采样，这样采样范围广，具有代表性。通过动态采样监测就可以解决"三个不知道"的问题，首先了解猪场中到底有哪些疾病，另外知道这些疾病严重程度，什么时间感染哪个阶段的猪群，这样才能正确选择疫苗的种类，接种疫苗的时间，同时也能够知道疫苗免疫效果，即疫苗接种后抗体水平的高低、抗体均匀度、保护率和保护时间。

目前绝大多数猪场没有充分利用实验室手段，所以在疫苗使用方面存在很多问题，效果不理想，或者使用疫苗后情况更糟糕。

不同类型不同来源的疫苗免疫效力不尽相同，有的能提供坚强的免疫保护（如猪瘟弱毒疫苗），有的只能提供有限的保护（如猪圆环病毒灭活疫苗）；有的疫苗可以提供终生保护（如日本脑炎活疫苗），有的需要加强免疫（如蓝耳病灭活疫苗）。通过观察接种过疫苗的动物在疫情暴发期间对相应疫病侵袭的抵抗力，可以初步检验疫苗的效力。有的疫苗（如猪伪狂犬病弱毒疫苗）可以用于紧急预防接种，如果接种后疫情得到控制或避免疫情，死亡率大幅减少，表明疫苗是有效的。

动物接种疫苗后，一般在接种后一定时间内产生相应的免疫应答（体液免疫和细胞免疫），并维持一定的时间。实际生产过程中，比较可行的是进行血清抗体效价监测，可根据不同疫苗的特点，适时采取接种前后的血清，送有关实验室进行血清学检测，检查抗体滴度和免疫持续期。

规模化猪场疫情监测是一项十分重要的工作，通过疫情监测有利于猪场实时掌握疫病的流行和病原感染状况，有的放矢地制定和调整疫病控制计划，及时发现疫情，及早防治；对疫苗免疫效果进行监测可以了解和评价疫苗的免疫效果，同时可为免疫程序的制定和调整提供依据。

三、做好猪病料的采集，确保实验室诊断的正确性

要及时掌握猪场的疫病发展动态，有时还需要采集病料送实验室监测。

具体方案如下：

（一）猪场应收集发病死亡猪的病变组织材料，定期送相关实验室进行检测，同时猪场应作好临床发病情况记录

1. 猪瘟。我国规模化猪场普遍应用猪瘟疫苗进行预防接种，因此，对于猪瘟疫苗免疫效果的监测是十分重要的。可采用 ELISA 或间接血凝检测免疫猪群的猪瘟抗体水平，也可用于猪瘟母源抗体的检测，一般是在猪瘟疫苗免疫后 15d 左右采血，根据猪群的大小，按 1%～10% 的比例采样，猪瘟疫苗抗体阳性率应达到 85% 以上。作为抗体监测的血清学技术，还不能很好地区分猪瘟强毒抗体与疫苗免疫抗体。猪瘟强毒的监测可采用 RT－PCR 技术、免疫组化染色（如免疫荧光抗体）、病原的分离与鉴定，可采取发病死亡的猪扁桃体、淋巴结、肾脏进行检测。带毒母猪可进行扁桃体的活体采样。

2. 猪伪狂犬病。可用 ELISA 监测伪狂犬病疫苗免疫的抗体水平和状况，目前猪场普遍使用伪狂犬病基因缺失疫苗。对监测伪狂犬病毒野毒感染状况，可用 ELISA 检测猪群的野毒感染抗体来评价，同时可以配合净化方案，对阳性带毒猪实行淘汰处理。发病死亡猪可通过采取脑组织、脾脏、肺脏等组织，进行 PCR 检测、免疫组化和病毒的分离与鉴定。

3. 猪蓝耳病和圆环病毒病。可用 ELISA 检测猪群血清抗体，以了解猪群猪繁殖与呼吸综合征病毒和猪圆环病毒 2 型的感染状况。采集发病死亡猪的淋巴结、脾脏、肺脏、肾脏等组织可用于猪繁殖与呼吸综合征病毒和猪圆环病毒 2 型的检测，常用方法主要为 RT－PCR、PCR，也可作病毒的分离与培养。

4. 猪病毒性腹泻疾病。引起猪病毒性腹泻的病原较多，一般可检测猪传染性胃肠炎病毒、猪流行性腹泻病毒、轮状病毒等，可采取腹泻粪便和肠道组织用相关分子生物学技术（如 RT－PCR）和病毒分离培养。

5. 细菌性疾病。可取发病死亡猪的病变组织，进行细菌的分离与培养，同时对分离到的细菌作耐药性监测。

在多病原混合感染已是当前猪传染性疾病最主要特征流行的情况下，如何有效地控制细菌感染，往往成为很多猪场降低死亡率的关键。在 2006 年所谓"无名高热病"风暴中，大多数是由于误诊或诊断不及时，没有确诊是什么病就滥用苗、滥用药，而造成大量死猪的惨重损失。只有断准了疫病，用对了疫苗和药物，才能治好病。

临床上，猪场通常是根据不同的症状和病理表现，来判断使用何种（组合）抗生素。如个别猪只出现发热时，通常会使用青霉素加退烧药；个别猪只出现咳嗽时，根据咳嗽的长短、发出声音的部位不同，常应用的一些抗生素药如林可霉素、庆大霉素、氟苯尼考、头孢等；个别猪只出现拉稀时，根据拉稀的不同表现，如粪便的颜色、饲料的消化程度、有无肠黏膜、气味有无腥味等会选择一些药物如磺胺类、沙星类、庆大霉素、卡那霉素、土霉素等。的确很多时候，经过上述治疗后，病情就会稳定。但由于不同猪场对疾病的判断能力不同、细菌对药物耐药性的大幅提高，导致保健、治疗过程中

不能对症下药，病情不能很快稳定、甚至蔓延，特别是在混合感染的病例中，这种用药不对症的后果，也正是造成大量死亡的首要原因，2006 年"高热病"发生期间很多猪场大量用药无效，基本上能说明了这个问题。如果此时能够进行一些甚至是很简单的实验室诊断，如细菌分离培养、药敏试验等，就可知道是什么原因造成病情不能控制、什么药物敏感，通过细菌分离培养制作自家菌苗（在病情较复杂的情况下，可先制作自家组织苗）来控制疾病。

（二）正确判断猪病需根据猪病的流行情况、临床症状、剖检和实验室病原检测来确诊

病原检测是确诊的主要依据。而要搞好实验室检测，供检病料是关键。要想保证实验室诊断结果的精确，实验室技术员本身的诊断能力是一个方面，关键还在于采集的病料是否具有代表性。生产中，无论猪场如何努力地去严格执行病料采集和运送的各个程序，但病料的污染（微生物学和化学意义上的）是不可避免的，只是污染程度的不同和对结果的影响程度不同而已。这种病料的采集过程通常需要具有微生物和兽医学知识的人员来操作，同时还需要一定硬件条件支持。送检活猪就可以避免上述污染，但是同样需要注意以下问题。通常送检的病猪或者用于采样的病猪，至少满足以下三个条件：①最好是在 1 周内没有经过任何抗生素治疗；②病症相对整个猪场具有代表性；③病猪处于垂死状态。

正是因为上述三个条件的限制，就要求猪场在活猪送检前，与检测单位约定好时间和人员，以保证及时进行病理检查和细菌分离。

对上述猪病料的采集，需要较高的解剖知识和相应技术水平，客观地说，目前很多猪场的技术员不具备这样的技术条件。为确保实验诊断结果的准确性，最好能请实验室的技术员进行现场采集。

猪常见病病原学检测所需样品见表 4-11。

表 4-11　猪常见病检测所需样品

检测项目	检测方法	样品要求
猪瘟	RT-PCR	扁桃体、淋巴结、脾脏、肾脏、全血
猪繁殖与呼吸综合征	RT-PCR	肺、脾、淋巴结、扁桃体、血液
猪乙型脑炎	RT-PCR	死胎、脑、脾、肝、肾
猪传染性胃肠炎和流行性腹泻	RT-PCR	肠内容物、肠、粪便
副猪嗜血杆菌病	PCR	肺、胸腔积液、关节液、脑、淋巴结
猪圆环病毒	PCR	肺、淋巴结、胰脏、血清
猪伪狂犬	PCR	脑（三叉神经节）、扁桃体、肺、淋巴结、血清
猪细小病毒	PCR	肠系膜淋巴结、流产胎儿新鲜脏器 心脏、血清
猪附红细胞体	PCR	抗凝全血
弓形体	PCR	抗凝全血

(续)

检测项目	检测方法	样品要求
猪链球菌病	PCR	扁桃体、淋巴结、肺、脾、肝、血液、咽喉、阴道拭子
猪流感	RT－PCR	肺、胰脏、淋巴结、脾脏、鼻拭子、血清
口蹄疫	RT－PCR	水泡皮、水泡液、心脏
猪传染性胸膜肺炎	PCR	肺、胸水、肝脏、全血
猪传染性萎缩性鼻炎	细菌分离	鼻拭子、肺、扁桃体
猪气喘病	PCR	肺、气管、扁桃体
其他细菌性疾病	细菌分离	死猪及典型病变病料

注：血液及血清样品最好是采自急性发烧期的猪。

规模猪场对猪瘟疫苗的免疫效果监测，每批免疫猪群都应进行。对猪蓝耳病、猪圆环病毒 2 型、猪伪狂犬病感染情况应每季度进行一次监测，一年监测四次。

第 7 节　规模猪场"无抗菌素"的健康保健方案

（本文特邀珠海国茂生物科技有限公司技术部周涛、沈翔宇供稿）

所谓"保健"就是"保证健康"或"保护健康"，是指通过良好的管理、设施、营养、免疫（特异性免疫，如疫苗）和使用微生态活菌制剂、白细胞介素、转移因子等免疫增强剂，来提高免疫屏障、增强机体抗病能力的措施。

为降低抗菌素对猪体内有益菌的伤害，增强猪对疾病的抵抗力，确保安全生产，珠海国茂生物科技有限公司的科研人员经过多年的努力，总结出了一套以维生素、微生态制剂、氨基酸等为主的非抗菌素健康保健方案，在养猪生产中推广应用后，效果显著。

一、健康保健方案的原理

首先，要给猪只创造一个安全清新高质量的空气环境，用"速克菌"进行带猪气雾呼吸道黏膜消毒，切断气源传播途径。

其次，再给猪提供一个清洁安全的水源，用"速克菌"既能消毒疏通管道、有效软化水质，又能抑制霉菌毒素等病原微生物滋生，促进畜禽肠道菌群的平衡。

然后，再给猪只一个安全的食粮

（1）饲料中添加"霉立消"或"立克灭"以脱除霉菌毒素。

（2）添加"畜多健（肝肾宝）"，以利胆清热、保肝护肾。

（3）添加"热力宝"或"酶力宝"以调理肠道菌群、增食排毒，提高食料转化率（降低料肉比）。

（4）添加"优酸"，增加食欲、抑菌抗病毒，使动物机体保持脏腑平衡、新陈代谢顺畅，增强机体非特异性免疫技能和提高抗病能力。

二、健康保健方案所用的主要非抗菌素物质

1. "速克菌"。主要成分为丙酸、丙酸铵、冰乙酸、山梨酸等，具有较强抑菌效果和良好抗菌活性。

2. "畜多健"。 由天然植物萃取物（黄芪、板蓝根、野菊花等）、L-肉碱、山梨醇、甜菜碱、氨基酸及维生素等多种成分组成，是促进猪只新陈代谢所必需补充的物质，用于提高机体免疫力与抗病力。

3. "热力宝"。 主要成分为 Allicin（大蒜精油）、Tetra Cysteine Germanium（有机锗）、纳豆菌、乳酸菌、枯草芽孢菌等各种有益菌，具有增强抗暑耐寒的能力，改善猪体质，对公猪母猪效用明显，提高饲料利用率，粪便干松不臭，改善饲养环境。

4. "优酸"。 主要成分为磷酸、乳酸、富马酸、柠檬酸等微生态制剂，改善动物胃肠道微生态环境，促进动物的生长。

5. "国茂特倍铁"。 主要成分为强化抗体水平的维生素 A、维生素 D_3、维生素 E、维生素 B_{12} 的铁剂，主要用于仔猪补铁。

特点：①拉大仔猪骨架，提高断奶重及生长潜力；②有效预防哺乳仔猪的呼吸道、消化道疾病；③有效提高疫苗抗体水平；④特殊液相微粒子乳化技术，无痛感，迅速吸收。

6. "畜多福"。 主要成分为多种维生素、氨基酸，补充各类维生素、氨基酸缺乏，促进生长发育，营养补充，防止应激，增强抵抗力，提高免疫水平和抗病力。

三、各类猪群的具体保健方案

（一）种母猪

1. 母猪在配种前后 7～15d，饲料中添加"畜多健（原肝肾宝）0.5kg＋热力宝1kg＋畜多福 0.5kg（或维胺乐 1L 湿拌料）/t"饲喂。

2. 母猪配种后 30～40d、60～70d，饲料中添加"畜多健（原肝肾宝）0.5kg＋热力宝 1kg＋畜多福 0.25kg（或维胺乐 1L 湿拌料）/t"饲喂。

3. 产前 28d（即配后 86d），每头母猪注射"特倍铁"5ml 左右，亚硒酸钠维生素 E10ml，维生素 D_2 果糖酸钙 5～6ml（可以增加奶猪整齐度与初生重，还可以缩短母猪产程，使母猪断奶后能及时发情）。

4. 产前 7d 至产后 7d，饲料中添加"畜多健（原肝肾宝）0.5kg ＋热力宝（或酶力宝）1kg＋畜多福 0.25kg（或维胺乐 1L 湿拌料）＋优酸 1kg/t"饲喂。

5. 母猪分娩即将结束时耳后肌内注射催产素 2ml/头/次，可让母猪排尽恶露。

6. 母猪分娩结束后，饮水中添加原液态肝肾宝 50ml＋维胺乐 50ml＋红糖 500g＋2.5kg 温水，连用 2～3d，可使母猪迅速恢复体力。

（二）种公猪

种公猪每月保健 7～10d，"畜多健（原肝肾宝）1kg＋热力宝 2kg＋畜多福 0.25kg（或维胺乐 1L）/t"，可明显促进公猪解毒排毒，提高精液质量，延长使用年限。

（三）哺乳仔猪

1. 1 日龄口服液态肝肾宝、维胺乐各 2ml 左右。

2. 2～4 日龄注射"国茂特倍铁"1～2ml

3. 5～7 日龄，开始投喂开口料，料中加"速补"。

4. 13～15 日龄注射"国茂特倍铁"1ml。

5. 21 日龄，开始投喂过渡料时，每吨饲料中添加"畜多健（原肝肾宝）0.5kg＋热力宝 1kg＋优酸 1kg＋畜多福 0.25kg"，饲喂至 35 日龄，全价料配合"液态肝肾宝 1L＋速克菌 1L＋畜多福 0.5kg"，饮水至 35 日龄。

（四）保育猪

40～50 日龄、65～75 日龄，每吨饲料中添加"畜多健（原肝肾宝）0.5kg＋热力宝 1kg＋畜多福 250g"饲喂。

（五）驱虫

驱虫"4＋2"模式，每年 1、4、7、10 月份种猪驱虫 4 次；育肥猪驱虫 2 次，50～70 日龄、110～120 日龄各一次，每次使用速可清（或伊维菌素）饲喂一周，停药一周再用一周。

四、特殊病例的治疗方案

1. 遇到所谓"高热病"，首先想办法保持舍内温度恒定在 20℃左右，尽可能少用抗生素，少喂食多饮水，每吨水中添加"速克菌 1L＋畜禽复合预混合饲料Ⅲ（原液态肝肾宝）1L＋维胺乐 1L（或畜多福 500g）＋红糖（或葡萄糖）"饮用 5～7d。

2. 若不慎得上"口蹄疫"，首先应想办法提高舍内温度，然后每吨水中添加"速克菌 1L＋畜禽复合预混合饲料Ⅲ（原液态肝肾宝）1L＋维胺乐 1L（或畜多福 500g）＋白糖（或葡萄糖）"饮服 7～10d。饲料中添加"优酸＋热力宝＋优康粉"饲喂 7d。用"40℃温水＋速克菌（或国茂碘）"对口蹄部每天冲洗两次。外环境用国茂碘、速克菌或醛力消毒。

3. 呼吸道治疗。用"畜多健（原肝肾宝）＋热力宝（或酶力宝）＋维胺乐（或畜多福）＋抗生素（百服宁或林可壮观或氟苯尼考＋盐酸多西环素，磺胺氯哒嗪钠粉＋氟甲喹粉）"饲喂 10～14d。

4. 拉稀是猪病中十分复杂的全身症状病，临床上必须仔细认真辩证分析，不论什么因素，均可用一个通用方案，即"畜多健（原肝肾宝）＋热力宝＋维胺乐（或畜多福）"，然后根据分析情况添加抗生素或生物制剂。

第 8 节 猪场老板应树立"用药不能代替管理"的观念

在对猪场进行技术服务时发现，使用相同配合饲料喂养的不同猪场，或用相同药物防治相同疾病的两个猪场，其猪群的发病率、死亡率和经济效益却相差很大。通过调查分析，结论是猪场的管理水平起了主要作用。管理状况良好的猪场发病率低，死亡少，即使发了病用很少药物就能控制住。而管理状况差的猪场经常发病，而发病后难以治愈，药费高、死亡率也高，经济收益自然就低、甚至亏本。

在病原体严重污染的环境里，强毒病原体很容易通过媒介传播，使猪场的传染病时有发生。在此情况下，猪场很少采用隔离、检疫、销毁等措施，把治疗疾病当成了主要工作，使许多养猪场渐渐地走进了误区，出现了依赖药物和疫苗，轻视管理的现象，认为既然疫病是由细菌或病毒引起，只要有好药（疫苗）就行，管理差点并不重要，表现在只注意药物的投喂，不注重卫生清扫、消毒、疫苗接种质量、温度、湿度和通风控制、随时观察等日常管理工作，致使猪群暴发多种不该发生的疾病，蒙受了大量的损失。

作为养猪老板应该懂得，再好的药物也替代不了日常的管理。因轻视管理导致饲养失败的例子很多，举例如下：

一、轻视营养管理

猪病异常复杂的重要原因之一，就是很多猪场老板忽视了营养管理。他们并不知道，目前猪病难以控制的重要原因之一是因为其饲料配方中的 55％玉米、20％豆粕、15％麦麸、5％鱼粉等饲料原料是由猪场自己购买的，而这些原料的质量猪场老板根本无法控制。因为他们没有对这些原料质量相应的检测手段。

很多养猪老板热衷于使用价格较低的全价饲料，认为这样就可以降低饲养成本。以2012 年的饲料原料的采购价格来分析，高质量的东北玉米每吨价格上升了几百元，豆粕价格更是每吨上升了一千多元。在此情况下饲料公司不可能做亏本买卖，为保证产品质量的稳定，他们唯一的办法就是提升饲料的销售价格。于是，一些养猪老板接受不了涨价的做法，开始更换、使用价格较低的便宜饲料喂猪。结果，饲料成本是下来了，但猪病发生了，猪也快死光了，害苦了自己的猪场！这样的例子屡见不鲜。

二、轻视消毒

猪群发生传染病后，猪舍物品杂乱，粪便处理、清扫消毒不彻底，由于病原体在环境中仍然存在（大肠杆菌、球虫等大多数病菌、病毒在粪便中能存活很长时间），很快就会再次感染发病，需重复投药治疗，这样反复感染反复投药，不仅死亡率升高了，而且加大了药费。

三、只管接种不管接种质量

如免疫程序制定错误，或疫苗保管、接种方法不当，或多次、超量免疫造成免疫抑制，使机体产生的抗体水平高低不均，不能有效保护全群，有了好疫苗也照样暴发传染病。

四、不注意猪舍内环境控制

冬天温度过低易造成感冒、拉稀；夏天不采取有效降温措施引起中暑；冬天只管保温却造成通风换气不良，舍内氨气等有害气体、粉尘过大，肺部水肿充血，极易激发呼吸道疾病，还会加重病情，加大了治疗难度，即使治愈了也很易复发；猪舍湿度大，易发大肠杆菌、球虫等病，湿度过小，呼吸道病又会上升；使用发霉变质饲料，导致疾病的发生。

五、不注重观察群

随时观察猪群，发现异常及时处理很重要。猪群刚发病，能被及时观察发现，这时处于感染早期，发病轻，发病只数也少，立即确诊治疗，用药少效果又好。如果在发病后 2～3d 才发现，这时猪群发病只数多，病情严重，再治疗不仅用药多，而且治疗效果明显降低。

　　养猪老板要懂得，再好的药物也不能代替管理！那种重药物、轻管理的想法是不可取的。必须加强日常饲养管理，着重预防，提高免疫接种质量，增强机体抗病能力，再通过大环境控制和隔离、检疫、消毒、销毁等措施，有效地减少和暂时、局部地消灭病原，切断疫病传染途径，使猪群不发病或少发病，再辅以药物治疗。这样才能更好地发挥药物的作用，少用药甚至不用药。当然，环境中的病原并不会很快消除，因此短期内加强管理是不行的，只有长期坚持下去，才能体现出加强管理的优越性，进而控制疾病。

第9节　赴泰国正大猪场培训见闻

　　2011年6月6日～7月3日，笔者随正大集团河南区一行6人在泰国正大集团下属的西球猪场等猪场、屠宰厂进行了为期一个月的培训（图4-71），学到了正大集团先进的养猪技术和理念，看到了正大员工的敬业精神和很强的执行力模式及正大集团走猪产业化发展的成功经验（图4-72），受益匪浅。

图4-71　泰国正大集团对泰国养猪业的巨大贡献

图4-72　培训人员在泰国猪场留影

　　正大集团西球猪场地处泰国东北部，三面环山，风景秀丽，1974年投入生产，该场占地30hm²，存栏母猪1 700头，存栏公猪150头（对外出售精液），每周出售精液1400多份，包括场长及2名技术员在内全场共有员工58人。该场母猪年均提供上市猪26头。

　　一、"以养为主、养防结合"的养殖理念

　　"养"是指为猪群提供全价的营养、良好的生存环境、到位的细化管理以及增强猪群免疫力的综合措施。在培训中笔者看到，上述措施正大集团猪场都做到了：

　　1. 按要求使用正大的全价颗粒饲料，确保了各类猪群的营养水平；

　　2. 所有猪舍都采用了先进的自动通风、温控设备，为猪群提供了适宜的生存环境；

　　3. 各项细化管理措施非常到位，加强了对猪的照顾，如为防止小猪感染球虫病，特别给小猪的前膝关节贴上胶布等；

4. 在增强猪群的免疫力方面：

（1）对后备猪开展了严格的隔离驯化，净化了蓝耳病等重大疫病；

（2）对猪瘟、伪狂犬、口蹄疫等采取了免疫措施，提高了免疫力；

（3）对病、残、弱猪采取不治疗、立即淘汰措施，消灭了传染源；

（4）严格的进场消毒程序，切断了传播途径，确保了猪群健康等。

生产中笔者看到，产房内对初生重低于 800g 的小猪及掉队猪立即处死；保育舍对疝气发炎、瘸腿、关节肿大、严重喘气及生长掉队的猪，都做了淘汰处理。多年来，正大西球猪场没有设专职兽医职位，仅有一个技术员管理种猪区，一个技术员管理保育及育肥区，就保证了该场每头母猪年提供 26 头出栏猪的好成绩。

二、一切按程序操作的执行力模式，使各项工作开展得井然有序

进场隔离、消毒措施严格，防止将外疫带入猪场

1. 外来人员要进入生产区，必须在大门口进行第一次喷雾消毒，进场后首先在生活区隔离两天后才能进入：①必须经过下雨般的药物喷淋消毒、洗澡、换生产区的白色胶鞋、袜及工作服后方能入内；②进入猪舍前还必须再换猪舍专用的黑色胶鞋；③进入生产区人员随身携带的水杯、手机、电脑及笔、本等，也必须在生产区大门口经专用的臭氧消毒柜消毒后方能带入。

2. 生产区人员的工作服、胶鞋、袜子不允许带出生产区，必须放在专用的收集筐内，由专职的消毒、清洁人员进行集中清洗、消毒。所有进生产区人员第二天必须穿干净的工作服、鞋袜方能入内。

3. 所有车辆要进入生活区，必须经过大门口、生活区办公区门口及生产区门口三次严格的喷雾消毒。

4. 生产区内的车辆不能外出，只能在生活区及生产区之间转运猪只、货物。

据培训老师介绍，新员工在上岗前，必须按规定经过技术员系统的工作流程培训后，由老员工带领学习实际操作技能，直到技术员认为合格后方能上岗工作。

生产中笔者看到，员工从早上 7：30 上班到下午 5：00 下班期间，一切工作的先后顺序都要按既定的工作流程在规定的时间内完成相关工作，员工虽然很忙碌，但很轻松，各项工作开展得井然有序。

三、员工分工协作，团队意识强

正大西球猪场的各栋猪舍，都有固定的饲养员来从事猪的饲养管理工作。但由于人手较少（该场饲养母猪 1 700 头，年出栏猪 42 000 头。其中，4 栋配怀舍 11 人、4 栋产房 7 人、4 栋保育舍 4 人、公猪舍 1 栋＋人工授精室共 3 人、24 栋育肥舍 12 人），当同一阶段的某个饲养员工作较忙时，其他舍工作相对较轻松的饲养员都会主动到该舍帮助其尽快完成相关工作。如产房饲养员一个人要饲养 100 头哺乳母猪及其仔猪，肯定忙不过来。生产中我看到，其他三栋舍的饲养员、组长及流动人员共 6 人，都主动来到该舍，协助其完成仔猪喂料、打牙、断尾、阉割、称重等相关工作，团队协助精神令人难忘。

四、细化管理到位，保证了猪群健康

正大西球猪场的员工对猪的管理工作非常精细，而且操作也很到位。例如，何种情况下对何类猪群开启风机和水帘降温、开几个风机降温；何种温度下给仔猪打开保温灯；员工何时干何种工作；按母猪膘情评分值安排多少饲喂量；免疫时严格做到一猪一个针头；对保育猪、生长育肥猪每天采食量的多少；所有母猪在分娩过程中必须输葡萄糖水＋降压药＋消炎药；用五种不同颜色标记产后母猪不同的时间及所处的生理状态；对保育及生长育肥猪使用滴水方法，来增加猪的采食量等，都有严格的标准和规定。而且，不同工种的人员穿不同颜色的工作服，区分明显。

由于细化管理措施到位，员工执行力强，生产区内各栋舍中的各类猪群中，很少有咳嗽、拉稀、发烧及其他患病的猪只，整个猪群健康状况非常好。这在国内即使是管理一流的猪场也很难做到。

五、正大关爱员工，激发了员工的工作热情，敬业精神强

在生产中笔者看到，正大西球猪场的员工精神饱满，干工作都很勤奋、自觉、努力，每天都在按照既定的操作程序开展工作，其中的很多人工龄都在 7 年以上。员工以在猪场工作为荣，思想情绪稳定，确保了生产成绩及盈利水平多年来一直位于泰国正大76 个猪场的前三名。

据正大西球猪场的员工介绍，他们的月收入要高于当地的其他行业；福利待遇也很好，食宿免费，场内伙食较好；社会保障健全；按正大规定每年还可以享受一次调薪（据了解，正大猪场将所有人员分为员工和工人。其中，工作十年以上的为员工，享受高于工人的待遇，每年的调薪额也高于工人）；猪场环境如花园，而且下班后还可以回家与家人团聚。他们说，虽然猪场工作脏一点，但很开心。

值得提出的是，正大总部给我们安排的培训老师是一位 38 岁、管理三个猪场及一个培训中心的总经理。为了做好我们的培训工作，他除回曼谷开会外，其他时间均吃住在猪场，按时上下班，与我们一起进猪舍工作。除了讲授理论知识外，还在生产区亲自动手教我们母猪的膘情评定、母猪发情鉴定等知识。培训老师对工作高度负责的敬业精神，令人钦佩，为我们树立了学习的榜样。

通过参观正大集团春武里猪场等三个现代化猪场和屠宰厂，笔者看到了正大集团坚定不移地走猪产业化发展道路、进而使集团在泰国永远立于不败之地的成功之路。

第 5 篇　规模养猪重大疫病的防控技术

猪场的效益在管理，成败在防疫灭病。古人云"家有万贯，带毛的不算"，所谓"辛辛苦苦几十年，一夜回到解放前"，均说明了从事养殖业风险的巨大。因此，能否做好重大疫病的防控工作，对猪场安全生产至关重要。

第 1 章　规模猪场猪瘟流行新特点及防控对策

（本文特邀洛阳普莱柯生物工程股份有限公司
技术部张立昌，杜根成等供稿）

猪瘟仍是目前严重危害我国养猪生产的严重传染病之一。虽然近年来很少出现典型的临床病例，但发病猪群中总能见到猪瘟存在。现把目前猪瘟流行特点和防控中存在的问题及防控建议，总结如下。

一、我国目前猪瘟的流行特点

1. 猪瘟呈散发。 没有出现大规模暴发，免疫猪群以非典型猪瘟为主。

2. 持续性感染。 猪场种猪带毒现象较为普遍，一些猪场带毒率比较高，常见于母猪，可垂直传播，繁殖障碍，造成仔猪先天感染，是仔猪发病的主要原因。后备种猪有隐性感染或带毒现象，因种猪流通和交易而造成猪瘟病毒的传播，成为其他猪场和新建猪场猪瘟的主要传染来源。

3. 免疫失败。 免疫猪群抗体水平普遍不高，发病时病情温和，症状不典型。

4. 混合感染。 混合感染日渐增多，猪瘟病毒常与猪蓝耳病、猪圆环病毒 2 型（PCV2）呈现二重感染、甚至是三重感染，特别是在猪瘟病毒污染的猪场十分普遍。

二、猪瘟流行的原因

（一）生猪流通频繁，检疫不严

受私利驱动，宰杀和贩卖病猪肉，养猪场病死猪处理不当，加上执法检疫不严，使病猪肉产品在市场流通，也是造成猪瘟广泛传播的重要原因。

（二）免疫失败

1. 疫苗方面。

（1）疫苗质量。市场常见的猪瘟疫苗质量良莠不齐，主要表现在两方面：一是猪瘟疫苗效价不高、批次间差异较大；二是有些产品存在牛流行性腹泻病毒（BVDV）的污染，用 BVDV 污染的 HC 疫苗免疫母猪后，仔猪发生类似先天性 HC 感染，死亡率增加。

（2）疫苗的运输、保存、使用不当，也易影响免疫效果。没有加耐热保护剂的猪瘟冻干苗应在低温条件下运输和保存，稀释后应立即使用，不能存放过久。

2. 免疫程序问题。 免疫程序的关键是排除母源抗体干扰，确定合适的首免日龄。猪瘟疫苗的仔猪首免日期最好选定在母源抗体不会影响疫苗的免疫效果而又能防御病毒感染的期间，即母源抗体为 1∶8～1∶864 时，因此提出 25 日龄和 64 日龄两次免疫的建议。此种免疫程序目前已为多数猪场采用，如在母源抗体尚高时接种疫苗，即会被母源抗体中和掉部分弱毒，阻碍疫苗弱毒的复制，仔猪就不能产生坚强的主动免疫力。

3. 与猪群相关的免疫抑制因素的影响。

（1）一些常见疾病如猪蓝耳病和圆环病毒病在猪群中存在，会使猪体免疫力下降，从而影响 HC 的免疫保护力。PRRS 所引起的最显著病理变化是严重损伤肺泡巨噬细胞，造成其大量破坏，并伴有循环淋巴细胞及黏膜纤维清除系统的破坏，从而抑制免疫力，使猪发生各种继发感染。圆环病毒可以严重损伤猪的淋巴系统，造成严重的免疫抑制。

（2）饲料中含量超标的霉菌毒素及磺胺、利巴韦林、病毒唑等药物可对疫苗免疫反应起到抑制作用，尤其是使用霉菌毒素含量严重超标的饲料，将会严重影响疫苗的免疫效果，应引起猪场老板的高度重视。

（3）种猪群存在带毒猪，可造成仔猪胎盘垂直感染。经胎盘垂直感染的仔猪，可发生先天性免疫耐受，此类猪只对疫苗免疫反应很差，严重影响疫苗的免疫效果。

三、猪瘟综合防制的对策

（一）加强饲养管理

为猪群提供合理丰富营养和良好的饲养管理，重点制定完善的生物安全措施，做好种猪引进和不健康猪的淘汰工作。

引进种猪时，均需进行种猪来源猪场的疫病史调查，即对种猪进行猪瘟及其他繁殖障碍疾病检查，确实无毒时，方可引进，引进后仍需隔离观察，经证实完全健康时才可合群。及时淘汰带毒种猪和外观不健康的猪，并按有关规定严格处理。

（二）做好其他疾病尤其是蓝耳病、圆环病毒病和伪狂犬病等毒性疾病的免疫和防控工作

（三）选择高效价疫苗，确保猪瘟免疫效果

1. 新型高效价猪瘟疫苗的优点。 洛阳普莱柯生物工程股份有限公司已经成功应用克隆细胞培养技术和悬浮培养工艺，研制出了高效价猪瘟疫苗。该疫苗有四大优点：一是疫苗病毒效价高，免疫效果好，而且批间差异小，比较稳定；二是该疫苗避免了 BVDV 等外源性污染，大大降低了疫苗的副反应；三是采用耐热保护剂技术，方便运输；四是可以进行喷鼻免疫，即对哺乳期发生猪瘟的猪场，可以通过 1 日龄喷鼻免疫的方法，给猪群提供良好的保护。

2. 使用高效价猪瘟疫苗的免疫程序。

（1）初产母猪：配种前 1～2 个月免疫 2 次，每次各 1 头份。

（2）经产母猪：普免或者跟胎免疫。①跟胎：产后 21～28d 母仔同免，每次肌注 1 头份；②普免：每年 3～4 次，每次肌注 1 头份（产前 20d 内的母猪不建议免疫疫苗，请酌情调整）。

（3）商品猪。初生 24h 内喷鼻免疫 1 头份；25 日龄肌注免疫 1 头份，64 日龄肌注加强免疫 1 头份。

（4）种公猪。每年普免 3 次，每次 1 头份。

四、高效价猪瘟疫苗的临床试验结果汇总分析

普莱柯公司的高效价猪瘟疫苗，经过近年的推广应用，效果良好。现将该疫苗临床试验的一些情况予以汇总分析，供同行参考。

（一）试验目的

中国广泛使用 C 株来生产猪瘟活疫苗，按疫苗毒源类型分为牛睾丸细胞源、兔源、传代细胞。本试验主要对高效价猪瘟活疫苗（STK 克隆传代细胞源）进行田间应用效果跟踪，通过对收集到的数据进行对比分析，评估该疫苗的免疫效果。

（二）材料与方法

1. 材料。

（1）试剂。猪瘟 ELISA 检测试剂盒（美国 IDEXX 公司，批号：43220—6420）。

（2）仪器。酶标仪（上海三科 318MC），冷冻离心机（SIGMA 2K15），精密 pH 计（上海雷磁，PHS-3C），电子分析天平（德国 Sartorius），超纯水仪（密理博，SIMLICITY）。

（3）疫苗。疫苗 I——高效价猪瘟活疫苗（STK 克隆传代细胞源，抗原含量 30 000RID/头份）由洛阳某生物工程有限公司生产，对照疫苗为疫苗 II——ST 猪瘟活疫苗（传代细胞源，抗原含量 7 500RID/头份）、疫苗 III——猪瘟活疫苗（脾淋源，抗原含量 150RID/头份）、疫苗 IV—猪瘟活疫苗（细胞源，抗原含量 750RID/头份）。

2. 试验分组。选河南、浙江萧山、四川、广西南宁、辽宁沈阳、北京、江西、湖南、山东等地猪场的同品种、同日龄、同胎次乳仔猪和母猪，随机分组（哺乳仔猪以窝为单位分组），每组 14 头以上，均为在同圈舍相同的条件下分栏饲养。

（1）种猪免疫试验。河南上蔡、浙江萧山、四川达州、辽宁沈阳等地种猪规模在 500 以上猪场的不同年龄种猪，随机分为 4 组，分别用 4 种疫苗按常规剂量进行肌注免疫：疫苗 I 组 1 头份/头、疫苗 II 组 2 头份/头、疫苗 III 组 3 头份/头、疫苗 IV 组 5 头份/头，各组分别于免疫前和免疫后 25～30 d 采血检测抗体。

（2）18～35 日龄仔猪初次免疫试验。辽宁、广西、河南、浙江萧山、四川、江西、北京等地种猪规模在 300 以上猪场的 18～35 日龄仔猪，随机分为 4 组，分别用 4 种疫苗按常规剂量进行肌注免疫：疫苗 I 组 1 头份/头、疫苗 II 组 1.2 头份/头、疫苗 III 组 1 头份/头、疫苗 IV 组 2 头份/头，各组分别于免疫前采血检测母源抗体水平，并于免疫后 25～30d 采血检测抗体水平。

（3）50～65 日龄仔猪二次免疫试验。湖南、辽宁、广西、河南、浙江、四川、江西、北京、山东等地种猪规模在 300 以上猪场于 18～35 日龄时进行过初次免疫的 50～

65 日龄仔猪，随机分为 4 组，分别用 4 种疫苗进行肌注二免：疫苗 I 组 1 头份/头、疫苗 II 组 1.8 头份/头、疫苗 III 组 2 头份/头、疫苗 IV 组为 5 头份/头，各组分别于二免前、90 和 110 日龄采血检测抗体水平。

（4）不同免疫程序试验。对湖南、辽宁、广西、河南、浙江、四川、江西、北京、山东等地种猪规模在 300 以上的猪场猪瘟疫苗的免疫程序进行调查分析，结果表明各场免疫程序虽存在一定的差异，但一般都于 18～30 日龄首免，50～65 日龄二免。高效价猪瘟活疫苗（STK 克隆传代细胞源）在不同免疫程序下的效果试验在四川达州、安岳、简阳 3 个 500 头种猪以上规模猪场进行，每场选 18～30 日龄仔猪按 3 种免疫程序进行免疫：A 组 18 日龄首免，50 日龄二免；B 组 24 日龄首免，55 日龄二免；C 组 30 日龄首免，60 日龄二免。分别对免疫前母源抗体，二免时及 90 日龄时的免疫抗体进行检测。

（5）血清样品前处理。将采集的血液，置 37 ℃恒温箱中 1～5 h 后，在 4 ℃冰箱中放置 2 h，冷冻离心机 1 500r/min 离心 5min 分离血清，每份血清不少于 200uL。

（6）猪瘟抗体测定。猪瘟抗体的检测采用 IDEXX 公司猪瘟 ELISA 检测试剂盒进行，其操作程序按试剂盒说明书进行。

3. 结果判定。

（1）试验有效性判定。当阴性对照的平均 D_{450} 值大于 0.50，且阳性对照的阻断率大于 50%，测定结果有效，数据可以采用。

（2）结果判定。如果被检样本的阻断率≥40%，该样本就可被判为阳性，即合格；如果被检样本的阻断率≤30%，该样本就可被判为阴性，即不合格；如果被检样本的阻断率在 30%～40%判为可疑，对该样品进行重测，结果仍在 30%～40%可判为阳性。

（3）离散度判定。采用变异系数表示，变异系数＝阻断率的标准方差值/抗体滴度的平均值×100%，变异系数值越小，离散度越小，抗体整齐度越好。各组抗体水平和离散度采用 Excel 初步处理，再经 SAS 8.0 软件进行差异显著性分析比较。

（三）试验结果分析

1. 种猪免疫。根据田间应用试验的种猪免疫数据结果初步分析表明，当前大部分猪场母猪群抗体整体合格率在 60%～80%，平均抗体滴度在 0.40～0.50，且抗体离散度较大。试验结果表明，高效价猪瘟活疫苗（STK 克隆传代细胞源）进行母猪免疫后，母猪的猪瘟抗体水平合格率可提高到 80%以上，平均抗体滴度能提高到 0.65 以上，抗体离散度也极显著低于其他疫苗组。因此，接种优质高效价的猪瘟活疫苗完全能使种猪群的猪瘟抗体保持在一个抗体滴度较高、抗体整齐的水平。

2. 仔猪初免试验。对 18～35 日龄仔猪的初免试验数据初步分析认为，当前仔猪的猪瘟母源抗体合格率整体较低、离散度较大。经过猪瘟活疫苗（脾淋源）、猪瘟活疫苗（细胞源）、ST 猪瘟活疫苗（传代细胞源）及高效价猪瘟活疫苗（STK 克隆传代细胞源）等四种猪瘟疫苗首次免疫 25～30d 后，猪瘟免疫抗体的离散度均有所降低，但猪瘟活疫苗（脾淋源）、猪瘟活疫苗（细胞源）产生的免疫抗体合格率均不到 60%，只有

ST 猪瘟活疫苗（传代细胞源）和高效价猪瘟活疫苗（STK 克隆传代细胞源）抗体合格率高达 80％以上。综合评估上述四种猪瘟疫苗免疫抗体滴度的高度、合格率、离散度结果表明，高效价猪瘟活疫苗表现出的免疫效果最为理想。这可能与低抗原含量的疫苗注射后会受到母源抗体的干扰致使疫苗抗原被母源抗体所中和。

3. 仔猪二免试验。对 50～65 日龄仔猪二免疫前后抗体数据比较可知，当前绝大多数 50～65 日龄仔猪的 CSFV 首免抗体合格率均在 40％左右，这极可能就是当前保育阶段仔猪高死亡率的一个主要原因。以 ST 猪瘟活疫苗（传代细胞源）和高效价猪瘟活疫苗（STK 克隆传代细胞源）进行二免均可有效突破猪群猪瘟免疫抗体的干扰，可能与其抗原含量高有直接关系。上述四种疫苗免疫 50～65 日龄仔猪后 110 日龄时，高效价猪瘟活疫苗（STK 克隆传代细胞源）的免疫抗体整齐度最好、抗体合格率最高达 89.5％，免疫效果极显著优于脾淋源苗组和细胞源苗组。

4. 不同免疫程序试验。从对不同免疫程序下接种高效价猪瘟活疫苗（STK 克隆传代细胞源）的免疫效果可以看出，高母抗的 18、24 日龄首免和低母抗的 30 日龄首免高效价猪瘟活疫苗后 30d，CSFV 免疫抗体合格率均达 80％以上。普莱柯高抗原含量的高效价猪瘟活疫苗能突破猪瘟母源抗体和免疫抗体的干扰，不再严格依赖猪瘟免疫程序，因此该苗对 18～30 日龄仔猪进行首免和首免后 30 日即 50～65 日龄进行二免，均能起到极佳的免疫保护效果。

本试验结果表明：高效价猪瘟活疫苗（STK 克隆传代细胞源）免疫种猪和不同日龄仔猪后 25～30d 产生免疫抗体的整齐度、抗体高度、抗体合格率显著或极显著优于猪瘟活疫苗（脾淋源）、猪瘟活疫苗（细胞源）、ST 猪瘟活疫苗（传代细胞源）；使用高效价猪瘟活疫苗（STK 克隆传代细胞源）能有效突破猪瘟母源抗体和免疫抗体的干扰，于 18～35 日龄对哺乳仔猪和断乳仔猪进行首免、50～65 日龄二免，在免疫后 25～30d（即 50～65 日龄、90 日龄）左右时，CSFV 的免疫抗体的合格率均能达 80％以上，且抗体水平整齐，表明了高效价猪瘟活疫苗在猪瘟防控工作中会有广阔的应用前景。

第 2 章　规模猪场蓝耳病流行现状及控制策略

（本文特邀天津瑞普生物技术股份有限公司技术部林士奇、刘涛供稿）

近年来，我国新发和再发猪病接踵而至，养猪生产面临疫病种类多且复杂的局面。应清楚地认识到，在众多疫病中，猪蓝耳病（PRRS）是危害养猪生产的第一大疫病。

一、猪蓝耳病概况

猪蓝耳病 1987 年首发于美国，1992 年遍及整个北美和欧洲，1993 年传至日本、韩国、菲律宾等亚洲国家，1995 年传入我国大陆地区并迅速蔓延。由于该病在免疫和致病机理上极为复杂，与传统疫病的发生规律有很大的不同，从而引起全世界本领域科技工作者的极大关注。

猪蓝耳病每年给美国养猪业造成的损失估计为 5.6 亿美元，被认为是最昂贵的猪病。在我国蓝耳病的自然感染率达到 90%～100%。仅 2006—2007 年，蓝耳病给中国造成直接损失达 12 亿元人民币。

二、流行病学

本病是一种高度接触性传染病，呈地方流行性。猪蓝耳病病毒（PRRSV）只感染猪，各种品种、不同年龄和用途的猪均可感染，但以妊娠母猪和 1 月龄以内的仔猪最易感。患病猪和带毒猪是本病的重要传染源。主要传播途径是接触感染、空气传播和精液传播，也可通过胎盘垂直传播。易感猪可经口、鼻腔、肌肉、腹腔、静脉及子宫内接种等多种途径而感染病毒，猪感染病毒后 2～14 周均可通过接触将病毒传播给其他易感猪。从病猪的鼻腔、粪便及尿中均可检测到病毒。易感猪与带毒猪直接接触或与污染有 PRRSV 的运输工具、器械接触均可受到感染。感染猪的流动也是本病的重要传播方式。

持续性感染是 PRRS 流行病学的重要特征，PRRSV 可在感染猪体内存在很长时间。PRRSV 感染猪的血清、淋巴结、脾脏、肺脏等组织后可以存活很长时间，并不断向外排毒。如果营养、管理、卫生较好，不会表现临床症状，呈现持续性感染。如果某一条件突变，加之有呼吸道病原（猪圆环病毒Ⅱ型、支原体肺炎、副嗜血杆菌、巴氏杆菌、猪伪狂犬病毒、链球菌）合并或继发感染的情况下，则发生明显的呼吸疾病综合征，并呈现高死亡率。

三、临床症状

本病的潜伏期差异较大，引入感染后易感猪群发生 PRRS 的潜伏期，最短为 3d，最长为 37d。本病的临诊症状变化很大，且受病毒株、免疫状态及饲养管理因素和环境条件的影响。低毒株可引起猪群无临诊症状的流行，而强毒株能够引起严重的临诊疾病，临诊上可分为急性型、慢性型、亚临诊型等。

（一）急性型

发病母猪主要表现为精神沉郁、食欲减少或废绝、发热，出现不同程度的呼吸困难，妊娠后期（105～107d），母猪发生流产、早产、死胎、木乃伊胎、弱仔。母猪流产率可达 50%～70%，死产率可达 35%以上，木乃伊可达 25%，部分新生仔猪表现呼吸困难、运动失调及轻瘫等症状，产后 1 周内死亡率明显增高（40%～80%）。少数母猪表现为产后无乳、胎衣停滞及阴道分泌物增多。1 月龄仔猪表现出典型的呼吸道症状，呼吸困难，有时呈腹式呼吸，食欲减退或废绝，体温升高到 40℃以上，腹泻，被毛粗乱，共济失调，渐进性消瘦，眼睑水肿。少部分仔猪可见耳部、体表皮肤发紫（图5-1、图5-2），断奶前仔猪死亡率可达 80%～100%，断奶后仔猪的增重降低，日增重可下降 50%～75%，死亡率升高（10%～25%）。耐过猪生长缓慢，易继发其他疾病。生长猪和育肥猪表现出轻度的临诊症状，有不同程度的呼吸系统症状，少数病例可表现出咳嗽及双耳背面、边缘、腹部及尾部皮肤出现深紫色。感染猪易发生继发感染，并出现相应症状。种公猪的发病率较低，主要表现为一般性的临诊症状，但公猪的精液品质下降，精子出现畸形，精液可带毒。

图 5-1　早产猪、弱仔多

图 5-2　病猪精神沉郁

（二）慢性型

这是目前在规模化猪场 PRRS 表现的主要形式。主要表现为猪群的生产性能下降，生长缓慢，母猪群的繁殖性能下降，猪群免疫功能下降，对疫苗免疫应答迟钝，易继发感染其他细菌性和病毒性疾病。猪群的呼吸道疾病（如支原体感染、传染性胸膜肺炎、链球菌病、附红细胞体病）发病率上升，药物的治疗效果差，猪瘟控制的难度加大。

（三）亚临诊型

感染猪不发病，表现为 PRRSV 的持续性感染，猪群的血清学抗体阳性，阳性率一般在 10%～88%。

早期，典型的蓝耳病表现如下症状：母猪厌食、早产（一般是预产期前 2～7d 早产），产生大量的弱仔和木乃伊胎，弱仔猪基本上很难饲养成活，这是蓝耳病区别于其他导致流产的猪病的特点。母猪主要是妊娠后期流产，一般是一过性流产（图5-3），4～8 周恢复正常。1997 年以后，蓝耳病发生的特征及临床症状与以往的典型蓝耳病有很大不同。母猪妊娠早期开始出现流产，然后到中期和晚期流产，流产会反复，几乎整个妊娠期都存在高的流产率，发病时母猪的死亡率可能超过 5%。

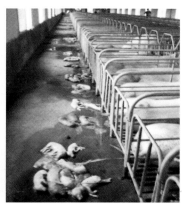

图 5-3　母猪流产

四、解剖病理变化

猪感染蓝耳病后，皮肤出现发绀，发白，黄染，有少数口鼻出血和带血色泡沫，在耳部、颈腹部和尾部出现发绀或整个躯体黄染或整个躯体苍白，发生急性败血症，血液凝固不良，皮下出现胶冻渗出物。

解剖发现心包积液，心肌软化，少数可见心脏脂肪胶冻状，有的心内、外膜出血，胃肠道充血、出血，胃底部出血严重，盲肠充血、出血严重；脾脏肿大，变软，有红色坏死区，易碎；肾脏肿胀（部分肾有出血点，也有完全没有出血的情况）；脑部充血、淤血；肺充血，淤血肿胀，间质型肺炎（图 5-4）或卡他性肺炎，尖叶坏死或整个肺呈点状坏死。同时出现继发细菌感染，可见纤维素性或化脓性心包炎（图 5-5）、胸膜炎和腹膜炎等。

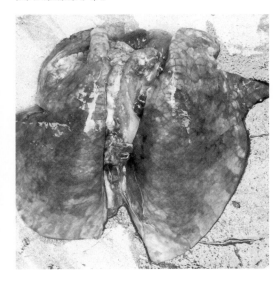

图 5-4　间质性肺炎　　　　　　　　图 5-5　纤维素性心包炎

五、诊断方法

猪场是否存在蓝耳病感染主要通过实验室检测及猪场生产状况相结合的方法进行判定。

PRRS病毒抗体检测目前主要有两种试剂盒：美国IDEXX公司ELISA试剂盒和法国LSI公司ELISA试剂盒。两种ELISA试剂盒检测对象有所区别：美国IDEXX公司ELISA试剂盒针对N蛋白抗体检测，N蛋白抗体出现早，消失快（活毒接种后8～14d，灭活苗接种后2～3周出现，仅持续较短时间），可作为猪场早期感染蓝耳病的诊断。法国LSI公司ELISA试剂盒针对GP5蛋白抗体检测，该抗体出现较晚，持续时间较长（活毒接种后14～21d，灭活苗接种后3～4周出现，持续时间较长，可作为疫苗免疫效果评价的抗体检测方法）。

结合猪场的实际生产状况判定猪场是否存在蓝耳病的感染是最有效的方式。如果一个猪场猪瘟抗体不高或不整齐；猪群喘气病、副猪、传染性胸膜肺炎等呼吸道疾病较多；猪群圆环病毒2型发病较多，断奶仔猪难养，即可怀疑该猪场存在蓝耳病感染。

六、猪蓝耳病的防控措施

对猪蓝耳病的防控以控制本病病毒感染为主，采取综合防控措施，以稳定控制为目标。

1. 做好猪场的内部和外部生物安全控制措施，加强消毒，降低切断PRRSV在猪场的循环和传播，降低感染率。规模化猪场要彻底实现全进全出，至少要做到产房和保育两个阶段的全进全出。

2. 做好猪群饲养管理。在PRRSV感染场，应做好各阶段猪群的饲养管理，用好料，保证猪群营养水平，以提高猪群对其他病原微生物的抵抗力，降低继发感染的发生率和由此造成的损失。

3. 做好其他疫病的免疫接种，控制好其他疫病，特别是猪瘟、猪伪狂犬和猪气喘病的控制。在PRRSV感染的猪场，应尽最大努力把猪瘟控制好，否则会造成猪群的高死亡率，同时应竭力推行猪气喘病疫苗的免疫接种，以减轻猪肺炎支原体对肺脏的侵害，从而提高猪群肺脏对呼吸道病原体感染的抵抗力。

4. 科学合理使用猪蓝耳病活疫苗。世界上比较公认的防控蓝耳病的做法就是驯化蓝耳病病毒，即让一个毒株在猪群里面占主导地位，使得其他毒株很难增殖，如让一种弱毒在猪群中占据主导地位后，即便高致病性毒株感染，它复制的数量也不足，致病性也就不那么强了。此外，弱毒疫苗会刺激机体产生抗体，抗体也能部分保护高致病性蓝耳病的发生，即便发病也没有那么严重。这是驯化的过程。

对蓝耳病的阳性猪场，要使用同一种疫苗来免疫预防。目前，很多猪场给母猪接种的时候用的是一种弱毒疫苗，而给仔猪接种的时候则用另一种弱毒疫苗，结果导致了猪群经常出现不稳定的情况。这是由于一个猪群里出现两种弱毒，有的还可能感染一些野毒，导致在一个群体里有几个毒株存在，从而加快了病毒的变异。如果猪群中只有一种毒株存在，防控起来就相对容易一些。目前，蓝耳病弱毒疫苗毒株分为自然弱毒株（文易舒）和人工致弱株两种，在选择蓝耳病疫苗驯化过程中，应当选择安全性高的自然弱毒疫苗进行驯化。

5. 强化药物预防与保健，控制细菌性继发感染。可以选择注射头孢喹肟，对仔猪进行保健用药，或在饲料中添加合适的抗生素如替米考星等，但不能乱加滥用，而需要制定合适的保健方案。

6. 定期开展猪场 PRRSV 感染状况的监测和评估，为猪场制定控制方案提供依据。

7. 蓝耳病疫苗——"文易舒"滴鼻的作用

"文易舒"是由瑞普公司生产的猪蓝耳病弱毒活疫苗，选用自然界分离到的蓝耳病病毒 R98 株为种毒，由瑞普公司和南京农业大学共同研制而成，国家三类新兽药。具有安全稳定、抗原性优良、可滴鼻使用等优点，适合于猪场免疫使用。

针对近两年来很多规模猪场产房仔猪由 PRRSV 引起的腹泻、呼吸困难、后肢无力等症状，可用"文易舒"对仔猪进行滴鼻免疫，即可避免产房仔猪的重大损失。通过对河南、浙江、广东等省（区）的一些规模猪场仔猪 0～5 日龄滴鼻免疫，大大降低了仔猪的发病死亡率，对控制猪场蓝耳病起到了决定性作用。

七、在猪蓝耳病防控工作中应注意的几个问题

猪场蓝耳病已成为严重危害养猪生产的重大疫病，大多数猪场都存在感染和带毒的问题。有的猪场因新购进带毒后备种猪，而造成猪蓝耳病扩散。有的猪场母猪虽无临床症状但却处于带毒状态，这种隐性感染猪可不断感染阴性猪，从而成为猪场的主要传染源。蓝耳病毒本身的特点决定了一旦猪场感染 PRSV，将会不断感染和流行，从而在猪场形成一种不能短期内彻底清除的疫病。养猪者此时应做好长期"与蓝共舞"的思想准备。

猪蓝耳病病毒是"高热综合征"和"呼吸道病综合征"的主要病原。猪蓝耳病病毒在猪场循环感染和传播是造成哺乳仔猪、保育猪、生长肥育前期猪发病的主要原因，会引起高发病率和高死亡率。

猪场蓝耳病毒株呈现经典毒株与高致病性毒株并存的现象。蓝耳病病毒呈现广泛的组织侵害性，临床表现多样化，病猪体温升高（41℃ ～42℃），皮肤发红、耳朵发紫，出现呼吸道症状（喘）、消化道症状（腹泻）和神经症状（抽搐、瘫痪）等。

蓝耳病病毒具有很强的免疫抑制性，严重影响猪瘟、伪狂犬免疫效果，感染猪易发生严重的继发感染，如副猪嗜血杆菌病、链球菌病等。

猪群呈现猪蓝耳病病毒高感染率，母猪带毒、排毒、持续感染，引起产死胎、流产，有一定的死亡率，并出现繁殖障碍：不发情、配不上种、返情、淘汰率升高。

中小型猪场因缺乏必要的生物安全措施，不能阻断猪蓝耳病的传播，疫情发生较为频繁，加之猪群发病后处置不当，大量使用抗生素和不科学地使用活疫苗进行紧急免疫接种，时常造成发病猪群的高死亡率。中国农大杨汉春教授指出，我国流行的高致病性 PRRSV 的致病性与毒力仍然没有降低，只是基因组发生了一些微小的变异。因此，猪蓝耳病仍然是危害我国养猪生产的主要病毒病。虽然已有多种（多个毒株、多个生产厂家）商品化猪蓝耳病减毒活疫苗投放到养猪生产，但这绝非好事情，不仅对防控该病无益，反而会加重疫情的复杂性。同一个猪场使用两种不同毒株以上活疫苗的现象十分普遍，这无疑会加剧猪 PRRSV 变异，疫苗毒株间以及疫苗毒株与野毒株间重组的机会，从而导致新毒株的产生。可以预计，我国的猪蓝耳病会越来越复杂。

总之，在目前我国猪场 PRRSV 毒株呈现多样化的趋势、不断加剧、呈现新的流行特点

的严峻形势下，建议借鉴欧洲的经验，吸取美国的教训，实施猪场通过自然弱毒蓝耳病活疫苗驯化猪场蓝耳病，使猪场处于蓝耳病稳定状态，这是目前和今后控制猪蓝耳病应走之路。

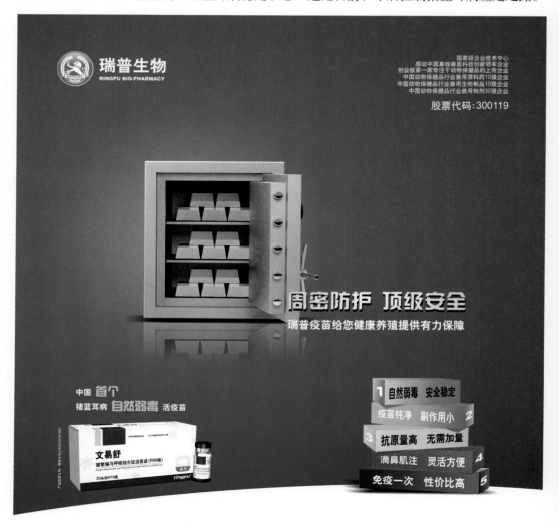

第3章　猪圆环病毒相关病的损失评估和控制

（本文特邀洛阳普莱柯生物工程股份有限公司张立昌博士供稿）

自从 1991 年在加拿大发现临床病例以来，圆环病毒病不断在全球蔓延，危害越来越严重，是影响全球养猪业经济效益的头号疾病。我国在 2000 年首次报道圆环病毒病例，并分离到圆环病毒。研究表明近年来猪场圆环病毒病阳性率不断增加，越来越多的猪群出现临床病例。2007 年被正式命名为圆环病毒病（PCVAD 或者 PCVD）。

圆环病毒病的主要危害是损伤淋巴结造成免疫抑制，临床表现形式非常复杂和多样，使猪饲料转化率下降，生长缓慢或停滞，上市日龄延长，猪舍利用率下降，死淘率上升可高达 40％ 以上。同时造成其他病原的继发感染和疫苗的免疫失败，使猪病呈现复杂化、非典型化的特征，治疗费用上升，给养猪业带来巨大的损失。

一、圆环病毒相关病（PCVAD）症状认定

1. 断奶仔猪多系统消耗综合征（PMWS）：消瘦、拱背、苍白、黄疸、生长不良。PCV－2 感染心脏变形，心肌松软，冠状沟脂肪萎缩黄染。淋巴结尤其是腹股沟淋巴结显著肿大、苍白、切面多汁，混合感染的肺出现肉样变。猪群整齐度差，出栏时间推迟。

2. 猪呼吸道综合征（PRDC）：16～22 周龄的生长—育肥猪，生长缓慢、饲料利用率低、嗜睡、厌食、发热、咳嗽以及呼吸困难等。

3. 皮炎肾病综合征（PNDS）：病猪后躯密布圆形或不规则丘疹，可见中间呈黑色外周呈紫红色的病灶。肾脏肿大，呈土黄色，表面散布大小不一的灰白色坏死点。

4. 母猪出现繁殖障碍综合征。

5. 仔猪先天性震颤及中枢神经系统性疾病腹泻、消瘦。

6. 圆环病毒引起的相关性肠炎。

二、圆环病毒相关病经济损失评估

由于圆环病毒病本身症状多样复杂，加上往往继发感染和混合感染比较普遍，发病率、死亡率也会受到其他疾病的影响，变化比较大，因此圆环病毒的经济损失评估是一项十分艰难的工作。

（一）猪正常各生长阶段和体重范围及生产成本

1. 哺乳阶段。即 0～28 日龄，体重 6.6～6.9kg。人工乳：0.2（kg/头）；教槽料：400～700g/头，落地成本：170 元，饲料成本：9 元。合计：179 元/头。

2. 断奶阶段。即 29～38 日龄，体重 6.9～11kg。保育饲料：3kg/头，饲料成本：36 元。成本累计 215 元/头。

3. 保育阶段。即 39～60 日龄，体重 11～24kg。饲料 24kg/头，料肉比 1.84，饲料成本 96 元。成本累计 311 元/头。

4. 生长育肥阶段。即 61～120 日龄，体重 24～60kg。饲料 78kg/头，料肉比 2.17，饲料成本 220 元。成本累计 533 元/头

5. 大猪阶段。即 121～165 日龄，体重 60～100kg。饲料 136kg/头，料肉比 3.4，饲料成本：400 元，成本累计 933 元/头。

（二）现阶段圆环病毒相关疾病发病情况

众多数据表明目前种猪抗体阳性率 100％，90％的猪场存在 PCVAD，平均死亡率为 14％。仅有 PCVD 的猪场死亡率为 5.7％，既有 PCVD 也有 PRRS、HCV 的猪场死亡率为 20.1％。蓝耳病阴性猪群当中，死亡率通常不超过 10％～15％，而在蓝耳病阳性的猪群当中，有时死亡率甚至会高达 50％，甚至更高。

（三）圆环病毒相关疾病损失评估实例

圆环病毒相关疾病对猪场带来的经济损失，详见表 5-1。

表 5-1　圆环病毒相关疾病经济损失评估

生产指标	发病猪群	对照	差异	经济损失	累计
哺乳仔猪死亡率（％）	15.3	12.6	2.7	4.83	4.83
断奶后仔猪死亡率（％）	11.2	3.1	8.1	17.42	22.25
育肥猪死亡率（％）	5.2	3.2	2	10.66	32.91
断奶仔猪日增重（g）	392	428	36	18.43	51.34
育肥猪日增重（g）	777	829	52	49.92	101.26

数据来源：张立昌博士讲义。

经济损失＝2.7％×179＋8.1％×215＋2％×533＋36g/d×（60－28）d×16 元/kg÷1 000＋52g/d×（120－60）d×16 元/kg÷1 000＝101.26 元。

三、PCVD 的防控建议

对于圆环病毒相关疾病的防控，良好的饲养管理是基础，良好的免疫是关键。

（一）管理措施

1. 产房。严格的全进全出制度，每批猪之间清洗粪沟并消毒；母猪进产房前清洗并驱虫；限制寄养，只在必要时才进行，在 24h 之内。

2. 保育阶段。使用小栏（＜13 头/栏），封闭的栏间挡墙；执行严格的全进全出制度，不同批次间不混群，每批猪之间清洗粪沟并消毒；较低的饲养密度（0.33m²/头）；增加料槽的宽度（＞7cm/头）；增加空气的流动（氨气＜10mg/L，二氧化碳＜0.15％）；加强温度控制。

3. 生长/育肥阶段。小栏，封闭的栏间挡墙；执行严格的全进全出制度，不同栏间的猪不混群，每批猪之间清洗粪沟并消毒；育肥栏间的猪不混群；降低猪群的密度（＞0.75m²/头）；增加空气的流动（氨气＜10mg/L，二氧化碳＜0.15％）和温度控制。

4. 其他。采用合理的免疫程序；确保猪舍内的合理流动（空气和猪）；确保严格的卫生（剪牙断尾，注射等）；病猪及时移走（转入病猪栏或安乐死）。

（二）免疫防控

1. 国外圆环病毒疫苗的应用现状。对于病毒性疾病来说，最有效的办法就是免疫。目前世界上主要的养猪市场从 2006 年后开始圆环疫苗的免疫，免疫率很高在 65％以上，并且取得了很好的免疫效果，具体见表 5-2。

表 5-2　世界主要养猪市场圆环病毒疫苗开始免疫时间及免疫率

国家	美国	加拿大	墨西哥	韩国	日本	德国	英国
首次免疫时间	2006	2006	2007	2007	2008	2008	2008
免疫率	>95%	>80%	>80%	>73%	>65%	>65%	>70%

2. 国内圆环病毒疫苗的研制和应用情况。随着圆环病毒病对我国养殖业的危害不断增加，以及疫苗在国外的成功应用，逐渐有国外的疫苗进入中国，不过，由于当时国内没有能力在圆环病毒疫苗的研发和生产上取得突破，进口产品定价很高，高昂的价格阻碍了产品的大面积推广和应用。

其实圆环病毒疫苗的技术关键在于其产品的病毒效价，制约病毒效价因素有两个：一是此前所有培养圆环病毒 2 型的细胞系，都被圆环病毒 1 型污染；二是传统的转瓶培养效价也不高。针对这两个技术关键，普莱柯公司组织人员经过 5 年的不懈努力，通过克隆细胞的办法，筛选到一个没有 PCV-1 型污染的细胞系——PKK 细胞，同时采用微载体细胞悬浮培养技术，成功解决圆环病毒疫苗的效价难题，超过 $10^{7.2}\,\mathrm{TCID}_{50}/\mathrm{ml}$，在国内首家成功上市圆环病毒疫苗——圆健。

在毒株的选择上，采用国内流行 PCV2-SH 毒株，无 PCV1 污染及其他外源病毒污染，有与国内流行毒株的同源性高，交叉保护好。

为了减少应激，同时提高免疫效果，普莱柯首家采用双向复乳（w/o/w）的生产工艺，使疫苗的抗体产生快而且维持时间长。

3. 疫苗免疫的综合效益。疫苗免疫可以减少血液中 PCV-2 的含量，降低发病率和死亡率，减少继发感染和混合感染；提高日增重，改善饲料报酬，提高猪群整齐度。

浙江的章红兵教授应用圆健做大群免疫实验，结果表明，免疫能够有效地降低死亡率，提高日增重，经济效益显著。详细结果见表 5-3。

表 5-3　洛阳普莱柯公司圆健疫苗大群免疫的效果

分组	21 日龄		90 日龄		成活率 (%)	平均日增重 (g)	120 日龄		成活率 (%)	平均日增重 (g)
	头数	均重（kg）	头数	均重（kg）			头数	均重（kg）		
实验组	380	6.76	366	42.05	96.32	511.45	362	59.48	95.26	532.52
空白对照组	182	6.67	169	40.34	92.86	487.97	162	55.57	89.01	493.94

第 4 章　认识猪肺炎支原体和 PCV-2 疫苗的联合免疫

（本文特邀硕腾中国公司　王科文等供稿）

猪肺炎支原体和圆环病毒 2 型对养猪生产的严重危害人所共知，免疫作为控制这两种病原感染的重要措施也被越来越多的从业者所接受。但是，随着这两种疫苗运用的深入和圆环病毒 2 型、猪肺炎支原体混合疫苗的出现，在 PCV2 和猪肺炎支原体双阳性的猪群，如何合理安排猪肺炎支原体和 PCV2 疫苗的免疫，以及这两种混合疫苗效果到底怎样，一直困扰着许多从业者。本文将介绍一些最新的实验室研究报道供大家参考。

一、早免疫猪肺炎支原体疫苗

猪肺炎支原体主要通过气溶胶传播，主要以鼻对鼻传播的方式由感染猪传给易感猪，或由母猪传给其后代（Thacker，2006）。如果母猪传给其后代比较频繁，则需要尽早采取措施对付猪肺炎支原体感染，甚至在第一时间免疫（Martelli 等，2006）。Moorkamp 等（2009）调查了 50 个具有呼吸道病史的猪群，发现哺乳猪和保育猪的感染率在 12.3％和 10.6％，H. Nathues 等人（2010）的研究显示哺乳猪和保育猪的阳性率分别为 2.0％和 9.3％。M. Sibila（2007）研究发现，母猪的鼻拭子病原阳性率和仔猪阳性率强相关，与母猪血清阳性率、胎次相关性不大。以上调查结果说明，很多猪群其实在很小日龄就感染到猪肺炎支原体。在我国，虽然较少有人对仔猪早期感染猪肺炎支原体做过严谨、规范的调查，但小日龄（甚至 10 日龄内）的仔猪就出现类猪支原体肺炎症状，甚至类猪支原体肺炎病变，已是不争之实。

最新的研究报告表明，母猪可通过初乳传给仔猪免疫记忆细胞，以致于早期免疫猪肺炎支原体疫苗有良好的效果。Stephen Wilson 等（2012）的研究进一步证实，1 周龄免疫猪肺炎支原体疫苗可有效减少肺部病变和改善日增重。

然而，是否所有的猪肺炎支原体疫苗早期免疫都有好的效果呢？Nerem J 等（2011）在有 PCV、AD 和猪支原体肺炎病史的猪场，比较了猪肺炎支原体和圆环病毒混合疫苗的不同免疫时间和其他疫苗的免疫效果，试验分 5 组，共 400 头猪。试验结果表明，猪肺炎支原体和圆环病毒混合疫苗早期单针免疫效果相对不理想，免疫不具有早期免疫的优势。可能的解释是，不同疫苗对于克服早期母源抗体的干扰能力存在差异。

二、猪肺炎支原体和 PCV - 2 疫苗免疫程序的实验室研究

D. Kim1（2011）等研究了猪肺炎支原体疫苗、PCV2 疫苗不同免疫时间组合对免疫效率的影响，他们的实验设计如下（图 5 - 6）：

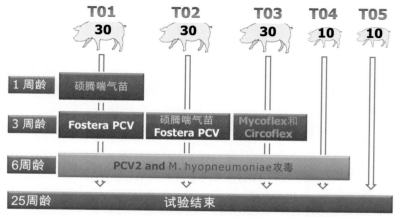

图 5-6　猪肺炎支原体和 PCV2 疫苗免疫、攻毒试验设计

如图 5-6 所示，实验分 4 组，T1 组，1 周龄、3 周龄分别注射硕腾（原辉瑞动保，下同）喘气苗和圆环病毒苗；T2 组，3 周龄注射硕腾圆环病毒苗和气喘苗；T3 组 3 周龄注射圆环病毒和气喘混合疫苗；T1～T4 组都在 6 周龄进行猪肺炎支原体和 PCV2 攻毒，T5 组为对照。主要通过猪肺炎支原体和 PCV2 的血清学变化、DNA 的定量 PCR、临床评估、体重、日增重、料肉比、肺部病理病变（图 5-7）、免疫组化淋巴病变（图 5-8）、经济利益等方面对不同的免疫组合方式进行评估。T1 组和 T3 组的猪肺炎支原体免疫后用肺炎支原体攻毒排菌猪和无排菌猪的比例分别是 16/14 和 20/10（总共 30 头），T1 组无排菌猪的比例显著优于 T3 组。

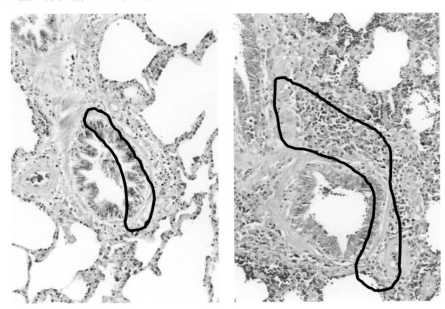

图 5-7　T3 组比 T1 组支气管周围淋巴细胞增生明显

通过本研究，作者进一步证明了文中提到的猪肺炎支原体疫苗早期（1 周龄）免疫效果好，同时得到结论：硕腾提供的猪肺炎支原体疫苗早期免疫（1 周）和 PCV2 疫苗 3 周免疫，明显优于 3 周龄时同时免疫猪肺炎支原体和 PCV2 疫苗组。

三、猪肺炎支原体和 PCV-2 疫苗免疫调整的欧洲经验

近年来，为了节约时间、劳力和减少多次免疫应激，出现了猪肺炎支原体和 PCV-2 混合使用的疫苗。一开始，因为其减少了劳动力，在欧洲一些猪场一度受到欢迎，但是，免疫效果不理想，导致猪群健康状况下降的负面影响，也开始陆续展现。

2011 年 7 月，德国兽医 Dr. Friedrich Delbeck 在德国广为传播的名为 DLZ 的畜牧人杂志上发表了题为《根据猪场需要调整免疫程序》的文章。文章一开始就提到"在屠宰场，肥猪的肺部健康正变得越来越糟糕（图 5-9），和以前没有免疫猪肺炎支原体疫苗一样了"，现在，这样的说法越来越普遍。

猪场 1——Lamping 猪场。该场是育肥场，仔猪由供应商 Arlinghaus 猪场提供。

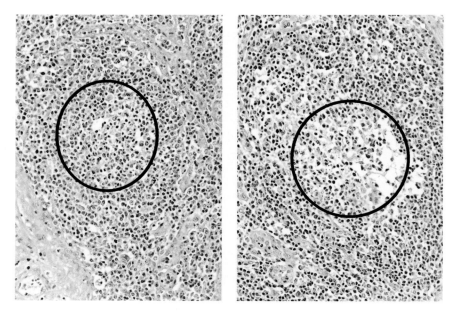

图 5-8　T1 组无淋巴衰竭；T3 组淋巴衰竭

图 5-9　MH 和 PCV2 混合疫苗的使用导致猪的肺部越来越糟糕

Arlinghaus 猪场为了节约时间、劳力和减少多次免疫的应激，采用了注册的猪肺炎支原体和 PCV - 2 混合疫苗，在 21 日龄时同时免疫。很快，Lamping 猪场就发现育肥猪咳嗽数量上升，临床症状大多出现在从保育转到育肥的第一阶段，实验室确诊咳嗽是由猪肺炎支原体亚急性、慢性感染引起。后来，该猪场又将 21 日龄的一针免疫猪肺炎支原体和 PCV - 2 混合疫苗，改回了 3 日龄、21 日龄两针注射猪肺炎支原体疫苗，21 日龄一针注射猪圆环病毒疫苗的免疫程序，育肥猪肺部健康很快得到了改善。由此，该场得出结论："两针猪肺炎支原体疫苗的免疫最终帮助解决了育肥猪的咳嗽"。

　　猪场 2——Eilers 猪场。该场也是育肥场，仔猪由仔猪供应商提供。该场仔猪供应商也采用了注册的猪肺炎支原体和 PCV - 2 混合疫苗，在 21 日龄时同时免疫。2 个周期以后，该场注意到 50～60kg 的猪发生慢性、干性和剧烈咳嗽，后通过临床观察、大体剖检、组织病理以及病原检测，最终诊断该场发生的是猪肺炎支原体和 PCV2 混合感染。后来，仔猪供应商将原来的 21 日龄用猪肺炎支原体和 PCV2 的混合疫苗免疫，改成了在 3 日龄、21 日龄各免疫一次猪肺炎支原体疫苗，21 日龄单针免疫 PCV2 疫苗一次。最后，该场得出结论："自从免疫程序和疫苗改变后，猪的咳嗽显著降低，同时，肥猪群的稳定性也改善了"。

由上述猪场的经验可知，21 日龄运用猪肺炎支原体和 PCV2 混合疫苗导致了免疫失败，没有建立足够的免疫力来对抗猪肺炎支原体和 PCV2 感染，但改变疫苗和免疫程序后明显改善了猪肺炎支原体和 PCV2 的免疫状况，从而解决了育肥猪的呼吸道疾病问题。这也和本文提到的早期免疫猪肺炎支原体疫苗效果好相一致。

四、欧洲养猪者对猪肺炎支原体和 PCV－2 混合疫苗运用的看法调查

一项在欧洲对 45 个猪场生产者和 15 个兽医的调查（来源：欧洲市场评估猪用疫苗混合使用；项目编号：25－11－2327）显示出生产者和兽医对新型猪肺炎支原体疫苗和 PCV2 混合疫苗的看法。他们认为，猪肺炎支原体疫苗的效率主要表现在临床表现、生产数据和屠体肺部健康水平等方面，注射猪肺炎支原体和 PCV－2 混合疫苗的优点是可以减少疫苗注射次数和应激，降低人工成本，但由此导致的免疫效果不理想，就没有实际意义了。

五、总结

综上所述，猪肺炎支原体和 PCV2 混合疫苗的免疫效果及安全性还有待改善。在我国猪群，因为猪肺炎支原体的普遍存在和早期感染的高可能性，早期免疫猪肺炎支原体疫苗就显得尤为重要。猪支原体肺炎疫苗应该早期免疫（可早至 3～7 日龄），PCV2 疫苗可在 3 周龄免疫。但是，不同疫苗对抗母源抗体的能力有差异，瑞福特疫苗在众多的猪肺炎支原体商业疫苗中已表现出了良好的早期免疫效果。

第 5 章　产房仔猪严重腹泻原因及防控

（本文特邀南京楠森兽医诊断技术研究中心 韩健宝博士供稿）

自 2008 年以来，新生仔猪腹泻在泰国、菲律宾等南亚国家开始爆发，随后在东南亚区域形成由南到北的传染趋势。众多猪场出现新生仔猪腹泻高发病情况，应用抗生素治疗无明显效果，死亡率很高，有些严重发病的猪场哺乳仔猪整窝出现腹泻相继死亡，导致猪场损失惨重（图 5-10、图 5-11）。猪群发病特点表现为母猪与新生仔猪同时具有临床症状，母猪主要表现为重胎期一过性腹泻，产后发烧不食、少奶甚至无奶、拉水样粪、子宫炎发病率显著增加；新生仔猪剖检后可见肝脏细胞变性，呈灰黄色（图 5-12、图 5-13），通常会在吃母乳后第 2 日龄开始出现腹泻，初期表现为黄色水样或溶糖状腹泻物，有臭味，腹泻、呕吐，进而转变为剧烈水样腹泻、允乳无力、仔猪体质快速瘦弱最后衰竭死亡。

图5-10 产房仔猪发生水样腹泻

图5-11 产房仔猪严重腹泻死亡

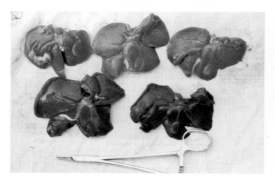

图5-12 上排呈土黄色肝脏为病猪肝脏

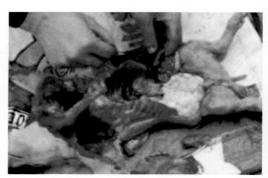

图5-13 发病仔猪胃中有大量未消化的乳汁

一、产房仔猪腹泻在我国的发生情况

自2010年开始入冬以来，我国南方众多规模猪场产房新生仔猪发生较大规模的仔猪腹泻，死亡率高，部分发病严重的猪场产房仔猪甚至全军覆没，损失巨大，并呈由南到北的流行态势。至2012年冬季，该病已在全国猪场蔓延。鉴于此严重情况，南京楠森兽医诊断技术研究中心立即组织专家，在全国范围内深入各地猪场做临床调查并取得发病仔猪病料开展实验室诊断与研究，通过分析后发现，产房新生仔猪腹泻病症主要与多种病毒共感染相关，故暂命名为"新生仔猪腹泻综合征（NPDS）"

二、产房仔猪发生严重腹泻的病因探讨

据调查研究显示，东南亚地区目前流行的新生仔猪腹泻高发病率高死亡率与流行性腹泻病毒基因变异（PEDV）及母猪群遭受野毒持续侵染（蓝耳病毒、圆环病毒、伪狂犬病毒、猪瘟病毒等），形成感染压力呈正相关，本病可以定性为病毒性腹泻。其主要感染途径有两条：①母猪体内持续携带的病毒在妊娠后期越过胎盘屏障垂直传染给胎儿导致先天性病毒感染；②母猪体内持续携带的病毒在分娩后通过泌乳传染给新生仔猪导致早期病毒感染。

三、实验室诊断结果与分析

为探究发病原因，我们从广东、广西、福建、江西、湖南、江苏、安徽、湖北、河南共 9 个省区采集的 28 个病料样本（十二指肠、淋巴结、肺脏、扁桃体、血液）处理，尝试分离猪瘟病毒、蓝耳病病毒、伪狂犬病毒、圆环病毒、流行性腹泻病毒。

（一）病料处理

分别取解冻的待检病料 10g 左右（在冰上进行操作），用灭菌的手术剪剪碎，加入适量的生理盐水或 PBS 溶液（pH7.2）混匀，用灭菌的研磨器充分研磨，再用 2ml Eppedorf 管分装，反复冻融 2～3 次，4℃冷冻离心机离心 8 000r/m，10min，取上清液，置－70℃保存备用。

（二）病毒液、病料中病原 DNA 模板的制备

1. 圆环病毒及伪狂犬病毒的 DNA 提取。取 447.5ul 上清液，加 50uL10％的 SDS，震荡混匀；加入 2.5uL 蛋白酶（PEK），混匀；放入 58℃水浴锅中，充分裂解 2h，再加入水饱和酚 250ul，三氯甲烷 240ul，异丙醇 10ul，混匀，12 000 转/min 离心 5min；取上清 400ul 加 1/10 体积的醋酸钠 40ul，2 倍体积的无水乙醇 800ul，混匀，置于－20℃进行 DNA 沉淀 1h；12 000r/min 离心 20min，弃去上清，加入 1 000ul 70％乙醇洗涤沉淀，再弃去上清进行干燥，干燥后加入灭菌双蒸水 50ul 将 DNA 溶解，－20℃保存备用。

2. 猪瘟病毒、蓝耳病病毒及轮状病毒的 RNA 提取及反转录。采用天泽基因生产的柱式动物 RNAout 试剂盒提取样品 RNA。按照说明书提取，样品管中 A 液和 B 液各加 450ul，再加入 300ul 样品上清液，混匀；加氯仿 250ul，混匀，12 000r/min 离心 5min，取 700uL 无色透明水于通用离心柱中，12 000r/min 离心 1min，加入通用洗柱液 700ul，再重复离心步骤；弃去离心吸附柱，换成离心管，每管加 50ul 洗脱液，再次离心 1min，－20℃保存备用。

将 RNA 反转录成 cDNA，反应体系：DEPC 6uL＋RNA 5ul＋引物 1ul＋dNTP 2ul，65℃反应 2min，在降温至 4℃保持 5min。再向反应管中加入 5 * buffer 4ul＋Ribolock Rnase Inhibitor 1ul＋M－MLV 1ul，30℃反应 10min。

（三）引物设计与合成

根据基因文库提供的和已发表的 CSFV、PRRSV、PRV、PCV2 和 PEDV 序列，应用计算机软件 DNAstar 在保守区域设计基因序列保守区的五对引物。该引物设计完成后，通过计算机网站（http：//www. ncbi. Nlm. nih. gov/BLAST/）对其进行分析，结果具有良好的特异性。引物序列如下：

CSFV　上游引物：5'－GCTCCTGGTTGGTAACCTCGG－3'
　　　　下游引物：5'－TGATGCTGTCACACAGGTGAA－3'
PRRSV 上游引物：5'－GCGGATCCATGCCAAATAACAAC－3'
　　　　下游引物：5'－AGCTCGTTTCATGCTGAGGGTGA－3'
PRV　　上游引物：5'－AGGACGAGTTCAGCGACG－3'
　　　　下游引物：5'－AACAGGCGGTTGGCGGTCAC－3'
PCV2　 上游引物：5'－GACCTGTCTACTGCTGTGAGTA－3'
　　　　下游引物：5'－AAATTCAGGGCATGGGGGGGAA－3'
PEDV　 上游引物：5'－GTATGGTATTGAATATACCAC－3'

下游引物：5'-GATCCTGTTGGCCATCC-3'

（四）PCR 扩增及鉴定

采用天泽基因 PCR 试剂盒，30ul 反应体系：DNA（cDNA）2～4ul＋PCR Mix 15ul＋引物 1～2ul＋灭菌双蒸水 9～11ul，采用 95℃预变性 5min，94℃50s，52～59℃不同温度进行退火 50s，72℃延伸 1min，共 35 个循环；最后 72℃延伸 10 min，产物 4℃保存。

（五）结果与分析

病原分析结果如表 5-4。

表 5-4 新生仔猪腹泻综合征（NPDS）病原分离结果（n＝28）带毒率%

病毒／病料	猪瘟病毒	蓝耳病毒	圆环病毒	伪狂犬病毒	流行性腹泻病毒
淋巴结	23（82%）	20（71.4%）	27（96.4%）	14（50%）	16（56%）
十二指肠	10（35%）	5（17.85%）	18（64%）	12（43%）	20（71.4%）
肺脏	11（39.2%）	26（92.8%）	23（82%）	19（68%）	0（0%）
扁桃体	26（92.8%）	0（0%）	5（17.85%）	0（0%）	1（3.6%）
血液	21（75%）	23（82%）	12（43%）	16（57%）	9（32%）

四、新生仔猪腹泻综合征（NPDS）关键控制点

产房新生仔猪腹泻主导病因为受母体病毒感染压力影响，故在处理产房新生仔猪腹泻时不能仅仅针对仔猪用药，必须采用益百特®（低聚壳聚糖修饰肽核酸，一种新型免疫调节抗病毒添加剂）来同时出处理产房母猪和新生仔猪。只有从源头上（重胎期和哺乳期母猪）控制（阻断母体所感染病毒通过胎盘屏障导致先天性感染、减少母猪粪便排毒污染产房环境及通过乳汁排毒持续感染乳猪），才能有效控制新生仔猪腹泻。

如何通过处理母猪来从源头上控制？

要想彻底控制新生仔猪的病毒性腹泻，必须在 85 胎龄后开始在母猪料里添加益百特®至断奶，用量为：500～1 000g/吨全价料，从源头上阻断母体将病毒传染给胎儿导致先天性或早期感染所致新生仔猪腹泻综合征（PNDS），该病才能够得到有效的控制。在给母猪饲喂益百特®后，如果还有少量新生仔猪会出现腹泻，可用益百特®注射液腿部肌注，用量为：0.1ml/头份，相当于一周龄内新生仔猪需要 1ml/窝（10 头份左右）。

具体措施如下：

（一）母猪

1.85 胎龄（也可从换哺乳母猪料）开始添加益百特®至断奶，益百特®（拌料型）500～1 000g/t；

2. 分娩当天肌注益百特®注射液 6～8ml/头份，间隔 3d 再肌注一次。

（二）乳、仔猪

1. 发病乳、仔猪猪治疗。肌注益百特®注射液（按体重 20kg/ml）＋头孢噻呋钠＋阿托品（功能：缓解消化道平滑肌蠕动、止泻），两天一次，连续肌注 2～3 次；或益百特®注射液 0.2ml＋ 霉克乐™ 5～10g/头份灌服（即：以 10 头猪/窝计，分别取益百特®注射液 2ml 和霉克乐™ 50～100g 加入 200ml 热开水中搅拌形成混悬液，用一次注射器吸取 20ml 灌入乳猪口中咽下，1～2 次/日）。

2. 如果某猪场发病规律通常是 5 日龄内出现腹泻，那么应予以紧急预防性给药。从仔猪出生当天、3 日龄（即 1 日龄、3 日龄），两次各肌注益百特®注射液 0.1ml/头份（<3kg 体重）。

3. 断奶后保育仔猪发生腹泻，全群发病猪用益百特®（水溶型）500g＋ 君特泰克™（水溶型）300g＋电解多维连续饮水 7d，霉克乐™3 000g/t 全价料，拌料连续饲喂 7～10d。

提示：一定要搞好产房环境卫生，保持干燥、温暖。

五、如何实现猪群蓝耳病毒持续感染的良好控制？

近几年来，由蓝耳病毒持续感染而引起的产房仔猪发生严重腹泻的案例屡见不鲜。一些规模猪场对猪群采取了下列预防措施，取得了较为理想的效果。

（一）种猪群

针对种猪群采用每年 4 次一刀切净化方案（即每个季度连续饲喂一个月），或采用"扫地理论方案"（每个月在饲料中连续添加两周益百特®（拌料型）500～1 000g/t料），依上述方案可以有效解决如下常见多发问题，如：母猪便秘、产程过长、产后恢复慢、产弱仔与死胎多、采食量不正常导致奶水不足、初生重小、断奶重小、新生哺乳仔猪死亡率高、断奶后残次率高、母猪断奶后 7 日龄集中发情与受胎率低、子宫流脓与返情率高等。

（二）保育猪群

断奶开始连续饲喂一个月益百特®（水溶型）1 000g/t 料或 500g/t 水，可提高育成率，减少残弱仔与呼吸道综合征等发病率，增强抗应激能力，提高疫苗免疫抗体水平与饲料报酬。

（三）后备母猪

外场引种后备母猪在购进后及本场选留后备母猪配种前，益百特®（拌料型）1kg/t 拌料，连续饲喂一个月。依上述方案可以有效解决如下常见多发问题，如：后备母猪发情不正常，返情率高，该配种时配不上种等。

（四）在猪群处于蓝耳发病状态下，群体控制方案

添加益百特®（水溶型）1 000g/t 料或 500g/t 水，连续饲喂两周为一疗程并配合君特泰克（抗菌脂肽）300g/t 水连续用 5d（代替化学抗生素）控制继发感染；个体治疗：益百特®注射液 20～30kg 体重/1ml，隔日一次肌注，3 针一疗程，并配合头孢噻呋或头孢喹诺控制细菌继发感染。

第 6 章　控制病毒性疾病的新思路——基因沉默技术

（本文特邀信邦猪健康管理中心技术部李杰振供稿）

蓝耳病俗称"猪繁殖障碍和呼吸综合征"。猪感染后引起血管周围出现以巨噬细胞和淋巴细胞浸润为特征的动脉炎，出现生殖系统的病变、心肌炎和脑炎、脐带发生出血性扩张和坏死性动脉炎。肺泡间隔增厚，单核细胞浸润及Ⅱ型上皮细胞增生，鼻甲部黏膜上皮细胞纤毛脱落引起呼吸道疾病伴随间质性肺炎。

圆环病毒为 RNA 病毒，其可侵袭组织器官，猪感染后可造成不同程度的肌肉萎缩、皮肤苍白、黄疸、淋巴结异常肿胀、肺部肿胀，坏死并伴有不同程度的萎缩；肝脏变暗、萎缩；脾脏肿肉变；肾脏水肿苍白、被膜下有白色的坏死；盲肠和结肠黏膜充血或淤血；出现仔猪先天性震颤或断奶仔猪多系统衰竭综合征。以进行性消瘦、仔咳嗽、呼吸困难、腹泻、死亡率和淘汰率均较高为特点。

蓝耳病、圆环病毒病共同的危害是对机体实质器官的损害，导致猪的正常代谢出现较大问题。一是解毒、排毒能力下降，导致猪出现便秘、腹泻、低温、不食、初生仔猪吃初乳后严重腹泻等亚健康状态，使猪只对疾病的易感性大大增加；二是出现免疫抑制，导致免疫失败，造成重大疫病的发生。

为控制 PRRSV 和 PCV-2 的发生，降低对养猪生产的严重危害，近年来，很多养猪企业投入了大量的人力、物力，花费了大量资金，采取多种方法来控制本病但收效有限，PRRSV 和 PCV-2 在猪场的危害依然严重。

为找出解决养猪难的办法，信邦猪健康管理中心联合青岛大元兽药研究所及美国博得病毒实验室，经多年的探索研究，找到了以生命科学分子技术（小分子 RNA 沉默技术）为依托的新型药品"圆蓝速抗"。小分子 RNA 沉默技术是当 dsRNA 导入细胞后，被一种 dsRNA 特异的 RNAseⅢ型酶 Dicer 识别，切割成大约 22 个碱基因对的小干扰 RNA 或 siRNA，这些片段可与该核酸酶的 dsRNA 结构域结合，形成复合物，即 RNA 诱导的沉默复合物并被激活。在 ATP 参与下，激活的 RISC 将 siRNA 的双链分开，RIS 中的一个核心组分核酸内切酶 Ago 负责催化 siRNA 其中一条链去寻找互补的 mRNA 链，然后对目的 mRNA 进行切割，从而使目的基因沉默。

RNAi 分子机制在动物细胞中的高稳定性，使其成为研发全新抗病毒药物的方向，RNAi 效应具有高效表达、快速和高度特异性的特征，有望弥补传统的抗病毒疫苗或抑制剂的缺陷，因此，RNA 干扰技术在畜牧兽医领域中广泛应用于抗病毒病的研究。如在国外用于控制猪蓝耳病，虽然疫苗在控制 PRRSV 中发挥了重要作用，但是疫苗对异源毒株攻击的保护作用有限。由于 PRRSV 遗传变异较快，其免疫效果还不确切。RNA 沉默技术在国外已广泛应用于控制病毒性疾病的研究，在临床方面应用取得了很好的效果，如 TheUnitedSteswonthe 用"圆蓝速抗"控制 PRRSV 和 PCV-2 取得理想效果。目前国内也有大量的病毒研究实验室在开展 RNA 沉默技术的研究，但都处于起步阶段。

试验表明，RNAi 不仅能预防 PRRSV 的增殖，而且在 PRRSV 感染细胞后转染 RNA 干扰载体，仍能继续抑制病毒增殖，表明干扰对病毒感染也有治疗作用。试验结果表明，圆蓝速抗可以抑制蓝耳病、圆环病毒的复制，减少蓝耳病毒、圆环病毒 RNA 的数量和阻断病毒蛋白的表达，在对上述两种病毒病的治疗上显示出理想的效果。

一、圆蓝速抗应用案例

圆蓝速抗作为控制蓝耳病、圆环病毒等免疫抑制性疾病新型药物，在养猪生产中得到了推广和应用，取得了可喜的效果。下面是圆蓝速抗在我国部分猪场的应用案例：

1. 广西贵港市某存栏 1 000 头母猪场，产房仔猪在 4～5 日龄开始出现淋巴结发青、肿胀、发烧，难以治疗，仔猪死亡率高。通过对母猪临产前 30、15 日龄各肌注 5ml 圆蓝速抗，该场发生的问题得到了有效解决。

2. 浙江萧山区某存栏 2 000 头母猪场，仔猪跳跃式在保育舍中期出现高热后继发副猪嗜血杆菌的发病现象，用圆蓝速抗 3～5ml，配合头孢类抗生素结合降温中药，每天一次，连用 3d，获得了理想的治疗效果。

3. 黑龙江香坊区某存栏 500 头母猪场，发病猪经实验室检查诊断蓝耳病、圆环病毒抗体呈阳性，用圆蓝速抗对母猪每头 10ml 一刀切肌注，每间隔三个月肌注 5ml，猪群健康状况稳定。

4. 河南驻马店市某存栏 2 500 头母猪场，150 头母猪及出生仔猪按照圆蓝速抗应用程序使用，跟踪 180 日龄后的结果总结如下：

按保健程序剂量注射，猪场圆环病毒病和蓝耳病得到有效能控制，发病明显减少，死淘率降低，猪场稳定。

对母猪使用圆蓝速抗能有效地预防 PCV‐2，PRRSV 的感染，降低母猪体内病毒数量。母猪健康、无泪斑、眼屎减少，减少返情率，提高受胎率，同时能够提高产仔数及提高乳猪初生重、均匀度，减少仔猪呼吸道疾病及黄白痢，降低死亡率。

对仔猪使用圆蓝速抗，可显著减少断奶仔猪多系统衰竭综合征（PMWS），生长肥育猪皮炎肾病综合征（PDNS），消瘦、皮毛松乱的僵猪减少，痘疹减少，小猪健康，发病少，生长快。

二、圆蓝速抗用法与用量

（一）常规预防

第一次使用圆蓝速抗做预防，建议猪场所有猪群普打 2 次，快速让大群稳定，使用方法如下：

1. 种猪 5ml/头，隔 15d 按以上剂量再普打一次；两次结束后，种猪每隔 3 个月注射一次，每次 5ml/头；

2. 仔猪出生后第 15d，注射 1ml/头，30 日龄时注射 2ml/头。

（二）有 PRRSV、PCV‐2 引起的高热病的治疗方案

1. 第 1d 注射圆蓝速抗，按病情不同剂量为公猪、母猪 5～8ml/头，断奶前仔猪 1ml/头，断奶后仔猪 3ml/头，小猪阶段 3ml/头，中大猪 3～4ml/头，同时配合注射头孢喹肟、清热解毒药，连用 2d；

2. 第 3d，再补一针圆蓝速抗，剂量同上。

基因沉默技术治疗畜禽疾病显示出分子药物将是另外一个有待开发的领域，疾病将在基因的水平上通过修复缺陷的 DNA 使一些具有感染性的微生物不能表达，从而进行治疗，最终成为防治动物疫病的有效手段。

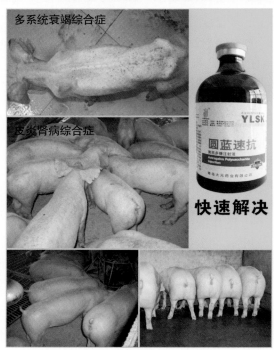
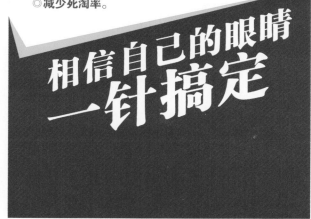

第 7 章　金霉素对防控猪病、提高生产成绩的作用

（本文特邀驻马店华中正大有限公司技术部王占琪供稿）

金霉素（CTC）是目前猪场的常用药物，具有抗菌谱宽广（能抑制多种病原菌）、毒性低（安全）、肠道中吸收快（作用快）、组织中分布广（可在体内重复利用）、不会被代谢（长效）及活性状态排泄（抑制尿道炎症）等优点，对猪场防控猪病、提高生产成绩帮助很大。

由泰国正大集团合资企业——驻马店华中正大有限公司生产的饲料级金霉素（商品名：喜特肥），英文名：CHLORTETRACYCLINE FEED GRADE，主要成分为金霉素（C22H23 ClN2O8），属四环类抗生素，系由金色链霉菌菌株在玉米淀粉、酵母粉、花生饼粉、黄豆饼粉等原辅材料配制的培养基上生长、繁殖并合成的。金霉素在饲料中添加主要有两个方面的功效：一是促生长、提高饲料效能；二是防病治病。包装规格为每袋 25kg（图 5 - 14）。

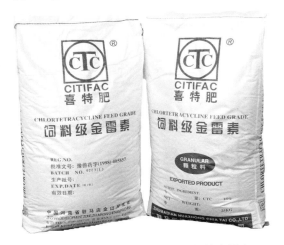

图 5 - 14　驻马店华中正大生产的金霉素

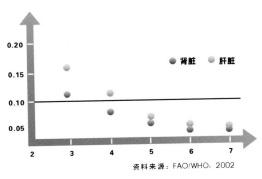

资料来源：FAO/WHO，2002

图 5 - 15　金霉素的安全使用性曲线

一、金霉素使用的安全性

驻马店华中正大有限公司根据世界粮农组织和卫生组织的研究报告，将金霉素的最高使用剂量定在 400g/t（每吨饲料添加 400g），即将 20％、15％含量的金霉素在每吨饲料中的添加量分别为是 2kg、2.7kg，放进 1t 饲料里面，然后停药。在使用第四天的时候，不管是在肾脏，还是肝脏的残留量就完全在安全线以下（图 5 - 15）。

二、金霉素国家标准与英国标准比较见表 5 - 5

表 5-5　金霉素国家标准与英国标准比较

项　目	国家标准	英国标准
含量	为标示量的 90%～115%	盐酸金霉素≥89.5% 94.5%≤盐酸金霉素＋盐酸四环素≤100.5%
性状（外观）	为棕色或棕褐色粉末，无结块、无发霉、无臭	黄色粉末
酸碱度	5.0～7.5	2.3～3.3（0.1gCTC 溶于 10ml 无 CO_2 水中得）
干燥失重	≤7.0%	≤2.0%
重金属	≤20mg/kg	≤50mg/kg
砷盐	≤2mg/kg	
细度	应 90%通过 3 号筛	
相关物质		4-差向-金霉素≤4% 盐酸四环素≤8.0%
硫酸灰分		≤0.5mg/kg

三、金霉素在猪病防控中的作用

金霉素对革兰氏阳性菌、革兰氏阴性菌、螺旋体、立克次氏体、支原体、衣原体、部分原虫等均可抑制。可用金霉素防治的疾病有：

（1）消化道疾病。如小猪下痢、大肠出血性炎症、沙门氏菌病（腹泻）、大肠杆菌病（肠毒血症、腹泻、水肿病）。

（2）全身性疾病。如猪附红细胞体病、巴氏杆菌病（萎鼻、肺炎）、嗜血杆菌病（玻璃样病，败血症，呼吸道疾病）。

（3）乳房炎（隐性/显性）。

（4）呼吸道疾病。如放线杆菌胸膜肺炎。

农业部 1220 号公告（2009-06-09）的金霉素使用量（休药期 7d）。促生长：仔猪：25～75g/t；治疗断奶仔猪腹泻：400～600g/t，连用 7d；治疗猪喘气病，增生性肠炎：400～600g/t，连用 7d。

四、金霉素对提高猪场生产成绩的重要作用

1. 开封市某猪场的育肥猪试验结果见表 5-6。

表 5-6　金霉素在开封市育肥猪场试验结果

项　目	对照组 头数：50		试验组（400mg/kgCTC）　头数：60	
	平均数	标准差	平均数	标准差
入试体重（kg）	25		24.5	
结束体重（kg）	66		70	
试期增重（kg）	41		45.5	
平均日增重（g）	911		1 011	

（续）

项　目	对照组 头数：50		试验组（400mg/kgCTC） 头数：60	
	平均数	标准差	平均数	标准差
耗料量（kg/头）	94		94	
死淘数量	2		0	
计划 CTC 用量（kg）	12	实际 CTC 用量（kg）	15	
饲料报酬	1.424		1.342	
出栏均重（kg）	111		出栏均重（kg）	122
药费（元/头）	4.8		2.4	

2. 登封市某猪场的育肥猪试验结果见表 5－7.

表 5－7　金霉素在登封市育肥猪场试验结果

项　目	对照组 头数：60		试验组（75mg/kgCTC） 头数：60	
	平均数	标准差	平均数	标准差
入试体重（kg）	27.5		27.2	
结束体重（kg）	52.8		53.2	
试期增重（kg）	25.3		26	
平均日增重（g）	683.7		702	
耗料量（kg/头）	58.46		59.2	
死淘数量	1		0	
计划 CTC 用量（kg）	2	实际 CTC 用量（kg）	4.5	
出栏饲料报酬（FCR）	2.55		2.5	
出栏均重（kg）	110.5		出栏均重（kg）	114
金霉素成本（元）			4.5kg×40 元/kg÷60 头＝3 元/头	
经济效益（元/头）	145		196	

3. 开封市某猪场母猪试验结果见表 5－8。

表 5-8　金霉素在开封市母猪场试验结果

项　　目		对照组	试验组（400mg/kg）	
出生时	仔猪总数/窝	160 头/14 窝	162 头/14 窝	6.3kg
	仔猪存活数/窝	151 头/14 窝	161 头/14 窝	
	平均活猪重（kg）	1.5kg	1.6kg	
21 日龄即断奶时	仔猪数/窝	150 头/14 窝	155 头/14 窝	实际 CTC 用量（kg）:
	平均仔猪体重（kg）	6.2kg	6.5kg	8.1kg
断奶时	仔猪数/窝	同上	同上	
	平均猪重（kg）	同上	同上	
首次配种受孕率（%）		85%	92%	
总配种受孕率（%）		92%	100%	
断奶至发情间隔天数（d）		7	5	

五、金霉素在生产中的配伍应用

1. 泰妙菌素＋金霉素药物组合控制猪呼吸道疾病，可以提高疗效 3~8 倍。

（1）对生猪育肥猪，方案如下：①42~63 日龄：金霉素 400g/t＋泰妙菌素（80%）100g/t；②12~13 周龄：金霉素 400g/t＋泰妙菌素（80%）100g/t；③17~18 周龄：金霉素 400g/t＋泰妙菌素（80%）100g/t。

（2）对母猪，方案如下：①后备母猪，金霉素 400g/t＋泰妙菌素（80%）100g/t，每月应用一周直至配种，或配种前连续集中饲喂 10~14d；②哺乳母猪，金霉素 400g/t＋泰妙菌素（80%）100g/t，产前、产后各用一周。

（3）对公猪，方案如下：金霉素 400g/t＋泰妙菌素（80%）100g/t，全年应用，每月应用一周。

2. 对副猪嗜血杆菌病（多是继发感染），用金霉素药物组合的控制方案：

金霉素 300g/t＋泰妙菌素（80%）100g/t＋阿莫西林 200g/t（氟甲风霉素 80g/t 或头孢类 100g/t）。

3. 对链球菌病，用金霉素药物组合的预防方案：

金霉素 300g/t＋泰妙菌素（80%）100g/t＋阿莫西林 250g/t，连续使用 10d。

4. 对增生性肠炎 PE（回肠炎 RI、坏死性肠炎 NE、急性出血性增生性肠病 AHPE），用金霉素 400g/t，连续使用 14~20d。

5. 对附红细胞体病的预防方案：600g/t 金霉素，连续使用 15d 有一定的效果。

霉素是畜牧业中不可取代的重要兽药之一，科学使用金霉素能够减少和避免残留问题和耐药性问题，可有效降低养殖成本、提高养猪经济效益。

正大集团生物工程企业
CHIA TAI GROUP
BIO-ENGINEERING BUSINESS

驻马店华中正大有限公司

新产品 / 喜特肥

驻马店华中正大有限公司
ZHUMADIAN HUAZHONG CHIA TAI CO.,LTD
地址：河南省驻马店市高新技术产业开发区
电话：0396-2623178/2127554　传真：0396-2127496
http://www.bestfeedadditive.com

第6篇　正大集团河南区如何帮助猪场赚钱

一些养猪技术先进的国家，每头母猪年可提供上市猪多达 26 头以上，而我国仅仅在 13～15 头。这主要是我国养猪场养殖技术水平不高、观念相对落后所致。

为帮助猪场提高生产成绩，自 2005 年开始，正大河南区专门组建了为猪场开展系统技术服务的技术管理团队（2011 年又组建了河南区专家团队及专家顾问团），从改变合作猪场传统养殖理念开始，按照泰国正大集团"四良配套"的标准化要求建设新的标准化猪场，并对一些猪场陈旧落后的设施、设备开展了技术升级改造；同时通过技术培训、参观标准化猪场、派人到泰国正大集团先进猪场进行现场学习、培训等多种形式，帮助猪场老板更新养殖理念，提高养猪技术水平，最终使之走向了科学养猪的道路，经济效益显著，与合作猪场达到了共赢之目的（图 6-1、图 6-2）。

图 6-1　合作猪场老板向东方正大赠送锦旗　　图 6-2　合作猪场老板向驻马店正大赠送锦旗

到 2012 年底，与正大集团河南区所属的南阳、驻马店、平顶山、洛阳东方、开封五家饲料公司合作的、存栏 100 头母猪以上的规模猪场达到了 465 个，存栏母猪 10 万余头，取得了很好的社会效益和经济效益，实现了正大集团"利国、利民、利企业"的理念。

第1章　投巨资兴建种猪场，为猪场提供优质种源

2012 年 8 月，固定资产总投资 1.5 亿元人民币、完全按照泰国正大集团先进养殖理念设计的、全套使用德国进口养猪技术设备的正大集团独资企业——河南正大畜禽有

限公司延津种猪场建成投产（图 6-3），并获得了畜牧部门颁发的种畜禽经营许可证，开始对合作猪场提供优质种猪。

图 6-3　正大延津种猪场景

2011 年 5 月，河南正大畜禽有限公司延津种猪场引进了第一批美系纯曾祖代猪 700 头，其中长白母猪 219 头、长白公猪 27 头、大白母猪 388 头、大白公猪 17 头、杜洛克母猪 43 头、杜洛克公猪 6 头；2011 年 9 月又引进了第二批种猪 702 余头，其中长白母猪 235 头、杜拉克母猪 40 头、大白母猪 427 头，大白公猪 26 头，长白公猪 17 头，杜洛克公猪 17 头；2012 年 2 月，又引进了第三批种猪 1 300 头，达到存栏 2 400 头曾祖代母猪群的设计规模。

2012 年 8 月，正大延津种猪场生产的第一批 800 头优良种猪，发布销售信息后不到一天时间，即被抢购一空；2013 年计划对合作猪场售种 8 000 头，2012 年底前已全部被河南区合作猪场订购完毕。

河南正大畜禽有限公司延津种猪场，将按照国际上先进的种猪育种技术，培育出高质量的种猪品种，为加速合作猪场的品种改良、提高猪场的经济效益、推动河南省规模化养猪业的不断向前发展，做出应有的贡献！

第 2 章　提供高质量饲料产品，降低猪场饲养成本

（本文特邀正大河南区品管中心陈慧卿博士供稿）

正大集团农牧食品企业在中国已有 30 多年的发展史，一直秉承着"品质就是企业的生命"的宗旨。目前，正大河南区所属的南阳、驻马店、开封、平顶山、洛阳东方正大等五家大型饲料公司，在饲料品质的管理方面，以 ISO9001 国际质量管理体系为基础，已形成了一整套具有正大特色的品质管理系统，饲料产品质量过硬，深受客户欢迎。

一、由国内外技术过硬的顶尖人员组成了高素质的技术团队

在正大集团农牧食品企业，技术团队包括营养专家、配方师、品控人员、化验中心及品质研发人员，这些人员分工明确、各尽其责。

营养专家团队是由国内外具有先进经验的饲料营养方面的博士组成，负责高品质的产品设计、研发、定位。配方师团队根据营养专家对产品的定位，结合集团各公司提供不同的原料品种、原料品质、原料价格提供最优配方。品控团队负责从原料进货、生产过程、成品出厂等方面进行品质控制。品控团队由负责正大集团中部六省的品管总监、

河南区品管总监、河南区所属各公司品管经理及各公司品质控制岗位、品质保证岗位、化验岗位人员组成，技术力量强大。化验团队负责为营养专家、配方设计、品质控制提供一些技术服务和数据支持。

近年来，正大河南区饲料产品销量大幅增加，这表明，一支强有力的技术团队，在河南区内达到了技术资源共享，为正大河南区各饲料公司制造高品质的饲料产品，帮助客户提高养猪效益，做出了重大贡献。

二、统一了品管工作的相关标准

标准体系的形成统一了正大河南区各饲料公司产品的品质。

（一）原料品质标准是基础

集团为各公司收购的原料品质制定了统一的标准，各公司品控人员严格按照原料品质标准收购原料。

（二）统一了品管工作方法

对于品控工作，无论在哪家公司，无论做哪个岗位的工作，工作方法是一致的，均要达到集团的标准。例如，《原料取样方法》对散装原料如何取样，袋装原料如何取样、取样数量、取样比例都做了明确的规定；化验室人员必须按照《化验方法》中的每一步操作进行化验分析。对品质工作中所有的关键点，集团也都制定了统一的标准，例如，制定了检验记录格式及填写方法的标准等。

（三）统一了品管工作流程

正大河南区对品管的各项工作都制定了工作流程，各岗位人员只需按工作流程进行工作即可。工作流程是由正大集团中国区所属的各大区总监及经验丰富的品管人员制定。制定过程包括开会讨论──→拟草──→试运行──→修改定稿──→运行。这样的工作流程适合大多数饲料公司品管工作的需要。例如《原料进货流程》、《样品检验流程》等高效地指导着各家公司的品控工作，即便不在同一公司，同一岗位的操作人员的工作步调也是一致的。

三、提高全员质量管理意识，实行全面质量管理

在业界有这样的说法，"产品质量是生产出来的"、"原料质量是采购进来的"。所以，加强全员质量管理意识、实施全面质量管理尤其重要。

正大河南区品管部门制定了生产工艺控制标准，品管专家定期对生产人员进行质量方面的技术指导、培训，使生产岗位的每一名员工都清楚自己如何操作才能制造出高品质的产品，降低或避免不合格产品的产生。

品管专家定期对采购人员进行原料质量知识的培训，使他们清楚每一种原料的品质标准。这样，在签订原料购买合同时，原料品质作为合同中的重要条款，减少了因原料品质不合格退货而给供货商带来的经济损失。

四、提供了一流的化验设备和先进的检测技术

在正大集团化验中心和河南区各公司的化验室，都配备了一流的化验设备。化验设备必须按照正大集团指定的厂家购买，在检测方法一致的前提下，降低了化验室间的检测误差。一流的化验设备在确保化验数据准确性的同时，也大大提高了品管工作的效

率。例如，河南区各公司化验室近红外仪器的配置及其检测分析技术的运用，与传统湿化学法相比，突显了快速准确、节能环保、分析效率高、精确度高等优点。

五、组建了一支严谨、务实、精益求精的品质稽核队伍

为确保品质相关工作标准的贯彻和落实到位，正大集团组建了生产、化验室、原料供货厂家等三个稽核委员会。稽核委员会人员代表集团定期到不同的饲料厂稽核，主要检查采购原料的品质、生产过程及成品的品质是否符合标准。同时，根据具体情况为各饲料厂工作提出一些建设性的意见，进一步提升了品管工作的质量。

六、产品品质符合国家要求，注重健康、安全

"做人类的厨房"是正大集团农牧企业的愿景。因此，正大集团对食品安全、饲料安全工作极其重视。在药物和添加剂使用方面，集团严格按照国家的法律法规执行，不使用任何违禁药物，不添加任何对人体有害的物质。

总之，在饲料产品的品管方面，正大河南区品管部门不放过任何一个影响品质的细节管理，时刻抱着一种"千里之堤，溃于蚁穴"和"居安思危"的心理，做好品质工作的每一细节，成就"正大品牌"的完美，使"正大品牌"永远矗立在世界的前沿。

2010年，正大集团投资300多万元，在河南省南召县建立了目前国内最先进、河南省唯一的一个现代化的饲料产品标准化实验场（图6-4）。该实验场既是正大集团饲料营养专家——全球知名营养专家Stoner博士（美籍）用于正大饲料的研发实验基地，也是正大河南区饲料配方的诞生地。目前，河南区各饲料公司均使用由该实验场经过检验的饲料配方生产猪用全价饲料，效果很好。如正大猪三宝小猪料产品质量的高效、稳定性在河南省猪场是公认的，仔猪70日龄、90日龄体重可分别达到30kg、50kg的使用效果，切实

图6-4　合作猪场老板参观正大南召试验场

帮助合作猪场的仔猪安全度过了断奶后的保育危险期，显著提高了生产成绩，减少了猪病的发生，提高了养猪效益。

第3章　开展标准化猪舍建设，帮助猪场提高生产成绩

一、开展标准化环境控制工作的重要性

生产实践证明，对于许多传染病来说，如果没有饲养管理恶劣的因素存在，就不会

加重病情。腹泻、地方性肺炎、生长参差不齐和仔猪断奶后生长不良等问题可以是传染病的结果，但更是经常地拥挤、饮水不足、气温和通风管理不当（在全封闭式管理的猪舍及冬季更为严重）等因素作用的结果。在许多情况下，解决这些问题是不能依赖抗生素和其他药物的。

二、正大标准化猪舍的工艺特点

全进全出——阻断疾病传播；保温隔热——改善热环境；机械通风——改善热环境和空气质量；水帘降温——改善热环境；自动饮水、自由采食——提高效率；暖风、地热供暖——改善热环境；设立猪厕所、漏缝地沟，减少废气——改善空气质量和提高效率。正大标准化猪舍采用"两区分阶段"饲养模式（两区：生活区、生产区；分阶段：母猪、保育、育肥），猪舍采用全封闭模式，墙体、屋顶都做保温处理，母猪舍采用漏缝板地面，育肥猪舍采用猪厕所，水冲式清粪，采用全自动喂料系统，全自动通风系统，"风机＋水帘＋温控器"全自动降温系统，"地暖＋暖风机＋温控器"全自动加温系统，三级沉淀污水处理系统等。

三、通过对合作猪场科学的选址，可因地制宜地根据选址面积的大小进行规模设计后，按正大标准化猪场建设的图纸要求进行建造

在施工过程中，从事正大标准化养殖工作的技术员在现场进行指导，直至猪舍全部完工（图6-5，图6-6）。种猪引进以后，技术员根据猪只的情况，提供了科学有效的防疫措施及饲养管理方案，从而确保了合作猪场的猪群健康、安全生产，进而取得了可观的养猪效益。

图6-5 正大标准化猪场　　　　　　图6-6 正大标准化猪场

自2005年以来，南阳正大有限公司在河南省南阳地区一直坚持不懈地推广正大标准化生产，取得了很好的经济效益和社会效益，对带动客户养猪致富、对推动河南省规模化养猪业的发展，做出了很大贡献。南阳地区已建成正大标准化猪场35个，猪舍合计500多栋，存栏母猪8 500头，年提供优质商品猪16万头以上；在建及待建标准化猪场20个，猪舍合计300多栋，能容纳母猪6 000头。正大标准化猪场数量已占到南阳地区规模场总数的20％以上，母猪存栏量占到规模场母猪存栏量的25％以上。

第4章　建立系统技术服务体系，帮助猪场提高管理水平

一、派驻技术员进场开展驻场技术服务

对母猪存栏在 100 头以上、月用饲料 40t 以上的猪场，根据猪场的技术情况，正大饲料公司可选派一名驻场技术员直接进场帮助开展饲养管理工作（图 6-7）。

二、制订生产技术操作规程，帮助猪场开展细化管理

正大河南区组建了由 12 名工作年限在 15 年以上、有在 1 000 头母猪群以上的大型猪场工作经验的实战派养猪生产管理及猪病防控专家组成的专家团队，专门为猪场统一制订饲养与生产管理、防疫及消毒操作规程。

正大技术员进驻猪场后，将对猪场基本情况进行摸底，即把生产、人员、管理、各项报表及记录等有关现状弄清楚，由专家团队进行评估，在此基础上制定相关改进措施。正大技术员将按照上述专家团队制订的正大标准化操作规程来调整猪群、制定猪群及人员管理方案、疫病控制方案，建立完善的生产、防疫及成本报表系统等。

驻场技术员每三个月会对各阶段猪群集中进行一次猪瘟、伪狂犬、蓝耳、口蹄疫、圆环病毒等抗体检测，根据实验室的疾病监测结果对疫病做好预警；技术服务专家每月还要有计划地对合作猪场配种后的母猪进行 B 超孕检（图 6-8），及时发现空怀母猪，减少母猪的空怀率，帮助猪场提高生产成绩。

图 6-7　正大技术团队在猪场工作

图 6-8　正大 B 超孕检服务

三、开展疾病监测，帮助合作猪场做好疫病预警

目前，正大河南区各饲料公司都投资建立了疾病监测化验室，配备了技术力量较强的专业化验员，为猪场开展疾病监测（图 6-9），建立养殖健康档案等工作（图 6-10）。通过开展疫病监测，对实现重大疫情的预警预报奠定了基础（图 6-11）。

图 6-9 正大公司为猪场服务的动保中心

图 6-10 正大河南区为猪场建立的健康档案

猪抗体检测	猪瘟
	蓝耳病
	伪狂犬
	弓形体
细菌学	大肠杆菌
	沙门氏菌
	附红细胞体

图 6-11 正大河南区各公司动保中心开展的疾病检测项目

四、开展技术指导和技术培训，提高猪场员工素质

正大河南区组建了由若干名实战派专家组成的片区流动专家服务团队，每月由这些专家定期进场对猪场饲养员及技术员开展技术培训，检查技术员对报表系统的填报及防

图 6-12 正大河南区专家对合作猪场员工开展技术培训

图 6-13 河南区专家剖检病猪
了解发病情况

疫灭病工作的落实情况，帮助解决生产中存在问题（图 6－12、图 6－13）。

五、开展专家团队集中服务

为充分发挥技术资源优势，正大河南区专门组建了一支技术水平较高的实战派专家组成的河南区专家团队供河南区统一调用。其职责是对发生重大技术问题的猪场开展集中服务，帮助猪场解决生产中存在的技术问题（图 6－14）。

图 6－14　河南区专家团队到猪场开展集中服务

六、开展现代养猪新技术推广服务

1. 召开技术培训会议，推广现代养猪新技术。正大河南区技术团队根据泰国正大集团先进的养殖模式和养殖理念，常年为合作猪场开展技术培训，推广应用现代养猪新技术，帮助猪场提高养猪技术水平（图 6－15），取得了很好的经济效益和社会效益。

图 6－15　河南区技术团队为猪场开展技术培训

2. 根据疫病流行动态，指导合作猪场做好防范工作。正大河南区技术团队每年都会根据季节的变化及疫病的流行动态，及时召开由猪场老板参加的相关猪病防控技术培训会议，有针对性地指导猪场开展相关疫病的防控工作（图 6－16）。

图 6-16　河南区技术团队为猪场举办秋冬季猪病防控培训

七、开展专家顾问会诊服务

2011 年 10 月 14 日，正大河南区在河南区总部（开封正大）组建了由实战派育种、饲养管理、繁殖、猪病等各学科知名专家组成的专家顾问团（图 6-17、图 6-18），专门为河南区合作猪场遇到的重大技术难题进行集中会诊，受到了客户们的好评。

图 6-17　正大河南区组建的专家顾问团队　　图 6-18　正大河南区专家顾问参加河南区技术
　　　　　　　　　　　　　　　　　　　　　　　　　　团队月度工作研讨会，指导工作

八、建立重大疫病快速反应机制，帮助猪场减少损失

猪场发生口蹄疫、蓝耳病、猪瘟、伪狂犬等重大传染性疫病时，正大河南区要求相关技术人员必须做到：

（1）驻场技术员必须在 24h 内向公司技术团队负责人报告；

（2）各公司技术团队负责人要在接到报告 6h 内赶到猪场调查情况，提出初步控制措施，需要河南区提供技术支持的，要向河南区技术团队主管报告；

（3）河南区技术团队主管要在接到报告后 24h 内，根据情况抽调河南区专家团队成员及专家顾问赶到现场进行会诊，制订出疫病控制方案。

九、提供信息网络化管理服务，帮助猪场做好生产预警

规模猪场信息网络化管理系统，是泰国正大集团自主研制、具有世界领先水平、可有效帮助猪场提高生产管理水平和生产成绩的现代养猪生产管理系统。目前，该系统已在正大集团的猪事业线广泛推广应用，取得了显著的养猪效益。正大河南区猪场信息网络化管理系统的功能及作用，详见本篇第 5 章内容。

目前，很多猪场老板已切身体会到，他们与正大河南区合作：

（1）不是与哪一个"能人"合作，而是在与一个强有力的团队合作，避免了某个"能人"因对重大疫病等重要技术问题处理不当而导致的"个人英雄主义"悲剧发生，减少了猪场不应有的经济损失；

（2）与正大河南区开展全程合作，猪场老板就不需要在猪场管理方面煞费苦心，更不需要再面临疫病问题的巨大压力。访友、喝酒、打牌、上网、钓鱼、唱歌、跳舞等则成为有些合作猪场老板生活中不可缺少部分。

（3）将猪场生产管理权交给正大河南区的养猪老板，在猪场管理中只需做到"二查"即可，即查报表、查钱。

第 5 章　利用先进的信息管理系统，为猪场做好生产预警

规模猪场信息网络化管理系统，是泰国正大集团自主研制、具有世界领先水平、可有效帮助猪场提高生产管理水平和生产成绩、非常先进的猪场现代化生产管理系统。自 2013 年 2 月开始，正大河南区在合作猪场推广应用该管理系统。

一、正大集团河南区推广应用猪场管理系统的目的

（1）推广科学养猪，推进猪场现代化管理；

（2）提高猪场生产成绩、管理水平及盈利能力，达到共赢发展；

（3）借该系统的服务平台，整合社会资源，保障正大集团洛阳屠宰厂货源的健康、安全、可追溯；

（4）完善正大集团在河南的产业链，为社会提供绿色、安全的可追溯食品。

二、正大集团猪场生产管理信息网络化系统的主要功能

（一）开展生产效率的分析

该系统要求将种猪、各类商品猪按品种、公母进行分类编号，制成猪群的身份证（每头种猪都有各自的身份证），然后输入电脑管理系统。在实际生产应用中，只需将规定的若干个生产日报表输入系统（图 6 - 19），经系统处理后各

图 6 - 19　猪只效益表系统

类生产数据立即自动生成，猪场管理人员可据此与标准值对照，查找生产中存在的不足，进而提出改进措施。

（二）帮助加强物料管理

该系统要求将猪场库存的物料（含猪群头数）及使用消耗情况，每天输入电脑系统

处理（图 6－20），猪场的物料采购及销售人员即可了解目前库存的物料变化情况，为加强物料管理提供了很大便利。

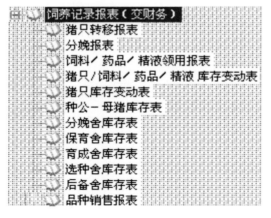

图 6－20　饲养记录报表系统

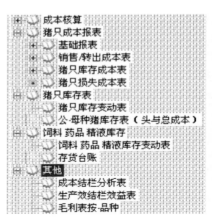

图 6－21　猪场成本核算系统

（三）促进生产成本核算工作的开展

将系统要求的相关财务数据输入电脑后，经过系统的处理（图 6－21），猪场管理人员即可了解各类猪群的相关生产成本，对加强管理、堵塞漏洞、促进增收节支意义重大。

三、正大猪场信息网络化管理系统的运用

正大猪场管理系统安装在上海的服务器，各上线猪场安装客户端后，即可远程登录录入数据（图 6－22）。

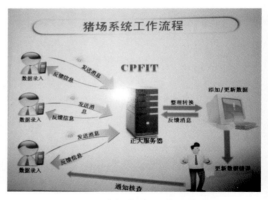

图 6－22　猪场信息系统工作流程

正大河南区技术团队先到猪场进行实地考察，根据实际情况制作正大标准化母猪卡、耳牌、手工报表等（图 6－23、图6－24），并如实填写录入系统。

01-2-0428-1086

XX正大公司—XX种猪场

母猪卡

耳牌 1086　出生日期 2010-7-10　品种 长白　母 L-0026　父 L-6018　出生地 XX正大　乳头 8对

序	配种 日期 日	月	年	公猪耳牌	预产期 日	月	分娩 日期 日	月	小猪数量 总	公	母	死	黑	畸	断奶 日期 日	月	数量 公	母	配种批	仔猪重量 入	出
1	12	3	11	L-109	4	7	6	7	12	5	4	1	2	0	28	7	4	4	11	14.5	49
2	1	8	11	Y-203	24	11					R 34 22/08/03								31		
3	22	8	11	Y-200	14	12	15	12	11	5	5	1	0	0	4	1	5	4	34	15	58
4	12	1	12	L-102	6	4	6	4	10	6	4	0	0	0	27	4	6	4	02	14.5	65
5	2	5	12	L-100	25	8	23	8	14	6	6	1	0	1	14	9	6	4	18	18	62
6																					
7																					
8																					
9																					
10																					
11																					
12																					
13																					
14																					

图 6－23　母猪档案卡（身份证）

母猪分娩卡

120428
耳牌号 1086 批次 34 胎次 第4胎
公猪号 L-100 配种日期 2006-5-2
预产期2006-8-25 生产日期 06-8-23
房栏号 第2栋 胎号 0001—0011
0002—0012
母猪状况很好 √ 好___ 差___
生产小仔猪 14 公 6
母 6 重量 18
死胎 1
黑胎 0
畸形 1
不合格打死 0

接产员 张玉飞 饲养员李永山

母猪断奶登记卡

仔猪耳缺号	性别	重量 出生	断奶	备注
0001	♂	1.5	6.2	
0003	♂	1.5	6.2	
0005	♂	1.5	6.2	
0007	♂	1.5	6.2	
0009	♂	1.5	6.2	
0011	♂	1.5	6.2	
0002	♀	1.5	6.2	
0004	♀	1.5	8月28号死亡	
0006	♀	1.5	6.2	
0008	♀	1.5	9月3号死亡	
0010	♀	1.5	6.2	
0012	♀	1.5	6.2	

120428
耳牌号 1086 批次 37 胎次第4胎
分娩日期 2006-8-23 房栏号 第2栋
断奶日期 2006-9-14
断奶仔猪
公 6
母 4
总重量 62
母猪状况很好 √ 一般___ 差___
哺乳能力很好___ 一般 √ 差___
饲养员 李永山

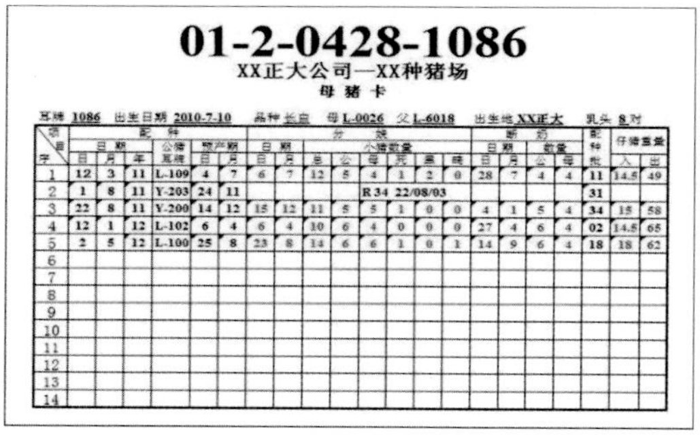

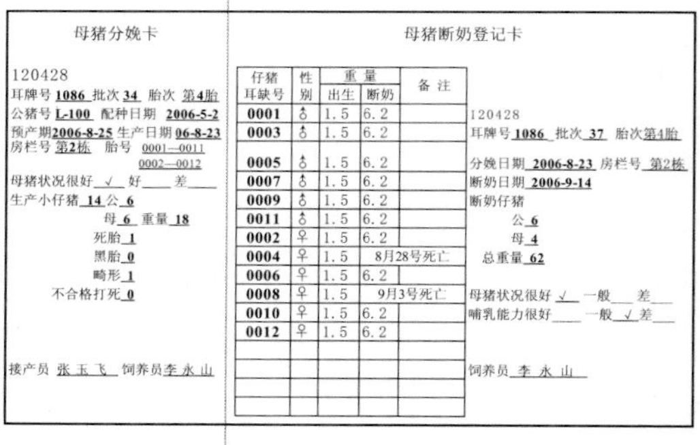

图 6－24　母猪分娩卡

正大河南区驻场技术员经过培训后进驻猪场，每日收集猪场生产信息化管理系统所需的相关日报表数据（图 6-25、图 6-26 等），并整理录入生产管理系统。

图 6-25　技术员需输入的相关日报表　　　图 6-26　技术员需输入的相关日报表

每月月底，猪场管理系统网络信息统计分析员导出各上线猪场当月生产成绩，并加以分析后上报给正大技术专家团队，由专家团队统一制订生产改进措施，指导合作猪场老板改善生产（表 6-1、表 6-2）。

表 6-1 表示：2012 年 1～5 月，宜昌正大某 500 头母猪的合作猪场自 1 月开始应用正大集团猪场生产管理信息网络化管理系统后，母猪断奶发情天数减少了 8.8d，分娩率提高了 10.87 个百分点，窝均产活仔数增加了 0.69 头……每月可增加经济效益 278 541 元，取得了很好的经济效益。

表 6-1　猪场生产管理信息网络化系统效果展示

（刘远增，2012）

客户名称　××××牧业　　　　母猪规模　500 头

项　目	上线初期（1 月）	4 个月后（5 月）	差异±	影响效益±（元）
断奶发情天数	13.80	5.00	(8.80)	51 744
分娩率（%）	65.32	76.19	10.87	29 349
窝产活子数	8.28	8.97	0.69	39 744
窝均损失数	1.55	0.27	(1.28)	73 728
出生均重	1.23	1.47	0.24	52 920
分娩舍损失率	6.76	4.16	(2.60)	6 739
保育舍损失率	4.81	3.70	(1.11)	4 019
育成舍损失率	8.71	5.34	(3.37)	20 298
月合计				278 541
全年累计				3 342 492

据张传兵（2013）介绍，拥有 2 000 头母猪的湖北某农牧公司利用正大猪场信息网络化管理系统后，每年可给猪场增加收益 4 126 295 元，经济效益显著（见表 6-2）。

表 6-2　猪场生产管理网络化系统效果展示

(张传兵, 2013)

项　　目	2011 年	2012 年	差异	利润分析
初生重	1.2kg	1.5kg	0.3kg	全年出栏肥猪 33 022 头，每头猪节约饲料费用 52.5 元，一年可带来利润 1 733 655 元
断奶重	5.5kg	6.8kg	1.3kg	
出栏时间	170 天/100kg	165 天/100kg	5 天	
窝均产活仔数	9.1 头	9.8 头	0.7 头	全年多产仔猪 2 383 头，每头猪利润 200 元，多赢利 476 600 元
分娩率	68%	79%	11%	全年多分娩 213 窝，每窝利润 1 960 元，多赢利 417 480元
产房死亡率	15%	8%	−7%	全年少死亡哺乳仔猪 1 876 头，每头利润 200 元，多赢利 375 200 元
保育死亡率	9.20%	5.80%	3.40%	全年少死亡保育猪近 1 159 头，每头利润 360 元，多赢利 416 160 元
母猪年供断奶仔头数	17.5 头	19.3 头	1.8 头	全年多提供 3 536 头断奶猪，每头利润 200 元，多赢利 707 200 元
年增加效益				4 126 295 元

　　原正大集团河南、安徽区郑宝振资深总裁对河南区推广应用猪场生产管理信息网络化管理系统非常重视。2012 年 8 月 30 日，郑宝振资深总裁亲自安排河南区各公司技术团队负责人到宜昌正大学习、了解该系统的使用方法（图 6-27），要求河南区尽快组织推广该系统。2012 年底，正大河南区已按照郑宝振资深总裁指示，完成了对从事该系统工作相关人员的理论与实践操作培训工作，第一批上线的许昌市长葛乐园养猪公

图 6-27　正大河南区各公司技术团队负责人到宜昌
正大学习猪场信息网络化管理系统

司、安阳滑县威盛养殖公司、驻马店市上蔡荣丰养猪公司等五个 500 头母猪以上的猪场上线的前期基础准备工作已经完成。2013 年 1 月 14～30 日，正大集团泰国总部信息网络化管理专家到河南区指导安装猪场信息化管理系统（图 6 - 28），2013 年 2 月开始，正大河南区 300 头母猪以上的合作猪场，开始应用该管理系统。

图 6 - 28　正大集团猪场信息网络化管理专家到河南区指导安装猪场信息化管理系统，原正大河南、安徽区郑宝振资深总裁参加会议并做重要指示

第 6 章　推广正大标准化养猪新技术，使猪场受益匪浅

（本文特邀南阳正大有限公司技术部方献宾供稿）

众所周知，养猪效益＝（遗传＋营养＋环境）×管理。而正大集团河南区标准化养猪技术的模式就是"四良配套"，即良种、良料、良舍、良法。正大标准化的内涵是品种标准化、营养标准化、环境标准化、管理标准化、防疫标准化、产品标准化。正大标准化生产体系就是采用先进的科学养殖技术，即选用优良的品种，选用优质饲料，建造标准化猪舍来调控内环境，采用科学的饲养管理和疫病综合防制体系，来提高生产效率，降低生产成本，进而提高养猪效益。

一、正大标准化猪舍的工艺特点

正大标准化猪舍采用"两区分阶段"饲养模式（"两区"即生活区、生产区；"分阶段"即分为母猪、保育、育肥三个阶段），猪舍采用全封闭模式，墙体、屋顶都做保温处理，母猪舍采用漏缝板地面，育肥猪舍采用"厕所"，水冲式清粪，采用全自动喂料系统，全自动通风系统，"风机＋水帘＋温控器"全自动降温系统，"地暖＋暖风机＋温控器"全自动加温系统，三级沉淀污水处理系统等。

正大标准化猪舍的特点如下：一是集约饲养、全进全出，能阻断疾病传播；二是保温隔热，能改善热环境；三是机械通风，能改善热环境和空气质量；四是水帘降温，能改善热环境；五是自动饮水、自由采食，能提高养殖效率；六是暖风、地热供暖，能改善热环境；七是设立猪厕所、漏缝地沟，能减少废气，改善空气质量和提高效率。

二、正大标准化养猪的生产体系

（一）品种标准化

品种标准化即采用优良品种，实现最优杂交组合。现代商品猪要同时具有抗病力强、生长速度快、饲料转化率高、瘦肉率高和肉质好等特点。现多采用长白（L）、大约克（Y）、杜洛克（D）三品种杂交。杜长大三元杂交组合的优点是能获得100%后代杂种优势和100%母本杂种优势，又能充分利用第一父本、第二父本育肥性能和酮体品质方面的优势。

（二）营养标准化

对商品猪和母猪等不同阶段的猪制定了特定的营养套餐，不同的饲养阶段按照不同的营养套餐饲喂，实现了营养水平的标准化。

（三）环境标准化

温度、湿度、通风、光照、噪声、有害气体、水等都会对猪只产生影响。环境标准化即对养猪相关的各项环境指数均控制在合理的范围内。

猪舍环境不仅对猪群生产力、健康和产品品质产生直接或间接影响，也与周围环境产生相互影响，应结合当地实际采用综合措施来改善猪舍环境。舍内环境调控应遵循既要保障猪群生产和健康的基本要求，又尽量减少建筑、设备投资和能耗的原则。通过改善场区环境和加强饲养管理来改善舍内环境，以确保猪群的健康，进而提高生产成绩。

（四）管理标准化

只有生产管理过程实现标准化，才能为猪肉产品的安全性、品质的一致性提供保障。生产管理标准化包括配种、分娩、保育、育成等阶段的生产管理控制标准和指标。在明确指标的前提下，严格按照各阶段的操作规程操作，以确保管理目标的达成。

（五）防疫标准化

防疫标准化即根据各场实际，制定出切实有效的生物安全措施及消毒、免疫程序，做好药物的控制等，确保猪肉产品安全。

（六）产品标准化

产品标准化即以消费者对猪肉产品消费标准为导向，实现安全、优质、新鲜。

三、正大标准化养猪新技术的应用效果

自2005年以来，南阳正大有限公司一直坚持不懈地推广正大标准化生产技术，取得了很好的经济效益和社会效益，对带动农民养猪致富及推动河南省规模化养猪业的发展，做出了很大贡献。目前，南阳地区已建成正大标准化猪场35个，猪舍合计500多栋，存栏母猪8 500头，年提供优质商品猪16万头以上；在建及待建标准化猪场20个，猪舍合计300多栋，能容纳母猪6 000头。正大标准化猪场数量已占到南阳地区规模场总数的20%以上，母猪存栏量占到规模场母猪存栏量的25%以上。

第 7 章　正大河南区帮助猪场实现盈利的案例

正大河南区系统的技术服务体系由驻猪场技术员、片区巡回专家、河南区技术专家组、河南区专家顾问团及动保中心（配备有先进的 B 超妊娠诊断仪）组成。河南区技术服务团队自 2005 年组建以来，以推广正大标准化养殖新技术及先进的养殖理念为己任，快速解决了相关技术问题，为猪场提高生产成绩和养猪效益做出了应有贡献，受到了广大合作猪场的欢迎和好评。

一、强强联合，共创双赢

2012 年对养猪老板来说，是较为困难的一年。生猪市场行情低迷使很多猪场不赚钱甚至出现亏损状态。但很多全程使用正大河南区所属的平顶山、南阳、驻马店、开封、洛阳东方正大五家饲料公司产品的合作猪场，都呈现盈利状态。他们在正大河南区技术团队的指导和帮助下，转变养殖理念，利用正大标准化养猪新技术来大幅提高生产成绩，从而在生猪市场行情低迷的严峻形势下，仍然取得了很高的养猪效益。案例如下：

案例一：河南省长葛乐源有限公司 2012 年 1～5 月生产成绩：

1. 母猪平均产初生体重 1.55kg 以上的活健仔 11.5 头；

2. 28d 平均断奶体重 8kg；

3. 每头出栏猪平均药费 70 元；

4. 肥猪全程料肉比 2.4∶1，育肥猪 105kg 平均出栏天数 160～165d；

5. 每头出栏猪平均销售成本每千克 12.4 元，每头猪实现盈利 120 元（图 6 - 29）。

图 6 - 29　2013 年 4 月 24 日，原正大集团河南、安徽区郑宝振资深总裁（右二）到乐源亲切看望正大驻场技术员

案例二：2012 年 9 月 25 日在平顶山正大召开的合作猪场技术培训会上，河南省禹州市盛世轩养殖有限公司陈丙乾老板介绍说（图 6 - 30），2012 年 1～8 月他在正大技术

团队的指导下，每头出栏猪实现盈利 150 元！

图 6-30　陈丙乾老板在会议上分享与正大合作的
成功经验

案例三：2012 年 8 月 13 日，河南省叶县的养猪老板姚举中，在平顶山正大举办的规模猪场技术研讨会上说（图 6-31），他与平顶山正大合作 9 年一直不动摇，一直在全程使用正大饲料！期间很多饲料公司老板去找他商谈饲料使用事宜，均不见面。9 年来，平顶山正大更换了 4 任总经理，但他从不更换其他厂家的饲料产品，因为正大给他带来了很好的养猪效益！

图 6-31　姚举中老板在会议上畅谈与
正大成功合作的经验

案例四：据拥有 500 头母猪的禹州市丰康养殖公司李彦敏老板介绍（图 6-32）。2012 年该场在平顶山正大帮助下每头出栏猪实现利润 200 元。

图 6-32　2012 年 11 月 2 日，笔者在禹州市
丰康养殖公司参观

据李彦敏老板介绍，2012 年禹州市丰康养殖有限公司的生产成绩非常好！各项生产指标如下：

1. 窝均产活仔：10.7～11.6 头；

2. 仔猪平均初生重：1.6kg；

3. 28 日龄仔猪窝均断奶重：8.5kg；

4. 窝均断奶仔猪头数：10.7 头；

5. 哺乳成活率：99.88 %；

6. 育肥猪 160 日龄平均出栏体重：107.5kg；

7. 全群料肉比（含种猪料摊销）：2.5：1；

8. 育肥猪出栏头均药费（药物和疫苗）：40 元；

9. 该场猪通过正大销售给漯河双汇的育肥猪平均出肉率：81% ，2012 年 10 月折合售价 15.2 元/kg，比当地同时期的生猪市场价每千克平均高出 0.8 元；

10. 每头出栏猪实现盈利：200 元。

案例五：河南省漯河市某牧业公司，是一个拥有 1 000 多头母猪的大型养猪企业。2012 年 8 月开始，该场使用正大优质母猪料，逐步与平顶山正大开展技术合作。在正大技术团队的大力支持和帮助下，该公司生产成绩在原来基础上有了很大提高，猪场老板非常满意（图 6-33）。2012 年底，该公司决定将猪场的生产管理移交给平顶山正大技术团队管理。

2012 年上述猪场能在生猪市场低迷的严峻形势下，仍能取得好的生产成绩和经济效益的实践表明，在目前猪病异常复杂的形势下，猪场能否正确选择一个好的合作伙伴至关重要！按河南省长葛乐源养殖公司赵建平老板的话说就是：

（一）这个合作伙伴的产品质量高而且要长期稳定

猪场使用这些厂家生产的高质量饲料，猪群健康不生病，生长速度快。饲料价格高

图 6-33　2013 年 2 月漯河市某牧业公司老板向
平顶山正大公司赠送锦旗，表示感谢

不用担心：料肉比下降 0.1、猪成活率上升 1％、每头出栏猪药费下降 20 元、母猪每窝多产 1 头初生重 1.5kg 以上的仔猪、育肥猪出栏时间提前 5d，就赚回来了！

（二）这个合作伙伴要有系统的技术服务体系

猪是张口的动物，不出现猪病是不可能的！关键是猪发病后需要这个合作伙伴能在最短的时间内及时帮助解决，减少损失！

二、快速处理疫病问题，帮助猪场减少损失

"家有万贯、带毛的不算"就是说明了养殖业的风险较大，也是目前养猪老板非常关心的大问题。

正大集团河南区技术团队急猪场老板之所急，快速帮助猪场控制疫病、减少疫病损失，受到了猪场老板的肯定和欢迎。其中，有不少非正大河南区的合作猪场，在遇到技术问题被正大技术团队帮助解决后，成为正大忠实的合作伙伴。

案例一：2011 年 7 月下旬，开封正大某 900 头母猪的部分用料合作场 2～10 日龄的新生仔猪，发生严重腹泻，发病初期表现为黄色水样或溶糖状腹泻物，有臭味，腹泻、呕吐，进而转变为剧烈水样腹泻、吃乳无力、仔猪体质快速瘦弱，最后衰竭死亡。猪场老板按自己的思路应用抗生素等进行了半个多月的治疗无明显效果，死亡乳猪 500 多头，导致猪场损失惨重。

2011 年 8 月 13 日下午，具有 20 多年养猪工作经历的该场老板开始向开封正大求援。接到信息后，正在洛阳开会的正大河南区规模猪场开发服务总监代广军研究员，迅速召集正大河南区专家团队成员——开封正大技术部李宝珠总经理助理、平顶山正大技术部张志华经理及南阳正大技术经理李智崇博士，连夜赶到开封，于第二天早上八点半赶到了该场对发病情况进行会诊（图 6-34）。通过现场查看、解剖病猪、与该场技术员座谈了解情况等，得出了该场仔猪发生大量腹泻而导致该批死亡的原因主要是母猪长期饲喂了霉变玉米所致的论断。据此制定了防控方案，使该场的生产十天之内基本恢复正常。

通过这次沉痛教训的总结，该场老板充分认识到了使用发霉玉米对养猪生产的严重危害，决定全程与开封正大开展合作，将正在使用的以玉米为主要饲料原料的预混料全部换成了开封正大生产的全价颗粒料，即仔猪使用正大猪三宝、育肥猪使用正大育肥料552，母猪使用正大母猪料"566"、"567"，成为了2011年在该县赚钱最多的养猪场。

案例二：2011年3月初开始，平顶山市某400头母猪场的保育及育肥猪发病，导致2 800多头猪死亡。期间该场请了相关厂家的四位猪病专家到猪场问诊，

图6-34　2011年8月14日，正大河南区专家团队到开封某猪场处理了猪病问题

分别诊断为猪瘟、蓝耳病、伪狂犬、链球菌病，猪场根据这些专家的结论分别普防了相关疫苗，不但未能控制住病，反而导致猪只死亡数量越来越多。直到2011年5月24日，该公司才向平顶山正大公司求救。正大河南区技术团队专家闻讯后迅速赶到该场，通过现场查看、采集病料检测、了解玉米等大宗饲料原料的使用等情况，确定本病是由该公司采购的东北玉米因保管不善导致霉菌毒素超标而引起的高热病。随后为该场制订了高热病的防控措施，20d之内生产恢复了正常。

当笔者再次到该场回访、向该场老板询问为何不在猪发病后第一时间向正大技术团队求援时，他不好意思地告诉笔者，只知道正大是卖料的，不相信你们能把病治好！确实没想到正大还有这么强的技术力量！据该场老板自己测算，本次高热病的暴发，共给他造成了200多万元的经济损失。

近几年来的生产表明，霉玉米是导致全国性疫病不断发生的重要因素之一，会给猪场的生产带来严重危害。2012年很多猪场产房仔猪发生严重腹泻而导致10日龄以内的仔猪几乎100%死亡，分析其中的原因也与使用了霉菌毒素严重超标的霉变玉米有关。

为何近几年的猪越来越难养？除了猪病因素外，使用了肉眼看不见的霉变饲料也是重要因素！谢怡群（2006）调查发现，在2006年发生的高热病猪场中，霉玉米的因素占了33%——这恰恰未引起多数猪场重视！

芦惟本教授（2012）也认为，霉菌毒素严重损害仔猪肝脏，是导致奶猪腹泻的重要原因之一。

玉米虽是养猪的能量之王，但其中的霉菌毒素含量超标则会对猪造成严重危害！使用有毒害的玉米喂猪，就是在给猪投毒！养猪人最终将自食其果！建议猪场：使用正大公司经过对饲料原料严格把关、在原料成分经过严格检测基础上配制、加工而成的全价料（颗粒料），才会助您养好猪，赚大钱！

案例三：2011年8月，郑州市某300头母猪场的产房母猪，发生采食量严重下降、

母猪奶水严重不足，导致仔猪严重拉稀，死亡率增高的现象。该场为全程使用开封正大饲料的忠实客户，正大河南区规模猪场开发服务总监代广军研究员、开封正大技术部李宝珠总经理助理，接到猪场的报告后立即赶到该场进行会诊，结果令人意外。原来是产房密封严密，猪舍安装的水帘降温设备的通风量不足，导致舍内温度高达30℃所致（自动温控设备显示的室内温度）。

在规模化密集饲养的条件下，产房母猪采食量最大和具有最大产奶量的最适宜的环境温度为18~20℃。超过该温度范围时，舍内温度每升高1℃，母猪每天的采食量将会下降100g。该场产房母猪之所以会出现上述异常，原因就是猪舍环境温度过高而导致了母猪采食量的严重下降。因此，在夏天炎热的气候条件下，能否做好防暑降温工作，是制约猪场夏季生产成绩提高的关键环节。正大河南区技术团队帮助猪场找到了问题的症结，对症下药的方案也就应运而生。猪场老板非常感激地说："看到母猪采食量严重下降，产奶量少而导致仔猪死亡，我心急如焚！一直怀疑是正大饲料的质量出现了问题，甚至对正大公司产生了怨言！咋就没有想到三伏天天气炎热，猪吃不下料这个问题呢！"。

案例四：鹤壁市某未与正大合作的400头母猪场，2012年7月20日开始暴发猪病，与该场合作的某饲料公司专家和其驻场技术员却对此束手无策！至7月23日，在短短四天时间内，已急性死亡重胎母猪45头、母猪流产55头、数百头生长育肥猪高烧、绝食、卧床不起，造成了重大损失（图6-35、图6-36）。无奈之下，该场老板开始向开封正大求救。

 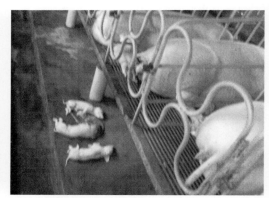

图6-35 母猪高烧、喘气　　　　　图6-36 怀孕后期母猪发生流产

2012年7月23日下午2点，接到该场老板求援的信息后，正大河南区规模猪场开发服务总监代广军研究员、开封正大技术部李宝珠总经理助理与河南区专家顾问陶顺启研究员一道，马不停蹄赶到了该场。通过现场查看、剖检病猪及与老板及饲养员座谈等形式，把导致本次猪病发生的原因搞清楚了（图6-37、图6-38），并制订出了相应的疫病控制方案，开封正大技术团队也专门派出了2个技术过硬的技术员进驻该场，落实既定的技术方案，15d之内该场的猪病得到了有效控制。

图6-37　正大专家现场剖检病猪　　　　图6-38　猪场使用的劣质玉米导致猪病发生

当笔者见到猪场老板时，他痛心地说"代老师，我去年辛辛苦苦赚的一点钱这一下子全完了！"通过对本次急性传染病的成功控制，该场老板充分认识到正大河南区技术团队的实力及对客户高度负责的工作责任心。目前，该场已全部停用了与其合作多年的其他饲料公司的饲料产品，成为开封正大全程用料的忠实客户。

案例五：周口市某未与正大合作的500头母猪场，自2012年春节过后，产房仔猪、保育猪一直发生严重腹泻，到7月12日已死亡猪只4 000多头，给该场带来了重大损失。在此期间，该场老板邀请了与自己有业务关系的疫苗厂、兽药厂、饲料厂专家到猪场解决问题未果。无奈之下，猪场老板又邀请了一些省内外的猪病专家帮助解决猪病问题，效果仍不理想。最后在正大河南区专家团队代广军研究员、平顶山正大技术部张志华经理、开封正大技术部李宝珠总经理助理的帮助下才解决了猪病问题（图6-39、图6-40）。

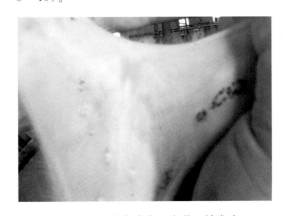

图6-39　发病猪腹股沟淋巴结发青　　　　图6-40　河南区专家现场剖检病猪诊断

正大河南区技术团队就是这样本着对客户高度负责的态度，急客户之所急，想客户之所想，以整个团队完善的服务体系、过硬的技术水平及扎实、高效的工作作风，帮助一个又一个猪场老板实行了养猪发财的梦想！

参 考 文 献

[1] 闫学军. 引种后的隔离及饲养 [J]. 当代畜禽养殖业，2004（3）.

[2] 桂平. 引种前后的注意事项 [J]. 当代畜禽养殖业，2004（3）.

[3] 程国彬. 工厂化猪舍保育舍饲养管理 [J]. 养猪.1998（2）.

[4] 李家骅，等. 如何控制保育舍内猪的呼吸道疾病 [J]. 养猪，2003（2）.

[5] 侯大卫，等. 最小应激的保育舍设计与管理 [J]. 今日养猪业，2005（2）.

[6] 李家骅，等. 保育猪的饲养管理 [J]. 养猪，2003（2）.

[7] 施国锋. 保育猪的饲养管理（一）[J]. 今日养猪业，2004（3）.

[8] 施国锋. 保育猪的饲养管理（二）[J]. 今日养猪业，2004（4）.

[9] 施国锋. 保育猪的饲养管理（三）[J]. 今日养猪业，2005（1）.

[10] 施国锋. 保育猪的饲养管理（四）[J]. 今日养猪业，2005（2）.

[11] 施国峰，等. 保育猪的饲养管理（五）[J]. 今日养猪业，2005（3）.

[12] 张安民，等. 规模化猪场保育猪呼吸道综合征的控制 [J]. 中国兽医杂志，2005（3）.

[13] 陈英，等. 保育舍空气质量的控制及呼吸道疾病的预防技术 [J]. 今日养猪业，2004（2）.

[14] 唐文渊. 后备母猪的准备 [J]. 猪与禽，2005（2）.

[15] 汤海林. 后备母猪高产繁育综合技术及效果 [J]. 养猪.1997（3）.

[16] 张代坚. 种母猪的饲养管理 [J]. 养猪，1998（2）.

[17] 尤士德. 母猪的饲养概念 [J]. 今日养猪业，2004（2）.

[18] 张宇天. 影响母猪排卵数的因素 [J]. 当代畜禽养殖业，2004（9）.

[19] 刘忠探，等. 夏季妊娠母猪饲养管理技术要领 [J]. 今日养猪业，2005（3）.

[20] 许国安. 夏季提高哺乳母猪采食量的措施 [J]. 今日养猪业，2004（2）.

[21] 卢文国. 现场如何鉴定哺乳母猪泌乳量高低 [J]. 当代畜牧养殖业，2004（2）.

[22] 钟伟，等. 母猪泌乳量过少的对策 [J]. 猪与禽，2005（2）.

[23] 练亚平. 母猪产后催乳法 [J]. 当代畜禽养殖业，2004（8）.

[24] 黑立新，等. 母猪产后不食的病因类型及治疗方案 [J]. 今日养猪业，2005 年增刊.

[25] 欧伟业. 哺乳母猪无乳的原因及综合防制 [J]. 现在化养猪，2004（6）.

[26] 刘忠献，等. 母猪无乳症的原因与防制 [J]. 河南畜牧兽医，2005（4）.

[27] 李连任，母猪常见产科疾病的诊断要点和推荐防制方案 [J]. 中国动物保健，2005（2）.

[28] 万熙卿，等. 让限位栏妊娠母猪远离"水牢"[J]. 今日养猪业，2006（1）.

[29] 吴同山. 猪场建设的新变化 [J]. 今日养猪业，2004（4）.

[30] 施劲松，等. 动物福利与猪场建设 [J]. 养猪，2005（1）.

[31] 陈富华. 分娩舍仔猪腹泻常见原因及防制措施 [J]. 现代养猪，2004（4）.

[32] 陆杏华，等. 仔猪"三针保健"计划的必要性 [J]. 江西畜牧兽医，2005（6）.

[33] 刘祥. 育成猪腹泻——灰痢综合征的控制 [J]. 今日养猪业，2004（2）.

[34] 操继跃. 兽用消毒剂的理论与实践 [J]. 中国动物保健，2000（7）.

[35] 孙慈云，等. 消毒知识 [J]. 中国动物保健，2000（5）.

［36］李勤建．谈专业化猪场的消毒措施［J］．河南畜牧兽医，1999（8）．

［37］代广军，等．集约化猪场疫病的控制措施［J］．养猪，1997（2）．

［38］吴增坚．搞好猪场兽医防疫工作的体会［J］．今日养猪业，2005（1）．

［39］腾乐邦，等．规模化猪场用药误区及正确使用方法［J］．河南畜牧兽医，2000（1）．

［40］尹崇山，等．用药不能代替管理的概念［J］．河南畜牧兽医，2000（10）．

［41］刘九生．猪场几种主要疫病的药物预防与治疗［J］．养猪，1997（4）．

［42］朱粟丰，等．集约化猪场的群体药物预防和治疗［J］．养猪，1996（2）．

［43］李荣体，等．养殖场用药失败的原因浅析［J］．河南畜牧兽医，2003（4）．

［44］乔彦良．养猪生产中的预防用药保健［J］．今日养猪业，2004（3）．

［45］程伶．规模猪场兽医卫生计划的制订［J］．今日养猪业，2004（4）．

［46］吴增坚，等．值得重视的一种猪病——霉饲料中毒症［J］．今日养猪业，2004（3）．

［47］闫恒普，饲料中霉菌毒素对猪的危害［J］．今日养猪业，2004（3）．

［48］张俊红，等．饲料霉变的原因及对策［J］．河南畜牧兽医，1999（8）．

［49］陈健雄．猪场口蹄疫病防制的新型有效措施［J］．现代化养猪，2005（13）．

［50］马海利．早期断奶仔猪腹泻的发生与防制［J］．养猪，1994（2）．

［51］张心如，等．用科学方法防制断奶仔猪腹泻和水肿病［J］．养猪，1997（3）．

［52］全炳昭，等．繁殖母猪淘汰原因的调查及繁殖障碍性疾病的防制报告［J］．养猪，1996（1）．

［53］刘海良．养猪生产［M］．北京：中国农业出版社，1998．

［54］杨汉春．我国猪繁殖与呼吸综合征的流行现状与控制对策［J］．当代畜禽养殖业，2003（4）．

［55］花象柏．对我省当前PRRS的流行情况之我见［J］．江西畜牧兽医，2003（2）．

［56］蔡雪辉，等．PRRS在我国泛滥的原因和应采取的防制对策［J］．当代畜禽养殖业，2003（4）．

［57］卫秀余，等．PRRS免疫失败的原因分析［J］．当代畜禽养殖业，2003（6）．

［58］夏良宇．如何将蓝耳病对猪成绩的危害减到最低［J］．当代畜禽养殖业，2004（1）．

［59］王锡祯，等．密切关注猪多病原性复合病的发生动向［J］．中国动物保健，2003（4）．

［60］肖运德，等．猪副嗜血杆菌病的诊断与防制［J］．河南畜牧兽医，2002（3）．

［61］苗连叶，等．传染性副猪嗜血杆菌的流行及防制措施［J］．当代畜禽养殖业，2003（12）．

［62］万隧如．副猪嗜血杆菌感染［J］．养猪，2005（1）．

［63］代广军．集约化养猪实用新技术［M］．北京：中国农业出版社，2000．

［64］李希林．与Ⅱ型猪圆环病毒有关的四种疾病［J］．猪与禽，2002（3）．

［65］李希林．关于Ⅱ型猪圆环病毒的一些问题［J］．猪与禽，2003（1）．

［66］李春华，等．与Ⅱ型猪圆环病毒相关的综合征和疾病［J］．猪与禽，2005（11）．

［67］李庆怀．疑似仔猪断奶后衰竭综合征的预防和治疗［J］．养猪，2003（1）．

［68］张洪让．莫对猪流感掉以轻心［J］．现代化养猪，2004（4）．

［69］严平顺，等．猪链球菌性脑炎的治疗［J］．中国兽医杂志，2000（2）．

［70］匡宝晓．猪的链球菌感染［J］．今日养猪业，2005（3）．

［71］吴凡．猪脑膜炎型链球菌病［J］．猪业在线，2005（5）．

［72］兰荣庚．仔猪脑膜炎型链球菌的诊治［J］．养猪，1998（1）．

［73］田允波，等．防制母猪不孕症［J］．养猪，1997（2）．

［74］代广军，等．集约化猪场管理中的几个关键问题［M］//96养猪研究．北京：中国农业科技出版社，1998．

［75］代广军，等．集约化猪场取得出口质量和养猪效益双丰收的经验［M］//96养猪研究．北京：

中国农业科技出版社，1998．

［76］焦进良．养猪场防暑降温的技术措施［J］．河南畜牧兽医，2003（4）．

［77］周明海，等．规模猪场夏季的防暑降温措施［J］．今日养猪业，2005（5）．

［78］闫涛，等．规模猪场夏季应高度重视猪只的饮水问题［J］．今日养猪业，2005（5）．

［79］杨志昆，等．母猪"低温症"的治疗［J］．河南畜牧兽医，2000（3）．

［80］彭士显．母猪低温的诊治［J］．河南兽医，2002（1）．

［81］张玲，等．犬低温症的诊治［J］．中国兽医杂志，2005（2）．

［82］施劲松，等．动物福利与猪场建议［J］．养猪，2005（1）．

［83］陈宇，等．猪高热呼吸综合征的病因分析和防制研究［J］．上海畜牧兽医，2005（1）．

［84］代广军，等．猪场提高种公猪利用率的技术措施［J］．当代畜禽养殖业，2003（8）．

［85］代广军，等．猪场提高哺乳仔猪成活率的技术措施［J］．当代畜禽养殖业，2003（6）．

［86］叶培根，等．规模化养猪场口蹄疫暴发流行原因浅析及防制对策［Z］．"规模化养猪主要疾病监控与净化"专题，华中农业大学，2000年10月．

［87］叶培根．防制口蹄疫病的一般消毒技术［J］．中国兽医杂志，2005（4）．

［88］代广军，等．规模养猪精细管理及流行疫病防控新技术［M］．北京：中国农业出版社，2006．

［89］赵鸿章，等．规模养猪大讲堂［M］．郑州：中原农民出版社，2008．

［90］代广军，等．猪高热病等重大流行疫病的防控技术［M］．北京：中国农业出版社，2008．

［91］代广军，等．规模养猪细化管理技术图谱［M］．北京：中国农业出版社，2010．

［92］陈月琴．新形势下生猪散养户要思考的问题［J］．饲料广角，2012（24）．

［93］李宝珠．浅谈提高哺乳母猪产奶量的饲养管理技术［J］．河南畜牧兽医，2012（8）．

［94］崔占波．规模猪场环境控制方面存在的问题及改进措施［J］．河南畜牧兽医，2012（8）．

［95］代广军．霉菌毒素对养猪生产的危害及控制对策［J］．河南畜牧兽医，2012（8）．

［96］代广军．猪病异常严峻，养猪如何赚钱？［J］．河南畜牧兽医，2012（8）．

［97］张亚．传播科学养殖理念，带动合作猪场致富［J］．河南畜牧兽医，2012（8）．

［98］方献宾．正大河南区标准化养猪生产技术的推广及应用［J］．河南畜牧兽医，2012（8）．

［99］张志华．浅谈猪传染性胃肠炎的综合防治［J］．河南畜牧兽医，2012（8）．

［100］代广军．"猪高热病"综合防控技术措施的总结与探讨［J］．河南畜牧兽医，2012（8）．

［101］谷占元．规范猪人工授精技术，提高母猪配种分娩率［J］．河南畜牧兽医，2012（8）．

［102］李富成．诚诚合作、共创双赢［J］．河南畜牧兽医，2012（8）．

［103］北京六马标准养猪模式［M］．北京：中国农业出版社，2006．

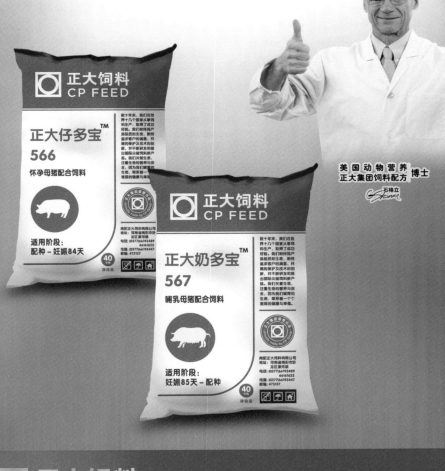

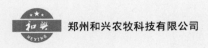 郑州和兴农牧科技有限公司　　　　　标准化养殖场建设解决方案提供商

提供优良环境　　助您养好猪、赚大钱

郑州和兴农牧科技有限公司

--------养殖场建设专用建材（无机复合保温板）推广者

　　郑州和兴农牧科技有限公司是一家集现代化畜牧养殖场规划设计、建设和养殖专用建材研发、生产、施工与技术咨询为一体的现代化大型农牧企业，总部位于河南省郑州市郑东新区CBD。公司在山东、安徽、河南设有3家大型保温建筑材料研发、生产为一体的现代化生产基地。公司科研人员2011年攻克了无机复合保温材料技术难题，填补了国内多项空白，申请了7项专利。

　　公司曾服务过的企业有：山东新希望六和集团、华英集团、大北农集团、青岛赛博迪、河南普爱、华盟集团、雏鹰集团、陕西荣华集团、陕西东奥农牧、山东泰康农牧等多家大型企业。

和兴无机复合保温板

　　公司生产的无机复合保温板与目前多数养殖场建设使用的彩钢复合板对比，具有以下优点：

1、保温隔热、防腐、密封性好、阻燃防火；

2、高强度、抗老化，有效使用寿命长达30年；

3、投资成本低，猪场建设周期短；

4、与砖混结构对比，板材不吸附、不释放有害气体。

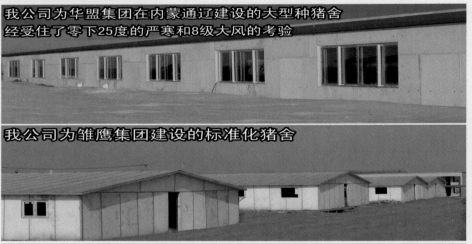

我公司为华盟集团在内蒙通辽建设的大型种猪舍经受住了零下25度的严寒和8级大风的考验

我公司为雏鹰集团建设的标准化猪舍

地址：郑东新区CBD商务内环20号楼2005室　　　电话：0371-55955000　　　传真：0371-55671997

E-mail:13607660647@163.com　网址：www.zzhexing.com

24 小 时 服 务 热 线
400-067-8834